普通高等教育农业部"十二五"规划教材
全国高等教育农业部"十二五"规划教材

水土保持学

南方本

黄炎和 主编

中国农业出版社

编审人员名单

主　　编　黄炎和（福建农林大学）
副 主 编　李伏生（广西大学）
　　　　　何丙辉（西南大学）
　　　　　刘士余（江西农业大学）
参　　编（以姓名笔画为序）
　　　　　李　鸿（西南大学）
　　　　　何小武（江西农业大学）
　　　　　林金石（福建农林大学）
　　　　　郭彦彪（华南农业大学）
　　　　　蒋芳市（福建农林大学）
主　　审　雷廷武（中国农业大学）

前言
FOREWORD

《水土保持学》（南方本）是一本普通高等教育农业部"十二五"规划教材、全国高等农林院校"十二五"规划教材。

水土保持是一门涉及学科较多的交叉应用学科。作为非水土保持与荒漠化防治专业的课程，要求学生掌握土壤侵蚀基本原理、水土保持原理及其主要措施和效益评价与监测的基本方法。众所周知，土壤侵蚀与水土保持受自然和社会的多重因素影响，具有鲜明的地域特征。现有《水土保持学》教材编写过程中更多取材于西北、北方等地，对南方土壤侵蚀特征和治理措施关注不够。鉴于以上原因，我们编写具有鲜明南方特色的《水土保持学》（南方本）教材，作为南方农林院校开设水土保持学课程的教学用书，适合农业资源与环境、林学、环境工程、环境科学、生态学、土地资源管理等专业使用。

本教材包括绪论、土壤侵蚀类型、影响土壤侵蚀的因素、水土保持工程措施、水土保持林草措施、水土保持农业技术措施、南方主要水土流失治理模式、水土保持研究方法、水土保持效益计算、水土保持监测与管理、水土保持方案编制等内容。由福建农林大学、广西大学、西南大学、江西农业大学、华南农业大学共同编写。各章分工如下：绪论，黄炎和、林金石；第一章，李伏生、何小武；第二章，林金石、蒋芳市；第三章，蒋芳市、何丙辉、李鸿、李伏生、林金石；第四章，何丙辉、李鸿；第五章，刘士余、何小武；第六章，黄炎和、蒋芳市、何丙辉、李鸿、李伏生；第七章，郭彦彪；第八章，刘士余、何小武；第九章，何丙辉、李鸿；第十章，郭彦彪。

本教材编写过程中，引用了很多研究人员的成果和资料，在此谨向他们表示诚挚的感谢！书稿在资料收集、文字处理过程中得到了陈起军、谢小芳、张旭斌、武晓莉、陈记平、扶恒、张燕、庄雅婷、张兆福、王玺洋、赵淦、高鹏宇、周曼、潘良福、魏佳、程子捷、刘若馨、李思诗等多位硕士、博士研究生的帮助，在此一并表示感谢！

编　者

于福建农林大学

2016 年 5 月

前言

目录

前言

绪论 ... 1
一、水土保持学的研究对象和内容 ... 1
二、我国水土流失概况及其特点 ... 1
三、水土流失的危害 ... 3
四、水土保持的意义 ... 4
五、国内外水土保持的发展历史与研究现状 ... 5
六、水土保持学与其他学科的关系 ... 8
复习思考题 ... 8
主要参考文献 ... 9

第一章 土壤侵蚀类型 ... 10
第一节 土壤侵蚀分类 ... 10
一、土壤侵蚀分类依据和系统 ... 10
二、水力侵蚀 ... 12
三、重力侵蚀 ... 24
四、复合侵蚀 ... 30
五、风力侵蚀 ... 40
六、其他侵蚀类型 ... 44
第二节 土壤侵蚀分级 ... 46
一、土壤侵蚀强度分级 ... 46
二、土壤侵蚀程度分级 ... 51
三、土壤侵蚀潜在危险分级 ... 52
第三节 我国土壤侵蚀类型分区 ... 53
一、土壤侵蚀类型分区依据 ... 53
二、水力侵蚀类型区 ... 54
三、风力侵蚀类型区 ... 57
四、冻融、冰川侵蚀类型区 ... 58
复习思考题 ... 58
主要参考文献 ... 58

第二章 影响土壤侵蚀的因素 ... 60
第一节 气候因素 ... 60

一、雨滴特征 ··· 60
　　二、降雨侵蚀力 ··· 61
　　三、降雨强度 ··· 62
　　四、降水量 ·· 62
第二节　地形因素 ··· 63
　　一、坡度 ·· 63
　　二、坡长 ·· 64
　　三、坡形 ·· 64
第三节　地质因素 ··· 64
　　一、岩性 ·· 64
　　二、新构造运动 ··· 65
第四节　土壤因素 ··· 65
　　一、土壤透水性 ··· 65
　　二、土壤抗蚀性 ··· 66
　　三、土壤抗冲性 ··· 67
第五节　植被因素 ··· 68
　　一、拦截降雨 ··· 68
　　二、调节地表径流 ··· 68
　　三、固结土体 ··· 69
　　四、改良土壤性状 ··· 69
第六节　人类活动因素 ··· 69
　　一、人类加剧土壤侵蚀的活动 ··· 69
　　二、人类控制土壤侵蚀的积极作用 ······································· 70
复习思考题 ·· 70
主要参考文献 ·· 71

第三章　水土保持工程措施 ·· 72

第一节　坡面治理工程 ··· 72
　　一、坡面固定工程 ··· 72
　　二、梯田工程 ··· 74
　　三、山边沟工程 ··· 77
第二节　沟道治理工程 ··· 78
　　一、沟头防护工程 ··· 79
　　二、谷坊 ·· 81
　　三、拦沙坝 ·· 85
第三节　坡面水系工程 ··· 87
　　一、坡面水系工程定义 ··· 87
　　二、坡面水系工程内容 ··· 88
　　三、坡面水系工程布局 ··· 89

  复习思考题 90
  主要参考文献 90

第四章 水土保持林草措施 92

第一节 水土保持林草措施的作用 92
  一、林草保持水土、涵养水源作用 92
  二、森林植被对土壤水文性质的改良作用 95

第二节 水土保持造林技术 97
  一、森林立地 98
  二、造林树种选择 98
  三、水土保持林树种的选择 98
  四、适地适树 99
  五、造林密度和种植点配置 99
  六、树种组成 100
  七、造林整地 101
  八、造林方法 103
  九、林地抚育管理 104
  十、幼林保护 106

第三节 水土保持林造林规划设计 107
  一、水土保持林造林规划设计概述 107
  二、水土保持林造林调查设计 108

第四节 水土保持种草技术 111
  一、草种选择与配置 111
  二、草类种植技术 113
  三、草地管理 114

  复习思考题 115
  主要参考文献 115

第五章 水土保持农业技术措施 117

第一节 水土保持农业技术措施概述 117
  一、南方坡耕地水土流失现状 117
  二、坡耕地水土流失危害 118
  三、水土保持农业技术措施防治水土流失的原理 119
  四、水土保持农业技术措施的类型 120
  五、水土保持农业技术措施的作用 120

第二节 主要水土保持农业技术措施 121
  一、水土保持耕作措施 121
  二、水土保持栽培措施 125

  复习思考题 128

主要参考文献 ··· 128

第六章 南方主要水土流失治理模式 ··· 130

第一节 崩岗综合治理模式 ··· 130
一、传统崩岗治理模式 ··· 130
二、生态经济开发型崩岗综合治理模式 ·· 131
三、强度开发型崩岗综合治理模式 ··· 136

第二节 侵蚀退化林地治理模式 ·· 136
一、侵蚀退化林地脆弱性特征 ·· 136
二、侵蚀退化林地的生态恢复模式 ··· 137

第三节 坡地果（茶）园综合治理模式 ·· 143
一、果（茶）园生草模式 ·· 143
二、生态果（茶）园复合循环模式 ·· 144

第四节 坡耕地水土流失综合治理模式 ··· 145
一、坡耕地综合治理的必要性 ·· 145
二、坡耕地治理的主要模式 ··· 146

复习思考题 ··· 147
主要参考文献 ·· 147

第七章 水土保持研究方法 ··· 150

第一节 水土流失野外调查方法 ··· 150
一、水文法 ··· 150
二、淤积法 ··· 150
三、测针法 ··· 151

第二节 水土保持实验技术 ··· 152
一、水土保持定位观测实验技术 ·· 152
二、土壤侵蚀模拟实验技术 ··· 154
三、土壤侵蚀专项实验技术 ··· 156

第三节 土壤侵蚀量测定技术 ·· 161
一、三维激光扫描技术 ··· 161
二、"3S"技术 ··· 162

第四节 土壤侵蚀预报技术 ··· 165
一、土壤侵蚀预报模型 ··· 165
二、国内外土壤侵蚀预报模型 ··· 165

复习思考题 ··· 167
主要参考文献 ·· 168

第八章 水土保持效益计算 ··· 170

第一节 水土保持效益概述 ··· 170

一、水土保持效益的概念 ……………………………………………………………… 170
　　　二、水土保持效益的分类 ……………………………………………………………… 170
　　　三、水土保持效益的计算方法 ………………………………………………………… 172
　　　四、水土保持效益计算的依据 ………………………………………………………… 172
　　第二节　水土保持效益计算 ……………………………………………………………… 173
　　　一、水土保持生态效益的计算 ………………………………………………………… 174
　　　二、水土保持社会效益的计算 ………………………………………………………… 179
　　　三、水土保持经济效益的计算 ………………………………………………………… 182
　　复习思考题 ………………………………………………………………………………… 186
　　主要参考文献 ……………………………………………………………………………… 186

第九章　水土保持监测与管理 …………………………………………………………… 187
　　第一节　水土保持监测概述 ……………………………………………………………… 187
　　　一、水土保持监测相关概念 …………………………………………………………… 187
　　　二、水土保持监测的目标、意义、原则及类型 ……………………………………… 187
　　　三、我国水土保持监测的发展历程 …………………………………………………… 190
　　第二节　水土保持监测的流程 …………………………………………………………… 192
　　　一、水土保持监测尺度范围 …………………………………………………………… 192
　　　二、水土保持监测周期 ………………………………………………………………… 192
　　　三、关于水土保持监测的定量化问题 ………………………………………………… 192
　　　四、水土保持监测方案的开展 ………………………………………………………… 192
　　　五、水土保持监测报告示例 …………………………………………………………… 194
　　第三节　水土保持监测管理 ……………………………………………………………… 206
　　　一、全国水土保持监测网络站网构成 ………………………………………………… 206
　　　二、水土保持监测网络站网职能 ……………………………………………………… 207
　　　三、水土保持监测网络管理制度 ……………………………………………………… 208
　　复习思考题 ………………………………………………………………………………… 209
　　主要参考文献 ……………………………………………………………………………… 210

第十章　水土保持方案编制 ………………………………………………………………… 211
　　第一节　水土保持方案编制准备工作 …………………………………………………… 211
　　　一、详细阅读相关文件资料 …………………………………………………………… 211
　　　二、调查与收集资料 …………………………………………………………………… 212
　　第二节　水土保持方案编制内容及要求 ………………………………………………… 213
　　　一、综合说明 …………………………………………………………………………… 213
　　　二、水土保持方案编制总则 …………………………………………………………… 214
　　　三、项目概况 …………………………………………………………………………… 215
　　　四、项目区概况 ………………………………………………………………………… 216
　　　五、主体工程水土保持分析与评价 …………………………………………………… 217

六、水土流失防治责任范围及防治分区 …………………………………… 218
七、水土流失预测 …………………………………………………………… 219
八、水土流失防治目标及防治措施布设 …………………………………… 221
九、水土保持监测 …………………………………………………………… 223
十、水土保持投资估算及效益分析 ………………………………………… 224
十一、方案实施的保证措施 ………………………………………………… 225
十二、方案结论与建议 ……………………………………………………… 226
十三、附件与附图 …………………………………………………………… 226
第三节 水土保持方案报告书格式要求 ………………………………………… 227
一、纸张和装订 ……………………………………………………………… 227
二、页面格式和内容要求 …………………………………………………… 227
三、图件制作 ………………………………………………………………… 228
四、附件要求 ………………………………………………………………… 229
复习思考题 …………………………………………………………………………… 230
主要参考文献 ………………………………………………………………………… 230

绪　　论

重点提示　水土流失破坏土地、降低土壤肥力、淤积抬高河床，是制约侵蚀区社会经济发展的主要问题之一，也是国内外生态领域研究者普遍关注的生态问题之一。本章主要阐述水土保持学的研究对象和内容，介绍国内外水土流失的现状和水土流失的危害，以及进行水土保持工作的意义。

一、水土保持学的研究对象和内容

水土保持从狭义上说是指为了保护土地与对抗水旱风沙等自然灾害而采取的各种水土流失治理措施，广义上是指对水土资源的保育，即如何合理利用水、土这两项重要的资源，预防水土资源恶化和枯竭。美国"水土保持之父" H. H. Bennett 博士曾说，"现代的水土保持是以合理的土地利用为基础，在利用的同时给予合理的保育，保持土地的生产力可持续发展"。因此，水土保持研究的对象应该是水土流失的规律和防治水土流失的措施等。在《中国水利百科全书·第一卷》水土保持分卷中就明确指出，水土保持学是研究水土流失规律、水土保持综合措施和防治水土流失，保护、改良与合理利用山区、丘陵区和风沙区水土资源，维护和提高土地生产力，以利于充分发挥水土资源的生态效益、经济效益和社会效益的应用技术科学。其研究内容主要包括以下几个方面：

1. 研究水土流失的形式、分布和危害　研究地表土壤及其母质、基岩受水力、风力、重力、冻融和化学等作用所产生的侵蚀形式，以及被侵蚀物质的搬运、堆积形式及其危害；研究径流的形成与损失过程；研究水土流失的分布情况，包括水土流失类型区的自然特点和水土流失特征；研究水土流失对国民经济，包括对农业生产、江河湖泊、工矿企业、水陆交通、村镇居民安全以及生态环境等方面的危害。

2. 研究水土流失规律和水土保持原理　研究在不同的气候、地形、地质、土壤、植被等多种自然因素综合作用下，水土流失产生和发展的规律，以及人类活动因素在水土流失和水土保持中的作用。

3. 研究和制定水土保持规划　研究水土流失和水土资源调查与评价的方法以及水土保持规划；研究合理利用土地，组织和运用工程、林草、农业耕作等措施保持水土，制定发展农业生产的规划原则与方法。

4. 研究治理措施及其效益评价　研究水土流失治理措施及措施的选择、配置，水土流失治理的生态、经济、社会三大效益的监测及评价。

二、我国水土流失概况及其特点

（一）全国水土流失的现状

水土流失，是发展中国家和发达国家都不同程度存在的一个问题，且有向继续恶化的方向发展的趋势，特别是热带雨林地区和干旱、半干旱地区更是如此。全世界水土流失主要发生在北纬40°至南纬60°之间,水土流失的面积已达到6 000万 km²,全球沙漠化面积则每年高达600万 km²。

我国是世界上水土流失最严重的国家之一,土壤侵蚀遍布全国,而且强度高,成因复杂,危害严重,尤以西北的黄土、南方的红壤和东北的黑土水土流失最为强烈。侵蚀主要有水蚀、风蚀、冻融侵蚀等类型。据2012年水利部《第一次全国水利普查水土保持情况公报》统计,除港、澳、台外,全国土壤侵蚀总面积达294.91万 km²,占普查总面积的31.12%。其中轻度以上水蚀面积达129.33万 km²,风蚀面积165.58万 km²。具体数据见表0-1。

表0-1 全国土壤侵蚀强度面积统计表
(中华人民共和国水利部,2013)

项目	土壤侵蚀总计		水蚀		风蚀	
	面积(万 km²)	占比(%)	面积(万 km²)	占比(%)	面积(万 km²)	占比(%)
轻度侵蚀	138.36	46.92	66.76	51.62	71.60	43.24
中度侵蚀	56.89	19.29	35.15	27.18	21.74	13.13
强度侵蚀	38.69	13.12	16.87	13.04	21.82	13.18
极强度侵蚀	29.66	10.06	7.63	5.90	22.03	13.30
剧烈侵蚀	31.31	10.62	2.92	2.26	28.39	17.15
中度以上	156.55	53.08	62.57	48.38	93.98	56.76
轻度以上	294.91	100.00	129.33	100.00	165.58	100.00

(二)南方水土流失现状

中国水土流失与生态安全综合科学考察结果表明:南方红壤丘陵考察区共有水土流失面积13.12万 km²,占红壤考察区土地面积的15.05%。其中轻度侵蚀面积6.13万 km²、中度侵蚀4.83万 km²、强度以上侵蚀面积2.16万 km²,分别占红壤考察区面积的7.04%、5.54%、2.47%(表0-2)。红壤考察区的水土流失以轻、中度流失为主,二者流失面积占到考察区水土流失总面积的83.54%,强度以上的流失面积仅占水土流失总面积的16.46%。从宏观区域的分布上来看,赣南山地丘陵区、湘西山区、湘赣丘陵区、闽粤东部沿海山地丘陵区是考察区水土流失较为严重的区域,也是较为典型的水土流失区。

表0-2 南方红壤丘陵区水土流失现状
(梁音等,2008)

侵蚀等级	面积(km²)	占考察区土地总面积比例(%)	占考察区水土流失面积比例(%)
轻度	61 323.41	7.04	46.73
中度	48 305.95	5.54	36.81
强度	16 752.04	1.92	12.77
极强度	3 600.09	0.41	2.74
剧烈	1 243.39	0.14	0.95
合计	131 224.88	15.05	100.00

由于我国南方气候、地质等因素的影响，导致南方水土流失状况与其他地区有所差异。南方水土流失的主要特点是：侵蚀地块呈斑点状分布，隐蔽性强，潜在危险性大；降水充沛、土层或风化壳深厚，加之人为活动频繁，导致崩岗侵蚀剧烈；早期水土流失治理中种植的马尾松纯林，导致部分区域林下水土流失严重；经济高速发展，导致水土流失加剧等。

三、水土流失的危害

水土流失在我国的危害已达到十分严重的程度，它不仅造成土地资源的破坏，还导致农业生产环境恶化，生态平衡失调，水旱灾害频繁，严重影响区域社会经济的协调发展。水土流失的危害主要表现在以下几个方面：

（一）破坏土地资源，危害生态安全

土壤是人类赖以生存的物质基础，是环境的基本要素，是农业生产的最基本资源。年复一年的水土流失，使有限的土地资源遭受严重的破坏，地形破碎，土层变薄，地表物质"沙化"、"石化"等。目前南方除水蚀外，危害较大的侵蚀方式有石漠化和崩岗侵蚀等。在南方的土石山区，由于土层殆尽、基岩裸露，有的群众已无生存之地。据统计，2015年广西全区有石山面积8.95万 km^2，占全区土地总面积的37.8%；目前，全区石漠化土地面积已达200多万 hm^2，占石山区面积的29%，并且仍在以每年3%～6%的速度递增；石漠化地区涉及全区79个县市。崩岗侵蚀主要分布在湖北、湖南、安徽、江西、福建、广东、广西等七个省、自治区，共有大、中、小型崩岗23.91万个。崩岗侵蚀不仅导致大量表土丧失，而且造成地表千沟万壑，无法利用。这种崩塌式的强烈侵蚀，造成巨量的坡移物质迅速被带到下游，埋没农田，淤积水库，堵塞河流，恶化了生态环境，加剧了旱涝灾害。因此，水土流失在南方不仅造成了土地损失，更严重的是已直接威胁到水土流失区群众的生存，给农业生产及人民生活带来极大危害，严重影响区域社会经济的协调发展。

（二）降低土壤肥力，加剧面源污染

水土流失使坡耕地养分流失加速，土壤中氮（N）、磷（P）、钾（K）等养分迅速流失。如湖北坡耕地每年流失土壤约2.1亿t，其中含有机质273万t，氮、磷等养分231万t。坡耕地水、土、肥流失后，土地日益瘠薄，土壤理化性状恶化，土壤透水性和持水性下降，加剧了干旱发展，使农业生产低而不稳，甚至绝产。同时大量的面源污染物（氮、磷）等进入水体，加剧水体富营养化。目前南方多个省、自治区的河流、湖泊出现大面积的水土富营养化，严重影响当地的生态环境。

（三）泥沙淤积抬高河床，加剧洪涝灾害

水土流失使大量坡面泥沙被冲蚀，搬运后淤积下游河道，削弱了河床泄洪能力，加剧了洪水危害。如：我国南方红壤区的珠江，其全长2 214km，境内流域总面积为45.4万 km^2，占华南地区的75%左右，养育着全国13.4%的人口。然而长期以来，流域内的经济增长以粗放式为主。人们在开发自然资源的过程中只计眼前利益，违背自然规律，使森林植被资源逐年减少。以流域内的云贵地区为例，云南天然林面积200万 hm^2，仅为1975年的22%，森林覆盖度的降低导致土壤侵蚀量不断增加。据2013年第一次全国水

利普查水土保持情况公报统计，珠江流域土壤侵蚀总量就达 0.668 亿 t。随着生态环境的日益恶化，水土流失、泥石流等自然灾害接踵而来，给滇、桂、粤、湘、赣、黔地区带来重大经济损失。

（四）泥沙淤积水库湖泊，影响开发利用

水土流失不仅使洪涝灾害频繁，而且产生的泥沙大量淤积水库、湖泊，严重威胁到水利设施安全及其效益的发挥。据统计自 1998—2008 年 10 年间，由于泥沙淤积，福建、江西等省的内河航运缩短了 1/4。福建省淤积报废山塘和水库的总库容超过 1 550 万 m³，被泥沙淤塞的大小渠道长达 1.53 万 km，大大削弱了输水、灌溉与发电能力。广东省韩江上游梅江受泥沙淤高的河道达 379 段，支流五华河、宁江 1980—1985 年，河床已高出田面 0.5~1.0m，成为地上河。湖南省长 5km 以上的河流有 5 431 条，其中约 10% 的河流淤积特别严重，有的已经形成地上悬河。同时，泥沙随径流进入水体，使河流、水库混浊度和养分负荷增加，加剧了"水质性缺水"。

（五）水土流失与贫困恶性循环同步发展

2005 年全国水土保持生态安全考察的结果表明：我国绝大部分的水土流失区都是贫困区，水土流失与贫困相伴成为一种普遍现象。这种情况如不及时扭转，水土流失面积日益扩大，自然资源日益枯竭，人口日益增多，群众贫困日益加深，后果不堪设想。

四、水土保持的意义

保护水土资源既是保护现实生产力，也是保护可持续发展能力；既是维护人民群众的切身利益，也是维护子孙后代的长远福祉。无论从经济社会发展的全局看，还是从水土流失地区发展的局部看；无论从当前看，还是从长远看，水土保持在我国经济社会发展中都具有重要的战略地位。我国的基本国情、现阶段的突出水情和水土流失的严峻形势，决定了加强水土保持、防治水土流失，已成为一项重大而紧迫的战略任务。新中国成立以来，我国的水土保持工作由重点试办到全面发展取得了很大成绩。各项治理措施在减轻水土流失、提高农业生产、改善群众生活、保护生态环境和减少河流泥沙等方面，都发挥了显著作用。实践证明，水土保持对发展国民经济、改善生态环境具有重要意义。

（一）改善河流水文状况，减轻洪涝灾害，保护人民生命财产

加强水土保持是搞好江河治理、保障防洪安全的迫切需要。水土流失造成大量泥沙下泄，淤积江、河、湖、库，降低了水利设施调蓄功能和天然河道泄洪能力，加剧了下游的洪涝灾害。在福建省长汀县河田镇，大面积的水土流失造成大量泥沙淤塞河道，河床高出田面，朱溪河、八十里河等河床一般高出田面 1~1.5m，最高处朱溪河的冷水坑高出 2.7m，成为地上"悬河"；汀江干流也淤积严重，现已不能通航。同时，水土流失还造成生态环境恶化，加速暴雨径流的汇集过程。凡是以小流域为单元，采取综合措施集中治理、治理程度及森林覆盖率较高、施工质量较好的地方，暴雨中由于各项治理措施的蓄水保土作用，都显著地减轻了洪涝灾害。因此，改善河流水文状况，减轻洪涝灾害，保护人民生命财产，必须高度重视和着力搞好江河上游地区水土流失治理。以广东珠江水系的西江为例，其高要站在

2006 年之前的每年入海泥沙是 66.96Mt，而在龙潭水库蓄水及水土保持工作积极展开后，2007—2011 年其每年入海泥沙是 17.52Mt，相当于蓄水前的 26%，入海泥沙下降了 74%。因此，水土保持工作和水库蓄水有效地改善了珠江流域的水土流失状况，减轻了洪涝灾害对人民生命财产的威胁。

（二）发展山区经济，解决温饱问题，促进山区脱贫致富

加强水土保持是改善山区民生、建设小康社会的迫切需要。水土流失与贫困互为因果，我国经济最贫困地区往往也是水土流失最严重地区，全国 76% 的贫困县和 74% 的贫困人口生活在水土流失严重区。水土保持以解决群众生计问题为前提，以改善农业基础条件为切入点，不仅能够有效改善山区群众生产生活条件，为山区实现粮食自给提供重要保障，而且能够促进农业结构调整，提高农业综合生产能力，增强农民持续增收能力，促进水土流失区经济发展和生态改善。广东省德庆县经过 30 年的治理，使 1 330hm² 被"崩岗"沙石埋压的农田得到复耕，4 600 多万 hm² 低产田得到改造。

（三）保护土地资源，增加耕地，为农业持续发展创造条件

加强水土保持是保护水土资源、保障经济社会可持续发展的迫切需要。水土资源是人类赖以生存发展的基础条件和重要前提。我国人多水少，人地矛盾突出，水土流失进一步加剧了这一矛盾。据 2005 年全国水土流失与生态安全科学考察调查，长江上中游及西南诸河区现有耕地中耕作层不足 30cm 的耕地面积为 18.61 万 km²，占耕地总面积 18.6%。贵州省到 20 世纪 90 年代末全省石漠化面积增至 226 万 hm²，占全省总面积的 12.8%，其中部分水土流失重灾县的裸岩面积已超过 50%。专家测算，长江上游的年均土壤侵蚀量相当于每年 33.33 万 hm² 耕地丧失耕作层。目前，全流域人均占有耕地面积仅 0.056hm²，已接近联合国粮农组织所确定的 0.053hm² 警戒线。

有效保护和合理利用水土资源，始终是我国现代化建设进程中面临的重大战略任务。加强水土保持，有助于涵养水源和培育地力，促进水土资源高效集约利用，是保护水土资源最直接、最有效的措施，是保障经济社会可持续发展的重要手段。

（四）加强水土保持是改善生态环境、建设生态文明的迫切需要

水土流失不仅使水土资源遭到严重破坏，也是造成面源污染的重要原因。目前全国 1/3 以上的国土面积存在水土流失问题，江河湖泊普遍存在面源污染，不少地区的生态环境已超出其承载能力。据 2005 年中国水土流失与生态安全科学考察估算，每年水土流失给我国带来的经济损失相当于国内生产总值（GDP）的 2.25% 左右，带来的生态环境损失难以估算。水土保持协调人与自然关系，改善生态与环境，是维护国家生态安全、建设生态文明的重大战略措施。

五、国内外水土保持的发展历史与研究现状

（一）国内水土保持的历史和发展

我国水土保持历史悠久，早在公元前 16—前 11 世纪的商代已采用了防止坡地水土流失

的区田法，在西汉时期（公元前206—公元25）我国山区已出现梯田雏形。秦汉以后，水土流失日趋严重，在《汉书·沟恤志》中有"一石水而六斗泥"的记载，张戎明确提出河流重浊的泥沙淤积是黄河决溢的主要原因。宋、元、明代时期，土壤侵蚀在坡耕地上已十分严重，开始修筑梯田。明代周用提出"使天下人人治田，则人人治河"的思想。明代水利专家徐贞明在《潞水客谈》中倡导"治水先治源"，并提出泥沙侵蚀、搬运和沉积的关系。清人胡定分析了黄河泥沙来源，提出"汰沙澄源"的方略，并阐述了泥沙产生与运移规律。

到了20世纪20~40年代，我国在四川、甘肃、陕西、福建等地建立水土流失试验观测小区，积累了一些研究资料和研究经验。这些水土保持机构曾引进国内外优良水土保持树种和草种，并对水土流失规律、水土保持措施及其效益进行了研究，取得了一些成果。中华人民共和国成立后，党和政府极其重视水土保持工作，1952年开始组织大规模水土保持科学考察活动，编制全国水土流失类型区划图。1982年国务院批准发布了《水土保持工作条例》，1985年中国水土保持学会成立，1991年第七届全国人大常务委员会第20次会议一致通过了《中华人民共和国水土保持法》。至此我国的水土保持工作逐步走向了法制化、规范化和科学化的道路。

20世纪80年代初期至20世纪末，伴随改革开放，经济、社会的发展成为国家工作的重心，为水土保持科技发展提供了有利环境。这一时期，国家提出以小流域为单元、统一规划、综合治理的水土流失防治总体思路。依托重点工程，全国水土流失得到有效控制，生态环境明显好转，也为水土保持科技进一步发展提供了平台、明确了方向。

进入21世纪以来，资源与环境对社会、经济发展的制约性日趋突出，保障可持续发展成为国家的重要任务。2007年，中共十七大将加快科学技术发展，建设创新型国家，建设生态文明、建设资源节约型和环境友好型社会，作为我国发展的战略目标。2012年，中共十八大又将生态文明建设纳入中国特色社会主义事业"五位一体"的总体布局，明确要求推进荒漠化、石漠化、水土流失综合治理，扩大森林、湖泊和湿地面积，保护生物多样性，加强防灾减灾体系建设，强化大气、水、土壤等污染防治，水土保持科技发展迎来了新的机遇和挑战。这一时期，2005年水利部联合中国科学院、中国工程院开展了全国水土流失与生态安全综合科学考察，全面摸清了我国不同区域的水土流失现状、防治技术及工程实效，系统总结了我国水土保持生态建设的经验与教训，科学提出我国不同类型区的水土流失防治的目标、标准、技术方法和规范标准体系建设，指出了需要解决的重大科学与技术问题；2005年，水利部发布了《全国水土保持科技发展纲要》，重点分析了新时期我国水土保持科技发展的趋势，提出了未来应重点研究的10项重大基础理论和10项重大关键技术，并分析了不同类型区的研究重点和保障措施；2006年水利部组织制定了水土保持信息化发展规划纲要；2009年水利部开展了第三次全国水土流失遥感普查；2013年水利部完成了第一次全国水利普查，首次将模型计算与遥感监测结合评价全国水土流失变化，并对侵蚀沟道等特殊水土流失灾害进行专项普查。同时在土壤侵蚀机理研究和防治理论研究方面引入了现代系统科学、计算科学，如系统论、控制论、运筹学、生态经济理论、景观生态学原理等，大大加快了土壤侵蚀和水土保持研究步伐，扩大了研究的深度和广度，取得了丰硕成果，某些理论研究成果已步入世界前沿或达到国际领先水平。目前，世界水土保持学会总部已迁至北京。同时，各地在防治水土流失方面积累了丰富的经验，进行了许多探索和改革，走出了一条具有中国特色的以小流域综合治理为主的路子，推动了水土保持工作的开展，取得了显著的成效。

(二) 国外水土保持的历史和发展

对于全世界水土保持的发展阶段，目前国际上尚无统一看法。本书仅就美国的水土保持发展情况进行简单介绍。

美国从 19 世纪 50 年代后期逐渐兴起水土流失的防治工作，农民使用工程措施防治耕地的水土流失。1915 年美国林业局在犹他州布设了第一个定量的水土流失观测小区后，米勒（M. F. Miller）于 1917 年在密苏里农业试验站布设了水土流失观测小区，1923 年第一次出版了野外小区水土流失观测成果。此后的 10 年间，美国有 44 个试验站都开展了同类研究，面积从小区到小流域，内容涉及雨滴特性、土壤养分流失、种植制度、植被覆盖对减少土壤侵蚀的影响等。

19 世纪 30 年代在美国土壤保持局第一任局长贝内特博士（H. H. Bennett）的积极支持下，美国设立 19 个水土保持试验站，研究降雨强度、降雨历时、季节分配和土壤可蚀性的关系。地面坡度、作物覆盖及土地利用和土壤侵蚀的相互关系等。同时米德尔顿（H. E. Middleton）用测定土壤理化性质的方法来确定土壤的可蚀性，霍顿（R. E. Horton）从水文学观点建立了土壤入渗能力概念和入渗方程。1935 年以后，尼尔（J. H. Neal）、辛格（A. W. Zingg）、史密斯（D. D. Smith）等人开始雨滴溅蚀机制研究。1940 年劳斯（J. O. Laws）完成了天然降雨溅蚀土壤的详尽过程研究。1944 年埃利森（W. D. Elilisen）完成了雨滴溅蚀的分析研究，揭示出溅蚀本质。在此期间富雷（E. E. Free）开展了风力侵蚀的研究。

1956 年后随着计算机的问世和应用以及土壤侵蚀研究资料的积累，威斯迈尔（W. H. Wischmeier）和他领导的普渡大学研究机构推出了通用土壤流失方程（USLE），尔后又提出修正的通用土壤流失方程和风蚀方程。近年来，美国又根据土壤水蚀的物理过程进一步探求新的侵蚀预报模型（WEPP），该模型包括坡耕地及流域范围内面蚀和沟蚀的物理过程及定量评价。在研究方法上，除了现代化观测设备外，梅耶（Meyer）等人推出了精密的人工模拟降雨装置，后来又在立体摄影、遥感技术的应用上迈出了较大步伐。

美国土壤保持局在全国各地有它自己的直属的水土保持机构，全国 50 个州都设有州土壤保持局，州下设地区土壤保持局，地区下面有基层水土保持员。这些都属于美国土壤保持局的编制。美国水土保持机构除了上述全国性自上而下的政府系统机构外，还有一套全国性自上而下的民间组织即全国水土保持协会、州水土保持协会、地区水土保持协会三级。它们对水土保持的实施起着关键性作用。

由于美国水土保持经费较为充足，所以国家可以通过国会每隔几年列一专项，进行一些小流域的治理。例如在 1944 年通过的《公共法》中，规定了对美国 11 条河流流域进行防洪、侵蚀及泥沙控制规划。到 1981 年 7 月 1 日止，已完成的流域治理项目河流达 588 条，正在施工的河流有 415 条，并占规划治理河流 1 230 条的 80%。但美国仍有 1/2 以上的农用地、2/3 的林地、3/4 的草地与牧场需要采取水土保持措施，因此水土保持任务十分艰巨。

美国的水土保持措施分为坡面治理措施与沟壑治理措施两大类。坡面治理措施主要有水土保持农业耕作措施（休闲、轮作、地面覆盖、等高耕作、少耕法、免耕法等）、田间工程措施（倾斜地埂、水平地埂、带沟地埂、水平梯田、隔坡梯田、田间排水系统、垄沟区田）、造林种草措施。沟壑治理措施主要有：草皮排水道、封沟育林种草、沟头防护、削坡填沟、坝库工程（混凝土坝、砌石坝、土坝等）等。

美国水土保持十分重视技术推广工作，包括提供设备、技术标准、技术资料、信息；帮助水土保持规划和实施；组织参观先进治理样板或技术；出版技术手册、规范举办培训班或讲座。近年来美国在应用基础方面的主要研究内容为研制评估预测和监测土地生产能力和土地资源变化的新技术，提供为改良、保护和恢复农业用地生产能力的技术，合理利用水资源的先进管理制度及用水技术，优化土地资源管理所需要的综合利用土、水、气资源技术。在基础理论研究方面主要有雨滴溅蚀、水流剥蚀及输移原理，水流中泥沙沉积机理，研究土壤侵蚀预测的新方法和评估水保措施效益的新方法，新的侵蚀控制概念评价和野外试验，土壤侵蚀对土地生产力对土地利用影响的经济后果等。

六、水土保持学与其他学科的关系

水土保持学是一门综合性较强的学科，它与许多基础、应用和环境学科均有紧密的联系。

1. 水土保持学与地质学的关系　地形条件是影响水土流失的重要因素之一，而水蚀及风蚀等水土流失过程又对塑造地形起重要作用。地面上各种侵蚀地貌是影响水土流失的因素，也是水土流失参与作用的结果。水土流失与地质构造、岩石特性有很大关系，滑坡、泥石流等均与地质条件有关，水土保持工程的设计与施工涉及地基、地下水等方面的问题，需要运用第四纪地质学、水文地质学及工程地质学的专门知识。

2. 水土保持学与土壤学、土地资源学的关系　土壤及其母质是土壤侵蚀作用的主要对象，不同土壤具有不同的渗水、蓄水和抗蚀能力。因此，改良土壤性状、提高土壤抗蚀能力、保持和提高土壤肥力对防止土壤侵蚀具有重要意义。

3. 水土保持学与水力科学、工程学等的关系　水土流失与水力学、水沙动力学等都关系密切，而水土保持措施中工程措施的设置又与工程学紧密相关，因此无论是水力侵蚀、重力侵蚀还是风力侵蚀导致的径流、泥沙等，都与以上学科有密切关系。

4. 水土保持学与农学、林学的关系　水土保持学是直接为发展农、林、牧业生产服务的科学。在水土流失地区的农业生产中，许多农业技术措施如深耕改土、施肥、密植、等高耕作等技术措施，都具有保水、保土、保肥的作用，因此成为水土保持的农业耕作措施的重要组成部分。水土保持林业措施是水土保持综合措施中起根本作用的组成部分，根据不同的防治任务营造不同的水土保持林种，如沟坡防护林、沟底防护林等。

5. 水土保持学与环境科学的关系　水土流失破坏水土资源，污染河流，是造成环境恶化与污染的重要原因之一。搞好水土保持工作是环境保护、国土整治、城乡建设工作的重要组成部分。如土壤侵蚀对河流、水库、湖泊的影响，林业措施对净化空气及水源的作用等，与水土保持学及环境科学均有密切的关系。

复 习 思 考 题

1. 水土流失的主要危害是什么？
2. 如何看待我国的土壤侵蚀发展过程？
3. 试述水土保持学科与其他相关学科之间的关系。

4. 目前国内外水土保持的主要发展方向主要表现在几个方面?

主要参考文献

国务院人口普查办公室,国家统计局人口和就业统计司,2012.中国2010年人口普查数据集[M].北京:中国统计出版社.

黄聚聪,张炜平,李熙波,等,2007.福建长汀河田水土流失原因综述[J].亚热带水土保持,19(2):26-29.

梁音,张斌,潘贤章,等,2008.南方红壤丘陵区水土流失现状与综合治理对策[J].中国水土保持科学,6(1):22-27.

刘小丽,刘毅,任景明,等,2015.云贵地区生态环境现状及演变态势风险分析[J].环境影响评价,37(1):27-30.

吴创收,杨世伦,黄世昌,等,2014.1954—2011年间珠江入海水沙通量变化的多尺度分析[J].地理学报,69(3):422-432.

中华人民共和国水利部,2013.第一次全国水利普查水土保持情况公报[J].中国水土保持(10):2-3.

第一章　土壤侵蚀类型

重点提示　本章主要阐述土壤侵蚀的类型，较为系统地分析了各个土壤侵蚀类型的特征与作用原理，对南方主要土壤侵蚀类型进行详细阐述。

第一节　土壤侵蚀分类

一、土壤侵蚀分类依据和系统

土壤侵蚀是土壤及其母质或浅层基岩在水力、风力、冻融、重力等外营力作用下，被破坏、剥蚀、搬运和沉积的过程。实际上现代土壤侵蚀是在自然因素和人为因素共同作用下的过程。也就是说，土壤侵蚀的发生不仅受到外营力作用的影响，同时还受到人为不合理活动等的影响。在不同营力作用下，土壤侵蚀发生发展的过程中所呈现的各种形式或形态，称为土壤侵蚀类型。对土壤侵蚀进行分类，目的在于认识和掌握土壤侵蚀发生发展规律、地域分布特点及其危害，为土壤侵蚀防治措施的配置提供科学依据。

（一）土壤侵蚀分类依据

土壤侵蚀的分类方法主要有 3 种，即按土壤侵蚀发生的速率划分、按土壤侵蚀发生的时间划分以及按导致土壤侵蚀的外营力种类划分。其中按导致土壤侵蚀的外营力种类划分土壤侵蚀类型是最常用的一种方法。

1. 按土壤侵蚀发生的速率划分　按土壤侵蚀发生的速率是否破坏土地资源，将土壤侵蚀划分为正常侵蚀和加速侵蚀。

（1）正常侵蚀　正常侵蚀是在不受人类活动影响下的自然环境中，所发生的土壤侵蚀速率小于或等于土壤形成速率的那部分土壤侵蚀。正常侵蚀是自然因素引起的地表侵蚀过程，其侵蚀速度非常缓慢，又叫做自然侵蚀。在人类出现以前，这种侵蚀就在地质作用下进行，常和自然土壤形成过程取得相对稳定的平衡，自然侵蚀不仅不破坏土壤及其母质，有时反而对土壤起到更新作用，使土壤肥力在侵蚀过程中有所提高，也就是说自然侵蚀参与了土壤的形成过程，所以自然侵蚀也叫地质侵蚀。自然侵蚀为目前人类的生活生产创造了地形地貌基础，因而它不是土壤侵蚀防治的对象。

（2）加速侵蚀　在人类出现以前，由于某些自然因素作用的增强，导致短时期内土壤侵蚀速率超过正常侵蚀速率的现象，称为自然加速侵蚀。人类出现后的加速侵蚀是指由于人们不合理活动如滥伐森林、陡坡开垦、过度放牧等，加快了某些自然因素作用所引起的地表土壤破坏和移动过程，直接或间接地造成了土壤侵蚀速度的加剧，使土壤侵蚀速率超过正常侵蚀速率，导致土壤肥力下降极快，甚至使土地资源遭到严重破坏和损失。通常所指的土壤侵蚀是指人类不合理活动所造成的加速侵蚀，它是水土保持学所要研究和防治的对象。

2. 按土壤侵蚀发生的时间划分　按土壤侵蚀发生的时间，将土壤侵蚀划分为古代侵蚀和现代侵蚀。

（1）古代侵蚀　古代侵蚀是指远在人类出现以前的地史时期内，在构造运动和海陆变迁所造成的地形基础上发生的一种侵蚀作用，实质上就是地质侵蚀。这些侵蚀有时较为轻微，不足以对土地资源造成危害；有时较为激烈，则对土地资源产生破坏。古代侵蚀所形成的地貌基础是人类进行生产经济活动和现代侵蚀发生发展的基础，与现代侵蚀有着密切关系，也是防治现代侵蚀的场所。

（2）现代侵蚀　现代侵蚀是指在人类出现以后，由于地球内力和外营力的影响，并伴随人类不合理的生产活动而产生的土壤侵蚀现象。这种侵蚀作用往往在一年或几天之内侵蚀掉在自然条件下千百年才能形成的土壤层，因而给生产带来严重的后果，所以现代侵蚀也称为现代加速侵蚀，这是防治土壤侵蚀的主要对象。但是，不管是人类出现以前的古代侵蚀，还是人类出现以后的现代侵蚀，在不受人为直接或间接活动影响下所发生的侵蚀，均称为地质侵蚀（图1-1）。

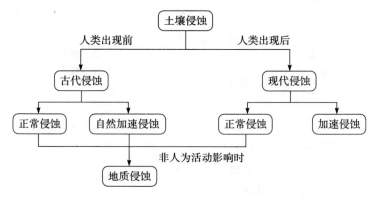

图1-1　按土壤侵蚀发生的时间和发生速率划分的土壤侵蚀类型

3. 按导致土壤侵蚀的外营力种类划分　引起土壤侵蚀的外营力种类主要有水力、风力、重力、水力和重力的综合作用力、温度作用力（由冻融作用而产生的作用力）、冰川作用力、化学作用力等，因此土壤侵蚀类型有水力侵蚀（简称水蚀）、风力侵蚀（简称风蚀）、重力侵蚀、复合侵蚀、冻融侵蚀、冰川侵蚀、化学侵蚀和植物侵蚀等（图1-2）。

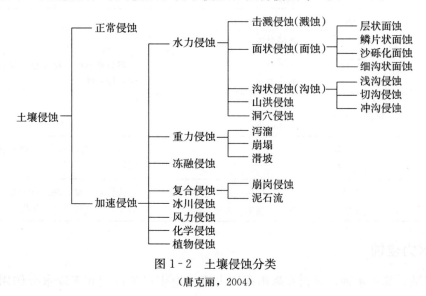

图1-2　土壤侵蚀分类

（唐克丽，2004）

(二) 土壤侵蚀分类系统

根据2004年唐克丽主编的《中国水土保持》，中国土壤侵蚀四级分类系统见表1-1。该分类系统共分为4级类型，一级按侵蚀营力、二级按侵蚀方式或主体形态、三级按侵蚀方式的不同形态、四级按侵蚀强度或侵蚀程度分类。该分类系统包括了水力侵蚀、风力侵蚀、重力侵蚀、冻融侵蚀以及复合侵蚀5个土壤侵蚀类型。复合侵蚀是指两种或两种以上侵蚀营力共同作用下所形成的侵蚀类型，如水力作用下发生的泥石流常伴随滑坡侵蚀，岩体或土体的崩落与沟谷水力侵蚀伴随发生而形成的崩岗。水力侵蚀、风力侵蚀和冻融侵蚀呈明显的地带性分布规律，而重力侵蚀和复合侵蚀主要分布在水力侵蚀地区，区域分异不明显。

表1-1 中国土壤侵蚀4级分类系统
(唐克丽，2004)

一级类型	二级类型	三级类型	四级类型
水力侵蚀（水蚀）	面状侵蚀（面蚀）	溅蚀（雨滴击溅侵蚀）	以侵蚀量或侵蚀模数结合定性评价划分侵蚀强度
		片蚀	
		细沟侵蚀	
	沟状侵蚀（沟蚀）	浅沟侵蚀	以侵蚀模数或沟谷密度结合沟谷发育演变定性评价划分侵蚀强度
		切沟侵蚀	
		悬沟侵蚀	
		冲沟侵蚀	
	潜蚀（洞穴侵蚀）	水刷窝	以发育分布密度结合定性评价划分侵蚀强度
		跌穴	
		陷穴	
风力侵蚀（风蚀）	吹蚀	悬移（飘移）	以风蚀量结合风蚀地面定性评价划分侵蚀强度
	磨蚀	蠕移	
		跃移	
重力侵蚀	泻溜		以分布密度、物质移动量或定性评价划分侵蚀强度
	滑坡	浅层滑坡	
		中层滑坡	
		厚层滑坡	
	崩落（滑落）	岩体崩落	
		土体崩落	
冻融侵蚀	冻融风化		以冻融侵蚀面积占总面积比例划分侵蚀强度
	冻融泥流		
复合侵蚀	泥石流	泥流、泥石流、水石流	按分布密度、物质移动量、发生频率结合定性评价划分侵蚀强度
	崩岗	条形、瓢形、弧形	

二、水力侵蚀

水力侵蚀，简称水蚀，是指在降雨雨滴击溅、地表径流冲刷和下渗水分作用下，土壤、母质及其他地面组成物质被破坏、剥蚀、搬运和沉积的全部过程。水力侵蚀是地球上分布最广、危害也最为普遍的一种土壤侵蚀类型。全球水蚀主要发生在北纬50°～南纬40°的湿润、半湿润与半干旱地区,中国的水蚀地区主要在北纬20°～北纬50°的范围,尤以年降水量为400～600mm的森林草原和灌丛草原地区水蚀比较严重,其中以黄土高原地区为代表。常见的水蚀形式主要有溅蚀、面蚀、沟蚀、潜蚀等。

(一) 降雨和径流的侵蚀作用

1. 溅蚀作用

(1) 溅蚀过程　雨滴击溅侵蚀,简称溅蚀,是指裸露的坡地受到雨滴的击溅作用,土壤结构破坏和土壤颗粒产生位移的现象。溅蚀过程大致分为四个阶段:

①干土溅散:降雨初期,由于地表土壤水分含量较低,雨滴开始溅起的是干燥土壤颗粒。

②湿土溅散:随着降雨历时的延长,地表土壤颗粒被水分所饱和,此时溅起的是含水量较高的湿土颗粒。

③泥浆溅散:由于土壤团粒结构受到雨滴击溅而破碎,随着降雨的继续,地表呈现泥浆状态阻塞了土壤孔隙,从而影响水分下渗,促使地表径流产生。

④地表板结:由于雨滴击溅不断破坏了地表土壤原有结构,因而降雨后地表土壤会发生板结现象。

当雨滴降落在有一薄层水的土壤上时,分离土粒要比落在干土上容易。在地表积水深度等于雨滴直径以前,随着地表积水深度增加,雨滴溅蚀会增强,但是积水深度超过雨滴直径后,雨滴溅蚀就会明显减弱。

(2) 溅蚀量　溅蚀引起土粒下移的数量称为溅蚀量。溅蚀量大小首先与降雨侵蚀力有关,降雨侵蚀力越大,溅蚀量越大。在降雨侵蚀力不变情况下,溅蚀量大小与土壤可蚀性大小有关。对同一性质土壤以及相同管理水平而言,溅蚀量大小则决定于坡向倾斜情况和雨滴打击方向。一般在平地上,由于垂直下降的雨滴溅蚀土粒向四周均匀分散,形成土粒交换,但不会有溅蚀后果。而在坡地上或雨滴斜向打击下,土粒会向坡下移动,这会导致溅蚀的发生。在风的作用下雨滴会改变打击角度,并推动雨滴增加打击能量,当作用于不同坡向、坡度上时,会形成复杂的溅蚀后果。当整个降雨期间风向固定,就会对土壤溅蚀产生很大的影响。但是若降雨期间风向不断变化,可能对土壤溅蚀的影响趋于平衡。

埃利森(W. D. Ellison)曾提出计算溅蚀量公式

$$W = K v^{1.34} d^{1.07} I^{0.65} \quad (1-1)$$

式中:W 为 30min 雨滴的溅蚀量(g);v 为雨滴速度(m/s);d 为雨滴直径(mm);I 为降雨强度(mm/h);K 为土壤类型常数(粉沙土 $K=0.000\,785$)。

2. 地表径流侵蚀作用　地表径流是最主要的外营力之一。它在流动过程中,不仅能侵蚀地面,形成各种形态的侵蚀沟谷,同时又可将被侵蚀的物质沿途堆积。地表径流主要来自大气降水,也接受地下水或融冰水的补给。地表水流可分为坡面水流和沟谷水流两种。坡面水流包括坡面上薄层的片流和细小股流,往往发生在降雨时或雨后很短时间内,以及融冰化雪时期;而沟谷水流是指河谷及侵蚀沟中水流。

(1) 地表径流的形成　流域中从降水到水流汇集于流经出口断面的整个物理过程,称为径流形成过程。降雨开始后,除少量雨水直接落在与河网相通的不透水面和河槽水面上成为径流外,其余大部分降水并不立即产生径流,而是先消耗于植物截留、下渗、填洼和蒸发,经历一个流域蓄渗阶段。降水通过蓄渗阶段,一部分从地面汇入河网,另一部分通过表层土壤流入河网,还有一部分从地下进入河网,然后在河网中从上游向下游、从支流向干流汇集到流域出口断面,经历一个流域汇流阶段。上述径流形成过程可概化为产流过程和汇流过程。

①产流过程:降雨开始以后,一部分雨水被植物茎叶所截留,称为植物截留。植物截留量一般只有几毫米,对径流的影响较少,但对森林流域则不可忽视,特别是久旱不雨,植物截留的水量通过蒸发再回归到大气之中。另一部分雨水则被土壤吸收下渗,当降雨强度小于下渗强度时,降落在地面的雨水将全部渗入土壤;当降雨强度大于下渗能力时,雨水除按下渗能力入渗外,超出下渗能力的部分便形成地面径流,通常称它为超渗雨。下渗雨水除土壤蒸发和植物蒸腾损耗外,余下的水量补充土壤含水量。当上层包气带的水量超过田间持水率时,多余的水量继续下渗,通过浅层地下径流和深层地下径流补给河流。还有一部分雨水在一些分散的低洼地带蓄积起来,称为填洼。因此产流过程与滞蓄和下渗有着密切的关系。水文学中将扣除损失之后形成径流的那部分雨水称为净雨,形成地面径流那部分雨水称为地面净雨,形成地下径流的那部分雨水称为地下净雨。

②汇流过程:

A. 坡面汇流。坡面汇流是指降雨产生的水流从它产生地点沿坡地向河槽的汇集过程。坡地是产流的场所,包括坡面、表层和地下三种情况。坡面汇流习惯上被称为坡面漫流,是超渗雨沿坡面流往河槽的过程,坡面上的水流多呈沟状或片状,汇流路线很短,因此汇流历时也较短。大暴雨的坡面漫流,容易引起暴涨暴落的洪水,这种水流称为地面径流。表层汇流或壤中流是雨水渗入土壤后,表层土壤含水量达到饱和,后续下渗雨量沿该饱和层的坡度在土壤孔隙间流动,注入河槽的过程。由于壤中流的发生条件和表现形式较为复杂,往往将它并入地面径流。下渗水分到达地下水面后,经由各种途径注入河流的过程称为地下汇流,这部分水流称为地下径流。浅层地下径流通常指冲积层地下水(也称潜水)所形成的径流,它位于地表以下的一个无压饱和含水层中,补给来源主要是大气降水和地表水的渗入。深层地下径流由埋藏在隔水层之间含水层中的承压水所形成,它的水源较远,流动缓慢,流量稳定,不随本次降雨而变化。

B. 河网汇流。一般坡面漫流的流程不长,约为数米至数百米,在沿途不断有坡面漫流汇入河网的同时,也有壤中流和地下径流汇入河网。进入河网的水流,从上游到下游,从支流到干流汇集,最后全部先后流经流域出口断面,这个汇流过程称为河网汇流。对于比较大的流域,河网汇流时间长,调蓄能力大,当降雨和坡面漫流停止后,它产生的径流还会延续较长时间。流域面上一次降雨形成径流的整个过程,可用图1-3表示。

(2) 水流基本特性

①层流和紊流:水流可分为层流和紊流两种基本流态。层流的水质点有一定的轨迹,与邻近水质点做平行运动,彼此互不混乱。由于层流没有垂直于水流方向的向上分力作用,故不能卷起泥沙。通常水库中的水、高含沙量的浑水和坡面薄层缓流属层流范畴。而紊流的水质点呈不规则运动,并且互相干扰,在水层与水层之间夹杂了许多不同类型的旋涡运动。旋涡的产生,是由于上下各层流速不同,分界面上形成相对运动;这种流速的分界面极不稳

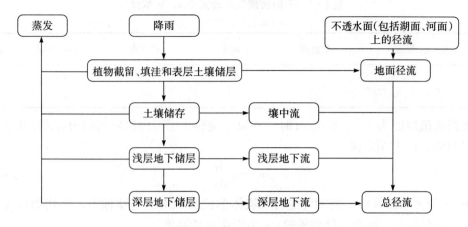

图 1-3 降雨径流形成过程
(王礼先,1995)

定,很容易造成微弱的波动;随着这种波动逐渐发展,最后在交界面上形成一系列的旋涡。紊流能形成各个方向的作用力,其中向上为主的作用力,能够掀起泥沙,侧向力则引起岸边侧蚀。通常沟槽、河道中的水流属紊流范畴。

在水力学上,可用雷诺数(Reynolds number)判别上述两种流态,它是作用于水体的惯性力和作用于水体的黏滞力之比。水体的惯性力有使水体随着扰动而脱离、破坏规则运动的趋向;而水体的黏滞力则有阻止扰动,使水体保持规则运动的作用。一般惯性力越大,黏滞力越小,则层流越容易失去其稳定性而成为紊流;反之,则水流容易保持其层流状态。根据牛顿第二定律,作用于单位水体的惯性力用 $\rho v^2/L$ 来度量,作用于单位水体的黏滞力用 $\mu v/L^2$ 来度量。故雷诺数为

$$Re = \frac{惯性力}{黏滞力} = \frac{\rho v^2/L}{\mu v/L^2} = \frac{\rho vL}{\mu} = \frac{vL}{\nu} \qquad (1-2)$$

式中:Re 为雷诺数;ρ 为水的密度;v 为水流平均速度;L 为某一代表长度;μ 为水的黏性系数;$\frac{\mu}{\rho} = \nu$ 为运动黏滞系数。

一般雷诺数小,表示黏性超过惯性,水流属层流范畴;雷诺数大,水流进入紊流范畴。对于明渠水流来说,临界雷诺数的下限为 500。水的运动黏滞系数一般为 0.01cm/s,那么,0.2cm 厚,流速为 25cm/s 的薄层水流便不再保持层流流态。因而一般沟槽、河道中的水流总是紊流,只有坡面薄层缓流才是层流。

②坡面水流:坡面薄层水流的流动十分复杂,沿程有下渗、蒸发和雨水补给,再加上坡度的不均一,使坡面流的流动总是非均匀的。为使问题简化,不少学者在人工降雨条件下,研究了稳渗后的坡面水流,得到各自的流速公式,这些公式可以简化为如下形式

$$v = kq^n J^m \qquad (1-3)$$

式中:v 为流速;q 为单宽流量(单位宽度上沟槽或河流或输水管的输水流量);J 是坡面的坡度;n、m 是参数;k 是系数。

水力学中的流速公式用水深 h 和 J 作为自变量。由于坡面水层厚度 h 极小且坡面高低不平,几乎无法测量,而单宽流量 q 比较容易测定,所以上述公式用 q 代替了 h。式 1-3 中各参数的取值见表 1-2。

表 1-2 不同坡面流速公式中 n、m 取值

(张洪江,1999)

参数	层流式	紊流式	谢才	徐在庸	Laws Neal	江中善
n	2/3	2/3	1/2	1/2	1/2	1/2
m	1/3	0.3	1/2	1/3	1/3	0.35

当坡面水流厚度为 1.5~2.0mm 时,水流系层流。层流内水层间的切应力 τ 由黏滞性摩阻力所引起的。按牛顿定律

$$\tau = \mu \frac{dv}{dy} \quad (1-4)$$

式中:τ 为离水流底面 y 处的切应力(流体单位面积上的内摩擦力,即切力);μ 为水的黏性系数;v 为离水流底面 y 处的流速;y 为距床面的高度。

层流中切应力近河床面最大(τ_0),水面为 0,切应力呈直线分布(图 1-4)。设水深为 h,则有

$$\tau = \frac{h-y}{h}\tau_0 \quad (1-5)$$

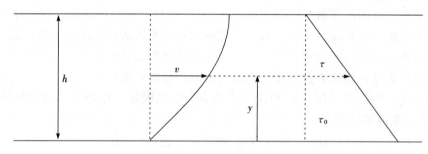

图 1-4 水层中流速和切应力沿垂线分布

(王礼先,1995)

取单位面积坡面或床面上的水柱(图 1-5),其床面切应力实质为该水体重力沿床面的分力,即 $\tau_0 = \gamma_w \cdot h \cdot \sin\alpha$。若 α 很小,则有 $\sin\alpha \approx \tan\alpha = J$,于是 $\tau_0 = \gamma_w \cdot h \cdot J$。$\gamma_w$ 为水的容重。则

$$\tau = (h-y) \cdot \gamma_w \cdot J \quad (1-6)$$

将式(1-6)代入式(1-4),并考虑到河床面流速为零,经积分后得到流速分布公式

$$v = \frac{\gamma_w J}{\mu}(hy - \frac{y^2}{2}) \quad (1-7)$$

平均流速为

$$v = \int_0^h v dy = \frac{\gamma_w}{3\mu}h^2 J \quad (1-8)$$

式(1-8)是坡面流为层流情况下平均流速与水层厚度、坡度的关系。

坡面流并不总是层流,当雷诺数 $Re > 500$ 时,即单宽流量 q 超过 $5cm^3/s$,水流呈紊流状态。在稳定、均匀和二元条件下,紊流流速与水层厚度、坡度的关系可用曼宁公式表示

$$v = \frac{1}{n}h^{2/3}J^{1/2} \quad (1-9)$$

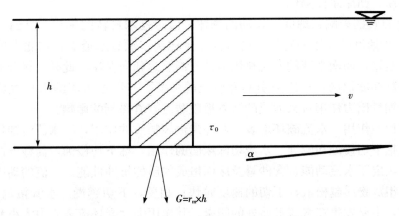

图 1-5 单位面积坡面水柱切应力
(王礼先,1995)

式中：n 为糙率系数，其他符号意义同上。

③沟槽水流：

A. 沟槽水流的流速分布。坡面流的兼并汇集出现股流，由于流量增大，流速加快，将坡面冲刷成不同大小的沟谷，如浅沟、切沟等。这样水流被局限于沟道内，被称为沟槽水流，沟槽水流属紊流。水力学上已给出恒定、均匀流情况下的流速公式——谢才（Chezy）公式

$$v = C\sqrt{RJ} \tag{1-10}$$

式中：R 为水力半径（m），反映过水断面特征的一个长度，其值为过水断面面积与湿周之比，湿周是指水流过水断面与固体边界接触的周界线；J 为床面比降；C 为谢才系数，计算公式为 $C = \frac{1}{n}R^{\frac{1}{6}}$，或其他公式。

在河床周界附近，沟槽水流由于流速梯度较大，易产生旋涡。因为旋涡的顶部旋转分速与当地流速方向一致，而旋涡的底部旋转分速与当地流速方向相反，根据伯努里（Bernoulli）定律，流速大的水体压力小，流速小的压力大，这样就会形成垂线方向压力差，使旋涡离开河底向河面、河心移动，并扩散到整个水体中，使整个水流都具有紊流的特征。旋涡运动使紊流中各水层的动量、热量、含沙量等可以不断进行交换，互相掺混，从而使紊流内的流速分布比层流更为均匀。此外，旋涡运动一方面对周界产生剥蚀，另一方面又使侵蚀物质进入整个水体，使其具有基本相同的含沙量。

B. 横向环流和螺旋流。水流的运动，受到河槽周界的限制，因此，水流的平均方向，决定于槽线的方向。槽线的曲折和断面形态的改变，会使水流内部形成一种规模较大的旋转运动。这种旋转运动与前述的旋涡不同，它不仅规模较大，而且比较稳定。引起环流的原因很多，这里仅介绍弯道离心力引起的环流和受地球自转的影响两种情况。

a. 弯道离心力引起的环流：弯道水流在离心力的作用下，水面会形成横向的比降。形成横向比降之后，由于外侧水面抬高，所产生的超压力与离心力只有在水流中部可以平衡。水流上层离心力大于超压力，合力同水流方向，水质点沿水流运动；水流下层，离心力小于超压力，合力与水流方向相反，水质点逆水流运动，这样便形成了横向环流。横向流速又在纵向流速作用下前进，构成了弯道螺旋流，其结果是表层水流流向凹岸，凹岸水面抬高；底

层水流流向凸岸，凸岸水面降低。

b. 受地球自转的影响：地面上运动的物体，由于地球自转的影响，受到一种科里奥利斯（Coriolis）加速度的作用使它运动的方向发生偏离。顺着水流看，在北半球的河流科氏力总是作用于右岸，而南半球的河流科氏力的方向总是朝向左岸。此外，科氏力也会引起横向环流。在中高纬度地区，科氏力引起螺旋流的强度，与弯道水流的离心力是同一数量级的。因此，长期科氏力作用对大河流的河谷地貌塑造有着深刻的影响。

（3）水流侵蚀作用　水流破坏地表，并冲走地表物质的作用，称水流侵蚀作用。水流侵蚀作用方式包括下切侵蚀和侧蚀。水流切深床面的作用，称下切侵蚀，简称下蚀或切蚀。下切侵蚀的强度决定于水流动能、含沙量及床面组成物质的抗冲性能。水流的动能越大，含沙量越少，地面组成物质越松散，下切的速度越快；相反，下切越慢。水流拓宽床面的作用，称侧蚀或旁蚀，主要发生在水流弯曲处的凹岸。其作用强度受环流离心力大小和水流冲刷力控制。向源侵蚀也称溯源侵蚀，是沟谷源头的后退侵蚀，指向源头。向源侵蚀的结果导致沟谷伸长。

水流是否发生侵蚀可以根据泥沙滑动或滚动启动条件来判定。

例如，图1-6砾石三轴长分别为a、b、d（可简化为a、b、d相等），其受三个方向的作用力。

重力为
$$G = (\gamma_M - \gamma_W) \cdot a \cdot b \cdot d \tag{1-11}$$

水流推移力为
$$P_x = \lambda_x \cdot a \cdot b \cdot \frac{\rho v^2}{2} \tag{1-12}$$

上举力为
$$P_y = \lambda_y \cdot a \cdot d \cdot \frac{\rho v^2}{2} \tag{1-13}$$

式中：γ_M为砾石容重；ρ为水的密度；γ_W为水的容重（$=\rho g$）；v为作用于砾石的流速；λ_x为推移力系数；λ_y为上举力系数。

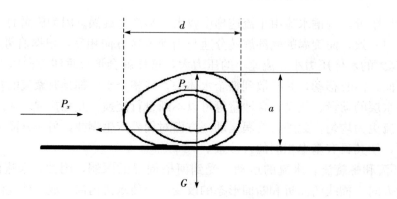

图1-6　砾石滑动时的受力情况
（王礼先，1995）

在水流流动时，砾石顶部和底部水流速度不同。根据伯努里定律，砾石顶部的流速高，压力小；砾石底部的流速低，压力大。这样所形成的压力差产生了上举力P_y，方向朝上，并通过砾石重心。

砾石开始滑动时，应满足下面平衡方程
$$f \cdot (G - P_y) = P_x \tag{1-14}$$

式中：f 为摩擦系数。

将式 (1-11)、(1-12) 和 (1-13) 分别代入式 (1-14)，整理后得滑动启动流速 v_d

$$v_d = K_1 \sqrt{d} \tag{1-15}$$

式中：$K_1 = \sqrt{\dfrac{2f(\gamma_M - \gamma_W)}{(f\lambda y + \lambda x)\rho}}$，为系数。

沙粒滚动情况见图 1-7。球形沙粒截面积为 $\dfrac{\pi}{4}d^2$，在水中自重 G 为

$$G = \frac{\pi}{6}d^3(\gamma_M - \gamma_W) \tag{1-16}$$

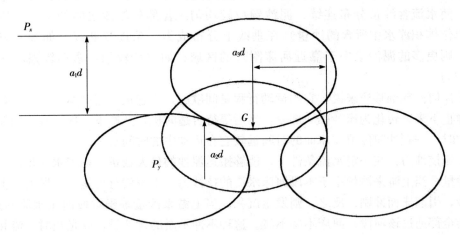

图 1-7 沙粒滚动时的受力情况
(王礼先，1995)

沙粒受到水流的推移力和上举力分别为

$$P_x = \lambda_x \frac{\pi d^2}{4} \cdot \frac{\rho v^2}{2} \tag{1-17}$$

$$P_y = \lambda_y \frac{\pi d^2}{4} \cdot \frac{\rho v^2}{2} \tag{1-18}$$

球形沙粒开始滚动时，则应使滚动力矩和反力矩平衡，满足如下方程

$$P_x a_1 d + P_y a_2 d = G a_3 d \tag{1-19}$$

将式 (1-16)、(1-17) 和 (1-18) 分别代入式 (1-19)，整理后得滚动启动流速 v_{d0}

$$v_{d0} = K_2 \sqrt{d} \tag{1-20}$$

式中：d 为泥沙粒径；$a_1 d$、$a_2 d$ 和 $a_3 d$ 分别为球形体相接点的距离（图 1-7）；λ_x 为球形沙粒的推移力系数；λ_y 是球形沙粒的上举力系数；$K_2 = \dfrac{a_3(\gamma_M - \gamma_W)}{\rho(a_1\lambda_x + a_2\lambda_y)\dfrac{\pi}{4}}$，是系数。

从式 (1-15) 和 (1-20) 可以看出，沙砾在流水作用下，无论是滑动或滚动，沙砾粒径总是与启动流速平方成正比，而泥沙体积或质量又与其粒径 3 次方成正比，因此，颗粒的质量与流速间有 $G \propto v^6$ 的关系。由于山区河流水流速度大，因此能够搬动巨大的砾石。

(4) 水流搬运作用　水流挟带泥沙及溶解物质，并推动坡面物质移动的作用，称为水流搬运作用。

①泥沙搬运方式：泥沙启动以后，在上举力的作用下可以离开床面，与速度较高的水流相遇后，被水流挟带前进，呈悬浮状态搬动，称为悬移，被搬运的物质称为悬移质。悬移主要受紊流的旋涡运动影响，悬移质的数量与水流流速、流量及流域的组成物质有关。

由于泥沙颗粒比水重，当启动泥沙颗粒较大时，它又会逐渐回落到床面上，并对床面上泥沙有一定冲击作用，作用的大小决定于泥沙颗粒的跳跃高度和水流流速。当泥沙颗粒的跳跃高度较高，水流流速继续增加，紊动加强，水流中充满着不同大小的旋涡，会使一部分泥沙跃起被旋涡带入离床面更高的水流中，或启动泥沙沿床面滚动、滑动，称为推移，被搬运的物质称为推移质。

悬移质和推移质之间，以及它们与河床上的泥沙之间存在着不断的交换现象，交换的结果，使水流含沙量分布连续、泥沙颗粒较均匀。各部分泥沙之间的交换作用，使含沙量（单位体积浑水中所含的沙量）在垂线上分布成为一条连续曲线。如颗粒较粗，紊动较弱，则更多的泥沙集中于靠近河床附近的区域；如泥沙较细，紊动较强，则泥沙分布比较均匀。

对于任何一颗推移质来说，它的运动行程是间歇的，当它被水流搬运一定距离以后，便在床面静止下来，转化为床沙的一部分，然后等待合适时机，开始下一次行程。当泥沙运动强度不大时，一颗沙粒停留在床面的时间远较它在运动中的时间长。

②水流挟沙力：在一定水流条件下，能够搬运泥沙的最大数量，称为水流挟沙力，或称饱和挟沙量。当上游来沙量小于本段河床水流的挟沙力，水流就有可能从本段河床上获得更多的泥沙，引起床面冲刷；反之，则发生沉积。当上游来沙量等于本段河床水流的挟沙力，来沙量会全部通过该河段，河床不冲不淤。这种不冲不淤的含沙量，就是当时水流和泥沙条件下的挟沙力。

水流挟沙力应包括推移质和悬移质的全部沙量，但是推移质运动比悬移质运动复杂，且推移质的测定比较困难，而且悬移质一般是天然河流全部运动泥沙的主体，因此，对于平原河流来说，常以悬移质输沙率代替水流的全部挟沙力。

坡面流的挟沙力，可用 M. A. 雅里加诺夫挟沙公式计算，其式如下

$$\rho = \frac{\alpha v^3}{gh\omega} \quad (1-21)$$

式中：ρ 为径流含沙量；h 和 v 分别为坡面流水深和流速；ω 是泥沙沉降速度；α 是系数，随降雨对水流的紊动强度不同而变化。

水流挟沙力 ρ 与单宽径流量 q 的积称为单宽坡面可能最大产沙量（m），即 $m=\rho q$。设坡长为 L，则单位面积的坡面上最大的可能产沙量被称为侵蚀率 ε，表达式为

$$\varepsilon = \frac{\rho q}{L} \quad (1-22)$$

将坡面流速公式（1-9）和（1-21）代入式（1-22），并将 $q=CIL$，$h=CI$ 代入整理后得下式

$$\varepsilon = \frac{a}{n^3} \cdot \frac{C^2 I^2 L J^{\frac{3}{2}}}{g\omega} \quad (1-23)$$

式中：ω 是侵蚀率；C 是径流系数；I 是降雨强度；J 是坡度；L 是坡长；$\frac{a}{n^3}$ 为系数，其中 a 与降雨有关，n 是地表糙率。

(5) 水流堆积作用

①泥沙沉速：泥沙进入水流后，在重力作用下下沉，同时又受到水流阻力的影响。当泥沙在水中的重力与水流阻力相等时，泥沙以等速下沉的速度称为泥沙沉速。

粒径为 d 的球形沙粒在静水中因受重力 G 的作用下沉，重力 G 为

$$G = (\gamma_M - \gamma_W)\frac{\pi d^3}{6} \tag{1-24}$$

下沉时所受到的阻力 F 为

$$F = \lambda_x \frac{\pi d^2}{4} \cdot \frac{\rho \omega^2}{2} \tag{1-25}$$

利用 $G=F$ 关系，可得到泥沙沉速公式

$$\omega^2 = \frac{4}{3\lambda}(\gamma_M - \gamma_W)\frac{d}{\rho} \tag{1-26}$$

式中：ω 为球形沙粒的运动速度（m/s）；λ 为阻力系数，是雷诺数的函数；γ_M 和 γ_W 的意义同前。

②泥沙沉积：当上游来沙量大于水流挟沙力时，多余的泥沙就要沉积，也称堆积。沉积先从推移质中大颗粒开始，然后悬移质转化为推移质，在床面上沉积。

图1-8说明在什么条件下泥沙易发生沉积。图中横坐标为泥沙粒径大小，纵坐标为沉速 ω 或摩阻流速 $v^* = \sqrt{\tau_0/\rho}$，其中 τ_0 为作用在床面上的水流切应力，ρ 为水的密度。这样可以利用临界摩阻流速 v_c^* 代替泥沙启动时的水流切应力 τ_0，作为泥沙启动的判别值。当摩阻流速相当于泥沙的沉速时，泥沙才能悬移运动。

图1-8中 COD 线为各种不同粒径泥沙的临界摩阻流速 v_c^*；EOF 线为泥沙的沉速。根据这两条曲线的相对位置，将泥沙沉积条件分为三个不同区域：

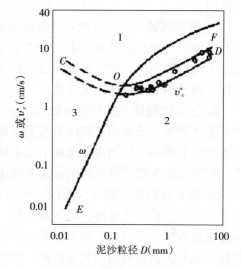

图1-8 泥沙沉积条件分区
（王礼先，1995）

A. 区1（COD 线以上）。$v^* > v_c^*$，运动泥沙与床面泥沙有可能发生交换。当上游来沙量大于水流挟沙力时，泥沙发生沉积；当上游来沙量小于水流挟沙力时，河床会发生冲刷。其中 OFD 部分泥沙的运动主要以推移质为主，其余部分则一般以悬移质为主。

B. 区2（EOD 线以下）。$v^* < v_c^*$ 及 $v^* < \omega$，水流既不足以冲刷床面泥沙，使之向下游搬运，也不足以支持上游来沙在水中继续悬移，因此来沙迅速在本河段沉积。

C. 区3（COE 线以左）。$\omega < v^* < v_c^*$，水流不足以自河床中取得泥沙补充，但只要上游来沙进入本河段，则河段内的紊动强度能支持它们以悬移形式运动，因此将极大部分上游来沙往下游输送，不致在本河段发生过多的沉积。

（二）溅蚀

溅蚀是一次降雨中最先导致的土壤侵蚀，它可以发生在任何裸露坡地特别是坡耕农地。

裸露的坡地受到较大雨滴打击时，把土粒溅起，溅起的土粒落回坡面时，坡下比坡上落得多，因而土粒向坡下移动。随着降水量的增加和溅蚀的加剧，地表往往形成一个薄泥浆层，再加上小股地表径流的影响，很多土粒随径流而流失，这种现象称为溅蚀。溅蚀破坏表层土壤结构，分散土体或土粒，造成土壤表层孔隙减少或堵塞，形成板结，从而引起土壤透水性下降，为产生坡面径流和层状侵蚀创造条件。

（三）面蚀

面蚀是降雨在坡地上不能完全被土壤吸收时形成分散的地表径流，分散的地表径流冲走表层土粒的侵蚀现象，它是土壤侵蚀中最为常见的一种形式。由于面蚀面积大，又带走土壤表层中大量的养分，并造成表层土壤结构破坏，持水量和透水性变差，质地变粗，从而导致土壤肥力下降和生产力降低，所以对农业生产的危害极大。面蚀多发生在裸露的和植被稀少的坡地表面上，其严重程度取决于植被、地形、土壤、降水及风速等因素。按面蚀发生的地质条件、土地利用现状和发生程度不同，可分为层状面蚀、沙砾化面蚀、鳞片状面蚀和细沟状面蚀。

1. 层状面蚀　层状面蚀是指降雨在坡面上形成薄层分散的地表径流时，把土壤可溶性物质及较细小土粒以悬移为主的方式带走，使土层减薄，肥力下降的一种侵蚀形式，它是面蚀发生的最初阶段。层状面蚀多发生在质地均匀的农耕地及农闲地上，并不会因细小的土粒被带走而使得表层质地明显变粗。

2. 沙砾化面蚀　沙砾化面蚀也是由于降雨在坡面上形成薄层分散的地表径流，把土壤中可溶性物质及较细小土粒以悬移为主冲走的一种侵蚀形式。但沙砾化面蚀通常特指土石山区农耕地上的面蚀，当表层土壤中细小颗粒被冲走后，土壤质地明显变粗，土层变薄，土壤生产能力不断下降，最后将因表层土体中沙砾含量过高，不能作为农耕地使用而弃耕。

3. 鳞片状面蚀　鳞片状面蚀，或称鱼鳞状面蚀，指在非农耕地的坡地上，降雨后，有植被处和没有植被处受冲蚀的程度不同，局部面蚀呈鱼鳞状斑点分布的一种侵蚀形式，在我国山区及牧区广泛分布。通常植物生长不好或没有植物生长的地方面蚀较为严重，而植物生长好的地方无面蚀或面蚀较为轻微。鳞片状面蚀发生的严重程度取决于植物密度及分布均匀性、人和动物对植物的破坏程度。

4. 细沟状面蚀　细沟状面蚀是在较陡的坡耕地上，暴雨过后，坡面上分散的小股径流带走坡面上土壤或母质，并冲出许多细密小沟，这些细沟基本上沿着流线方向分布的一种侵蚀形式。一般细沟状面蚀的沟深和沟宽不超过20cm，沟沿不整齐，沟的走向受小地形影响弯曲不定，通过耕作措施即可恢复平整，并不需要特殊的土壤保持措施，因此仍属于面蚀范畴。细沟状面蚀极易发生在质地均一、结构松散的坡地上，如黄土高原区多发生细沟状面蚀。

通常坡面上部径流分散，易产生层状或沙砾化面蚀，而坡中下部常出现细沟状面蚀。

（四）沟蚀

在细沟状面蚀的基础上，分散的地表径流集中成股流，强烈冲刷地表，切入地面带走土壤、母质及破碎基岩，形成大小侵蚀沟的过程，称为沟蚀，它是常见的水力侵蚀形式之一。由沟蚀形成的沟壑称为侵蚀沟，此类侵蚀沟深和沟宽均超过20cm，侵蚀沟呈直线型，有明显的沟沿、沟坡和沟底，用耕作方式无法平复。由于地质条件的差异，不同侵蚀沟的外貌特点及土质状况不同，但典型的侵蚀沟组成基本相似，侵蚀沟一般由沟顶、沟沿、沟底及水道、沟坡、沟口和冲积扇组成。

沟蚀所涉及的面积不如面蚀范围广，但对土地的破坏程度远比面蚀严重，把完整的坡面切割成沟壑密布，面积零散的小块坡地，使耕地面积减少，对农业生产的危害极大。沟蚀的发生还会破坏道路、桥梁或其他建筑物。

根据沟蚀发生的严重程度及侵蚀沟外貌特征，可将侵蚀沟分为土石山区侵蚀沟（荒沟和沟挂地）和黄土地区侵蚀沟（浅沟、切沟和冲沟）。

1. 土石山区侵蚀沟

（1）荒沟 在土壤层和母质层不太厚，下层又是坚硬岩石的土石山区，集中的股流虽然冲力很大，但基岩却阻止了侵蚀沟的下切，形成宽而浅的侵蚀沟，此类沟沟底纵断面受基岩的影响而呈各种形态，同时两岸大量的土沙石砾等常堆积在沟内，此类沟称为荒沟。南方花岗岩地区的崩岗沟属于此种类型。

（2）沟挂地 有些土石山区斜坡的中上部，土壤及母质极薄，降雨时少量股流就可带走斜坡上易被冲蚀的物质，因此在整个坚硬岩石坡面上只留下与等高线呈近似的垂直状态的细条状土壤及母质，似有许多宽而浅的沟挂在斜坡上，故称沟挂地。

2. 黄土地区侵蚀沟

（1）浅沟侵蚀 在细沟状面蚀的基础上，由分散的小股径流汇集成较大的径流，既冲刷表土又下切底土，形成横断面为宽浅槽形的浅沟的一种侵蚀形式。浅沟侵蚀在初期与细沟状面蚀相同，下切深度在 0.5m 以下，逐渐加深到 1m 左右，沟宽一般不超过沟深，宽深比值接近 1。浅沟侵蚀没有明显的沟头跌水，正常的耕作已不能复平，沟道的横断面呈 V 形。浅沟下端一般与切沟或冲沟相连。

（2）切沟侵蚀 浅沟侵蚀继续发展，冲刷力量和下切力增大，沟深切入母质中，有明显的沟头，并形成一定高度的沟头跌水的一种侵蚀形式。不同切沟深度差异可达 5～10m，沟的宽度远小于深度，一般 3～10m，宽深比值较小。切沟侵蚀有明显的沟头跌水，跌水深度多超过 2m，跌水产生垂直方向的侵蚀力，沟底下切是沟道发展的主要方向。沟道横断面仍呈 V 形。切沟发生在有深厚母质的斜坡上，在黄土高原的塬边切沟侵蚀最为剧烈，其下游一般与河沟或河川相连。切沟侵蚀是侵蚀沟发育的盛期阶段，是沟头前进、沟底下切和河岸扩张均十分激烈阶段，也是防治沟蚀最困难的阶段。

（3）冲沟侵蚀 切沟侵蚀进一步发展，水流更加集中，下切深度变大，沟道横断面呈 U 形的沟壑的一种侵蚀形式。冲沟侵蚀是侵蚀沟发育的末期。冲沟侵蚀河底纵断面与原坡面有明显差异，上部较陡，坡底的跌水消失，形成凹形缓坡，坡度在冲沟下游变化不大。沟道宽深比逐渐由小变大，一般冲沟由浅沟、切沟发展而来，下接河沟或河川。

（五）山洪侵蚀

山洪侵蚀是指山区、丘陵区富含泥沙的地表径流，经过侵蚀沟网的集中，形成突发性洪水向河道汇集对沟道堤岸的冲淘、对河床的冲刷或淤积的过程，它是水力侵蚀的形式之一。受山洪冲刷的河床称为正冲刷，被淤积的称为负冲刷。山洪比重为 1.1～1.2，一般不超过 1.3。由于山洪具有流速高、冲刷力大和暴涨暴落的特点，因而破坏力较大，并能搬运和沉积泥沙石块。山洪侵蚀改变河道形态，冲毁建筑物和交通设施，淹没农田及城市、村庄或工业基地，给整个下游造成严重的危害。

（六）洞穴侵蚀

洞穴侵蚀，也称潜蚀，是地面径流沿土体的垂直裂隙、根孔、动物穴下渗时，发生水力潜蚀、冲刷、淘蚀等作用而形成各种各样洞穴的过程，为水力侵蚀的一种特殊类型，多发生在丘陵斜坡向谷坡过渡的边缘，或发生在切沟沟头跌水的下方。洞穴侵蚀会导致沟头前进，加剧沟蚀的发展，造成道路、居民点塌陷，因此应有效地防治洞穴侵蚀。洞穴侵蚀可分为水刷窝、跌穴和陷穴三类。

1. 水刷窝 水刷窝常见于沟头、陡岸、沟谷陡壁、地坎和各种跌水面。由于地面径流冲蚀、淘蚀以上各种部位而形成内凹半圆形的冲刷窝，它是洞穴侵蚀的一种过渡类型。水刷窝是沟头向源侵蚀的主要方式，在水刷窝的下部即发展成跌穴。

2. 跌穴 跌穴可出现在沟头水刷窝的下部，也可出现在沟床及其他陡崖下部，因为大股集中水流强烈冲刷而形成竖井状或漏斗状圆形洞穴，直径 2～8m，深可由数米到 10 多 m。切沟沟床的跌穴十分发育，易形成串珠状群体洞穴，洞穴的底部常有孔道相通，串珠状群体洞穴的穴间孔道孔径扩大，可使洞穴最后遭到破坏，使沟床深切而伸长。所以串珠状跌穴的形成和发展，是黄土地区切沟沟床发展过程的特殊形式。两个或几个跌穴不断扩大，下部由地下水流串通不断扩大孔道，则在跌穴之间未崩塌的残留土体形成黄土桥。

3. 陷穴 陷穴多出现在地形相对平缓又有缓慢汇流相对低洼部位，如塬边地带、台地和阶地的边缘以及相对平缓的谷缘。这些部位的垂直裂隙、根孔、动物穴比较发育，能容纳大量的汇流入渗到地下，由于可溶性物质和细粒土体被淋溶到深层，土体内形成空洞，上部的土体失去顶托而发生陷落，呈垂直洞穴，称为陷穴。其形状呈圆形竖井状、漏斗状等，直径 1～5m，深可由数米到 20 多 m。

三、重力侵蚀

重力侵蚀是坡地上的风化碎屑或不稳定的岩体、土体在重力为主的作用下，以单个落石、碎屑流或整块土体、岩体沿坡向下运动的一种土壤侵蚀现象。由于坡地重力所移动的物质多系块体形式，也称为块体运动。严格地讲，纯粹由重力作用引起的侵蚀现象不多。重力侵蚀，是在其他外营力共同作用下，以重力为直接原因所导致的地表物质移动。重力侵蚀的形式主要有泻溜、崩塌、滑坡等。重力侵蚀多发生在 25°以上的山地和丘陵，沟坡和河谷较陡的岸边，或由人工开挖坡麓形成的临空面，修建渠道和道路形成的陡地也常发生重力侵蚀。

（一）重力侵蚀作用

1. 坡面重力侵蚀作用 重力侵蚀的主要外营力是由地心引力而产生的重力作用，但是土体下渗水分、土体性质、岩石结构、地形条件等也有着不可忽视的影响作用。

斜坡（包括山坡、岸坡、人工边坡）上松散堆积物或风化基岩，由于本身重量而沿斜坡向下运动或垂直下落，且地表水、地下水以及地震等因素在块体运动中起促进和触发作用。块体运动是一种固体或半固体物质的运动，可以是快速的运动，也可以是不易觉察的缓慢移动或蠕动。块体运动发生时，会破坏沿途可能遇到的基岩，同时运动的物质本身也会遭受破坏。

斜坡形态指斜坡的高度、长度、剖面形态、平面形态以及临空条件等,均影响斜坡的稳定性。均质斜坡坡度越陡,坡高越大,稳定性越差。平面上呈凹形的斜坡较凸形的斜坡稳定。同是凹形斜坡,斜坡等高线曲率半径越小,斜坡越稳定。

岩土体性质包括岩土体的坚硬程度、抗风化能力、抗软化能力、抗剪强度,颗粒大小、形状及透水性大小等,它们影响斜坡形成、发展和稳定状况,因此块体运动有区域性,如花岗岩和厚层石灰岩地区以崩塌为主,而黄土地区则以滑坡为主。区域构造比较复杂,褶皱较为强烈,新构造运动较为活跃的地区,通常斜坡稳定性较差。

促使斜坡上物质向下运动的动力是重力,当重力克服了物体的惯性力和摩擦阻力时,物体就要向下运动。在这个过程中,水也是重要的影响因素,它能促进块体运动的发生。这不仅因为水可以增大斜坡上物质的重量,更重要的是水对斜坡有软化作用,尤其是对滑动面的润滑作用,从而降低松散物质颗粒之间的黏结力以及整个物体和基底之间的摩擦阻力。地下水在流动中具有渗透力,其方向与水流方向一致,能促进沉积物或岩石的破坏。每当洪水退后,这时两岸的地下水会向河流排泄,其流向与渗透力的方向指向岸坡下方,从而破坏河岸的稳定性,加上洪水水流冲刷坡面、切割坡麓,河岸易发生坍塌。此外,斜坡的负荷超过斜坡所能担负的重量、流水或波浪的掏蚀使斜坡过陡、水的冻结和融化交替发生、滥肆开采斜坡下部的岩石等都促进块体运动的发生。

地震或人工爆炸时也易发生块体运动,这是因为震动产生的冲击力减小摩擦阻力,触发了块体运动的发生。

植物固定斜坡的作用主要表现在树木根系有利于防止浅层滑坡,此外,也有利于防止崩塌、滑塌等块体运动的发生,但是随着坡度的增大,树木的作用减少。

重力侵蚀通常是突然发生,给人们带来很大灾害,特别在山区无论是交通、厂矿、城镇还是大型水利枢纽建设都会遇到这个问题。

2. 坡面重力侵蚀应力 使坡地上物质发生块体运动的最主要外营力是重力和水的作用。分析块体运动的力学过程,可分为位于坡面上松散土粒、岩屑或石块以及在坡地表层沿一定软弱面发生位移的较大岩土体两种情况。

(1) 土粒岩屑或石块运动 位于坡面上块体(松散土粒、岩屑或石块),一方面在重力作用下产生下滑力 T,有促使块体向下移动的趋向,另一方面块体与坡地的接触面间,由于有摩擦阻力 τ_p 的存在牵制下滑力,使块体趋于稳定(图1-9a)。因此,坡地表面上块体是否向下运动,要看下滑力和摩擦阻力之间的对比关系。当下滑力大于摩擦阻力时,则发生位

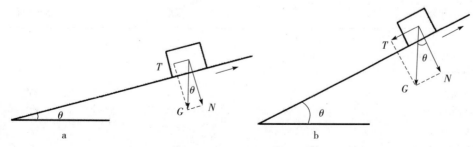

图1-9 块体运动的力学分析
(王礼先,1995)

移,反之则稳定,如两者相等,块体处于极限平衡状态。

坡面上的块体重力 G 可以分解为与坡面平行的下滑力 T 和垂直于坡面的法向力 N,其关系式为

$$T = G \cdot \sin\theta \quad (1-27)$$

$$N = G \cdot \cos\theta \quad (1-28)$$

式中:θ 是坡面的坡角。

当坡面上块体静止时 $T=\tau_p$,但方向相反,作用在同一滑动面上。摩擦阻力可写成

$$\tau_p = N \cdot \tan\theta \quad (1-29)$$

随着坡度的增大(图 1-9b),下滑力和摩擦阻力同时增大,但摩擦阻力的增大有限,当增大到最大摩擦阻力 τ_f 时,块体处于极限平衡状态,此时下滑力与最大摩擦阻力刚好相等。与此相应的坡角称为临界坡角,它反映了块体与该坡面间摩擦力的大小和性质。因此,临界坡角 θ 又称为块体与该坡面间的内摩擦角 φ。若 τ_f 为松散块体的抗滑强度,则有

$$\tau_f = N \cdot \tan\varphi = G \cdot \cos\theta \cdot \tan\varphi \quad (1-30)$$

从以上分析可知,坡面上块体越重,下滑力越大;同时坡面的坡角越大,其下滑力也越大,而抗滑力越小。坡面上的土粒、岩屑或石块的稳定条件应是

$$T \leqslant \tau_f \quad (1-31)$$

即

$$G \cdot \sin\theta \leqslant G \cdot \cos\theta \cdot \tan\varphi$$

$$\tan\theta \leqslant \tan\varphi$$

$$\theta \leqslant \varphi \quad (1-32)$$

因此,坡面上松散物质的稳定条件是下滑力小于或等于抗滑强度。当下滑力小于抗滑强度时,$\theta < \varphi$;当坡面上松散物质处于极限平衡状态时,则下滑力等于抗滑强度,即 $\theta = \varphi$。因此,内摩擦角反映了松散物质沿坡面下滑刚好启动时的坡角,可以代表它们的休止角。对于没有黏结力的松散沙层或岩屑堆积层来说,内摩擦角与休止角一致。当坡面的坡角小于内摩擦角时,坡面上的松散物质总是稳定的,与坡高没有关系。

土粒、沙粒和松散岩屑的内摩擦角大小与颗粒大小、形状和密度有关(表 1-3)。粗大呈棱角状密实的颗粒,休止角大。一般风化岩屑离源地越远,其颗粒棱角因磨蚀圆度增加,摩擦阻力减小,休止角变小。因此越向坡麓,坡度越趋缓和。

松散物质的内摩擦角大小也与含水量高低有关(表 1-3)。当松散物质之间的孔隙被水

表 1-3 几种含水量不同泥沙的休止角

(张洪江,1999)

泥沙种类	干	很湿	水分饱和
泥	49°	25°	15°
松软沙质料土	40°	27°	20°
洁净细沙	40°	27°	22°
紧密细沙	45°	30°	25°
紧密中粒沙	45°	33°	27°
松散细沙	37°	30°	22°
松散中粒沙	37°	33°	25°
砾石土	37°	33°	27°

充填后润滑性会增加,休止角变小。因此在同样条件下,湿润区的山坡坡度缓,而干燥区的山坡坡度陡。由于山坡坡顶远离地下水以及水分不易积累,显得较干燥,而坡麓较湿润,因而山坡坡度也有从坡顶向坡麓变缓的趋势。

(2) 块体整体位移　块体运动并不限于在坡面上移动,有时在岩体、土体内部沿一些软弱结构面(层面、软弱夹层、断层面、节理面、劈裂面等)发生整体位移。这时块体运动一定先要克服土层或岩层间的黏结力 C,产生破裂面或滑动面,然后再克服摩擦阻力,才能发生位移。于是运动块体的抗滑强度为

$$\tau_f = N\tan\varphi + CA \tag{1-33}$$

式中:C 是黏结力（kgf/cm^2）;A 为运动块体与坡面的接触面积（cm^2）。

土体的黏结力与组成物质的化学成分,结构以及土中含水量的多少关系密切。黏土的力学性质受水分的影响很大。当黏土处于干燥状态时,具有极其坚固的性质,如水分增加,黏土变为可塑状态;水分饱和,将变为流动状态,其黏结力和抗滑强度大大降低,极易形成软弱结构面,土体往往沿此软弱结构面向下滑动。

坚硬岩体的黏结力很大,一般不易发生移动,但岩层中存在软弱结构面。软弱结构面的内摩擦角和黏结力显著减小,因此易产生破裂面而发生块体运动。

坡面上岩土块体能否沿结构面或破裂面发生整体位移,应由重力引起的下滑力和岩土块体的内摩擦力及黏结力引起的抗滑阻力之间的对比关系来决定,其稳定系数 K 为

$$K = \frac{抗滑阻力}{下滑力} = \frac{N\tan\varphi + CA}{T} \tag{1-34}$$

当 $K<1$ 时,岩体或土体处于不稳定状态;当 $K=1$ 时,岩体或土体处于极限平衡状态;当 $K>1$ 时,岩体或土体处于稳定状态。工程上一般采用 $K=2\sim3$ 为安全稳定系数。自然界大多数山坡 K 值大于1,处于比较稳定状态。当坡麓地带因河流侧蚀或人工切坡形成陡坎或临空悬崖后,坡面块体突出,不稳定体加大,将促使块体运动的发生。

3. 滑坡力学机制　斜坡上的土体、岩体是否滑动,视其力学平衡是否遭到破坏而定。由于斜坡上的土体、岩体特性不同,滑动面的性质也不一样,力学分析和计算方法也不相同。

均质土体滑坡的滑动面,大多数是一个半圆弧面。现以其为例,进行滑坡的力学分析。假定滑动圆弧面 AB 弧(图1-10),相应的滑动圆心为 O 点,R 为圆弧半径,则 $OA=OB=R$。过圆心 O 作垂线 OO',将滑坡体分为两部分,在 OO' 线右侧的土体,其重心为 O_1,重量为 G_1,它使斜坡土体有向下滑动的趋势,其滑动力矩为 $G_1 d_1$。在 OO' 左侧的土体,重心为 O_2,重量为 G_2,具有与滑动力矩方向相反的抗滑力矩 $G_2 d_2$。要使完整的土体破坏,形成滑动面,必须

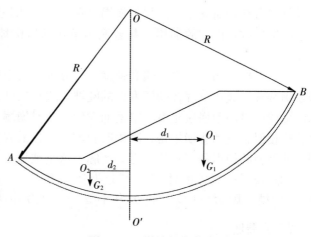

图 1-10　滑坡的力学分析
(王礼先,1995)

要克服滑动面上的抗滑阻力。若滑弧上各点的平均抗滑阻力为 τ_f（以单位面积抗滑阻力表示），则 AB 弧滑面上的抗滑阻力为 $\tau_f AB$，其抗滑力矩为 $\tau_f ABR$。于是，土坡的稳定系数 K 为

$$K = \frac{总抗滑力矩}{滑动力矩} = \frac{G_2 d_2 + \tau_f ABR}{G_1 d_1} \tag{1-35}$$

对于均质土坡来说，滑面上各点的抗滑阻力 τ_f 为 $\tau'_f = N\tan\varphi + C$，式中 C 和 φ 为常数。由于各点法向力 N 值不同，使得各点抗滑阻力不同，这样在计算土坡稳定系数时就带来困难。对于滑动圆弧上各点抗滑阻力不同问题，工程上采用条分法或根据野外滑坡资料直接求平均抗滑阻力。按式（1-35）求得稳定系数 K。当 $K<1$ 时，抗滑阻力小于滑动力，斜坡处于不稳定状态，发生滑动；当 $K=1$ 时，抗滑阻力等于滑动力，斜坡处于极限平衡状态；当 $K>1$ 时，抗滑阻力大于滑动力，斜坡处于稳定状态。

（二）崩塌

崩塌是在陡峭的斜坡上，整个山体或一部分岩体、石块、土体及岩石碎屑突然向坡下崩落、翻转和滚落的现象。崩塌多发生在坡度大于 60°的陡坡，软硬相间或裂隙发育的岩层，碎石土和垂直节理发育的黄土及黏土岩也是易于发生崩塌的岩土物质。

崩落体是崩落向下运动的部分，而崩落面是崩塌发生后在原来坡面上形成的新斜面。崩塌的特征是崩落面不整齐，崩落体停止运动后，岩土体上下之间层次被彻底打乱，形成犹如半圆形锥体的堆积体，称为倒石堆。发生在土体中的崩塌称为土崩；发生在岩体中的崩塌称为岩崩；规模巨大、涉及大片山体的崩塌称为山崩；发生在海岸或库岸的崩塌称为坍岸；发生在悬崖陡坡上单个块石的崩落称为坠石。崩塌可能造成河流堵塞或阻碍航运，毁坏建筑物或村镇，以及引起波浪冲击沿岸等灾害。

崩塌可按不同原则进行分类：一是根据组成坡地的物质结构分类；二是根据崩塌的移动形式和速度分类；三是根据崩塌的体积分类。

(1) 根据组成坡地的物质结构　可分为崩积物崩塌、表层风化物崩塌和沉积物崩塌。崩积物崩塌是指山坡上已经崩塌的岩屑和沙土等物质，处于松散状态，当有雨水浸湿或受地震震动时，再一次形成的崩塌。表层风化物崩塌是在地下水沿风化层下部的基岩面流动时，引起风化层沿基岩面崩塌。沉积物崩塌是在厚层的冰积物、冲积物或火山碎屑物组成的陡坡，由于结构松散，形成的崩塌。基岩崩塌是在基岩山坡上沿节理面、层面或断层面等发生的崩塌。

(2) 根据崩塌的移动形式和速度　可分为散落型崩塌、滑动型崩塌和流动型崩塌。散落型崩塌常常形成在节理或断层发育的陡坡，或是软硬岩层相同的陡坡，或是由松散沉积物组成的陡坡。滑动型崩塌是沿一滑动面发生，有时崩塌土体保持了整体形态，此类型的崩塌和滑坡很相似。流动型崩塌是在降雨时斜坡上的松散岩屑、沙和黏土，受水浸透后产生流动崩塌。此类型的崩塌和泥石流相近，实际上这是坡地上崩塌型泥石流。

(3) 根据崩塌体的体积　可分为特大型（>1 000 万 m^3）、大型（100 万～1 000 万 m^3）、中型（10 万～100 万 m^3）和小型（<10 万 m^3）。

（三）滑坡

斜坡上的土体或岩体，由于地下水和地表水的影响，在重力的作用下，沿着滑动面整体

地向下移动的现象，称为滑坡。滑坡在天然斜坡或人工边坡、坚硬或松软岩土体都可能发生，它是常见的一种边坡变形破坏形式。滑坡的形成一般经过蠕动、滑动和剧滑三个发育阶段。不同滑坡完成上述三个阶段的时间差别很大，数天到数年不等，有时甚至只有几分钟。滑坡灾害具有群发性、周期性和突发性的特点。滑坡的特征是滑坡体与滑床之间有较明显的滑移面，滑落后的滑坡体层次虽受到严重扰动，但其上下之间的层次未发生改变。滑坡体由几百、几千立方米到上千万立方米，在山区还常伴生泥石流，危害极大。如1983年3月17日17时46分甘肃东乡县洒勒山滑坡，不到1min的时间滑坡体约5 000万 m^3，滑动距离750m，掩埋房屋585间，死亡237人。1991年9月云南昭通在3min内发生1 800万 m^3 的滑坡，滑动距离3 000m，死亡216人。

1. 滑坡成因

（1）地形 斜坡的地貌特征决定了斜坡内部应力分布状态及地表流水特征，其中斜坡的坡高、坡度、坡向和坡形是决定滑动力大小的主要因素。一般外貌起伏和缓、坡度不大、植被覆盖较好的山坡，大多数比较稳定；但在高陡的山坡或陡崖，斜坡上部的软弱面形成临空状态，加大了滑动力并减小了抗滑力，使斜坡上部土体或岩体处于不稳定状态，最易产生滑坡。易发生滑坡的坡度一般在25°~45°，当受地震的影响，滑坡的坡度为20°~60°。发生滑坡的坡高与滑程关系密切，如青海东部半成岩滑坡运动，当坡高大于200m时，滑程400~800m；坡高400m时，滑程2 000~3 000m。通常滑坡发生的概率阳坡大于阴坡，凸形坡大于直线形坡和凹形坡。凹形山坡部易产生滑动，而下部平缓部分则有阻止滑动的作用；而凸形山坡则相反，山坡下部较不稳定，常因下部产生滑塌而导致山坡上部也发生滑动。

（2）地质结构与物质组成 斜坡的地质结构与物质组成也直接影响着滑坡的发生与否。不同土体、岩体的力学特性不同，它们的抗剪强度和抗风化、抗软化、抗冲刷的能力也不同，发生滑坡的频率也不同。地质构造活动强烈，地震频繁地区，多为滑坡发育的集中场所，强烈的地震往往诱发滑坡的发生。坡体内部的软弱结构面是滑坡发育的重要条件，各种结构面如层面、片理面、断层面、解理面、不同岩层的堆积层界面、地下水含水层的顶底面以及岩石风化壳中风化程度不同的分界面等，常常构成滑动带的软弱面。特别是当岩层结构面的倾向与坡向一致，岩层的倾角又小于斜坡的坡角时，最易发生滑坡。黏土和松散堆积层浸水后，黏结力骤降，大大增加了其可滑性。沉积岩互层地区如夹有软弱层次的薄层页岩、泥岩、煤系等地层容易发生滑坡。变质岩系中如含有绿泥石、叶蜡石、云母矿物的片岩、千枚岩，滑坡也常常成群分布，这些地层常称为易滑地层。

（3）诱发因素 暴雨，尤其是连续降水后的暴雨，地表水下渗和地下水的补给，往往诱发滑坡的发生。水分浸湿斜坡上的物质，显著地降低其抗剪强度。当黏土含水量增加至35%时，抗剪强度会降低60%以上，泥岩或页岩饱水时的抗剪强度，比天然状态下的抗剪强度降低30%~40%。如果水分在隔水顶板上汇集成层，还会对上覆岩层产生浮托力，降低抗滑阻力。地下水还能溶解土石中易溶性物质，使土石成分发生变化，逐渐降低其抗剪强度。地下水位升高，还会产生很大的静水与动水压力，这些都有利于滑坡的发生。

此外，诱发滑坡发生的人为因素主要有植被破坏，不合理的沟道工程、坡地工程、渠道渗水，采石、采煤开挖工程和地下采空等。

2. 滑坡分类 常见的滑坡的分类有以下几种：

根据滑坡的物质，分为黄土滑坡、黏土滑坡、碎屑滑坡和基岩滑坡。

根据滑坡和岩层产状、岩性和构造等，分为顺层面滑坡、构造面滑坡和不整合面滑坡等。

根据滑坡的触发原因，分为人工切坡滑坡、冲刷滑坡、超载滑坡、饱和水滑坡、潜蚀滑坡和地震滑坡等。

按滑坡的形成年代，分为新滑坡、老滑坡和古滑坡。

按滑坡的运动形式，分为牵引滑坡和推动滑坡。

根据滑坡体的厚度，分为表层滑坡（<5m）、浅层滑坡（5～15m）、中层滑坡（15～30m）、厚层滑坡（30～50m）和深层滑坡（>50m）。

根据滑坡体的体积，分为特大型（>1 000万 m^3）、大型（100万～1 000万 m^3）、中型（10万～100万 m^3）和小型（<10万 m^3）。

上述各种滑坡类型的划分都是根据某一单项指标来考虑的，实际上自然界的滑坡形成是多因素的，例如由于地震触发的滑坡，可以在同一土层中形成滑坡，也可沿层面或断层面形成滑坡，因此只考虑一种因素来划分滑坡类型不能得到较满意的结论。

（四）泻溜

泻溜是指在石质山区、红土或黄土地区，陡坡上的土石体，受干湿、冷热和冻融的交替作用，造成土石体表面松散和内聚力降低，形成与母岩体接触不稳定的碎屑物质，在重力的作用下，顺坡向下滚落或滑落，形成陡峭的锥体的现象，它是坡地发育的一种方式。碎屑物质断续地顺着坡面向下滚落，在坡麓逐渐形成的锥形碎屑堆积体，称岩屑锥。岩屑锥的坡面角度与泻溜物体的休止角一致，通常为35°～36°。黄土地区农耕地坡度超过35°时，会发生耕地土壤泻溜，并留下明显的溜土痕迹。第四纪红色黏土的陡坡岩体，由于冬、春冻融变化中的胀缩以及物理风化作用，常引起泻溜的发生，且多出现在沟道上游陡峭（45°～70°）的阴坡和河流凹岸。此外，坡度45°以上易风化的土石山区的裸露陡坡也易发生泻溜。

促进泻溜发展的主要因素是水分或温度变化引起的膨胀与收缩、植被缺乏、沟道发育的阶段性以及人为活动的影响。此外，在过陡山坡上放牧，矿山开采时废渣、废石堆放不合理，以及交通线路、水利工程建设施工都可能引起泻溜的产生。下面以红土泻溜为例，说明泻溜的形成过程。

1. 风化裂隙形成阶段　红土层中裂隙包括纵向裂隙与交错裂隙，纵向裂隙是指红土层土体缓慢失水而收缩，产生垂直于土体表面的裂纹，一般深15～20cm、宽0.6～0.7cm，其分布密度较小。交错裂隙由于气候、湿热骤变，使土体中水分及温度随之急剧变化而产生平行或斜交于土体表面的裂纹，一般宽1mm左右，致使土体表层呈鳞片状分离。

2. 疏松层形成阶段　产生裂隙的土体表层，由于干湿、冷热的交替变化，促使细小的块状土体不断分裂成更细小的土屑，形成厚达10～15cm的地面疏松层。

3. 泻溜发生阶段　地面疏松层一旦遭到破坏，大量土屑不断地沿坡面向下滚动或滑落，就形成泻溜。泻溜物质与下部土屑撞击，使下部疏松层也同时发生泻溜，直至坡角小于该类物质的休止角时，才逐渐减缓或停止。

四、复合侵蚀

复合侵蚀是指在水流冲力和重力共同作用下产生的一种特殊侵蚀类型。南方丘陵山区的崩岗是岩土体的崩落,并常与沟蚀伴随发生。泥石流也是水土流失区常见的山区灾害,它是岩土体与水相混合的流体沿沟道的运动。这里将崩岗和泥石流这两种现象列为重力与水力的复合侵蚀类型。

(一) 崩岗

崩岗侵蚀(我国水土保持界目前较普遍使用"崩岗"一词)是我国东南地区分布最普遍、发育最旺盛和危害最严重的侵蚀类型。根据中国水文区划,崩岗侵蚀较严重地区涉及长江流域、珠江流域和东南沿海诸流域。崩岗是丘陵岗地上剧烈风化的岩体,在水力与重力综合作用下,向下崩落的一种特殊侵蚀地貌类型,是坡地侵蚀沟谷发育的高级阶段。由于高温、多雨和昼夜温差的影响,再加之花岗岩富含石英砂粒,岩石的物理风化和化学风化都较为强烈,雨季花岗岩风化壳大量吸水,致使内聚力降低,风化和半风化的花岗岩体在水力和重力综合作用下发展成为崩岗。崩岗产生巨大的泥沙,并被迅速带到下游,埋压农田,冲倒房屋,淤积河道,抬高河床,造成山塘、水库淤积,导致土地退化、区域生态环境恶化和旱涝灾害的发生,已成为山区脱贫致富的主要障碍因素之一。

1. 崩岗侵蚀现状 根据 2005 年的调查,崩岗侵蚀主要分布在湖北、湖南、安徽、江西、福建、广东、广西等 7 个省、自治区,共有崩岗 23.91 万个。其中,广东省崩岗数量最多为 10.79 万个,占崩岗总数的 45.14%,其次为江西省 4.81 万个,占崩岗总数的 20.10%,其后依次为广西 2.78 万个、福建 2.60 万个、湖南 2.58 万个、湖北 0.24 万个和安徽 0.11 万个,分别占了崩岗总数的 11.61%、10.88%、10.81%、0.99% 和 0.47%。崩岗侵蚀的数量分布情况如表 1-4 所示。

表 1-4 崩岗侵蚀空间分布情况
(孙波等,2011)

省份	崩岗数量(个)	崩岗面积(hm²)	占总面积比(%)
广东	107 941	82 760	67.83
福建	26 023	7 339	6.02
江西	48 058	20 675	16.95
湖南	25 838	3 739	3.06
广西	27 767	6 598	5.41
湖北	2 363	538	0.44
安徽	1 135	356	0.29
合计	239 125	122 005	100.00

2. 崩岗侵蚀分类

(1) 按崩塌形态特征分类 按崩岗的崩塌形状特征可分为条形崩岗、瓢形崩岗、弧形崩岗、爪形崩岗和混合型崩岗 5 种。条形崩岗主要分布在直形坡上,由一条大沟不断加深发育而成;瓢形崩岗通常在坡面上形成腹大口小的葫芦瓢形崩岗沟;弧形崩岗主要分布在河流、溪沟、渠道一侧,一般在山坡坡脚受水流长期侵蚀和重力崩塌作用形成;爪形崩岗包括沟头分叉和倒分叉两种,多分布在坡度较缓的坡地上;混合型崩岗一般发生在崩岗发育中晚期,由两种不同类型崩岗复合而成。

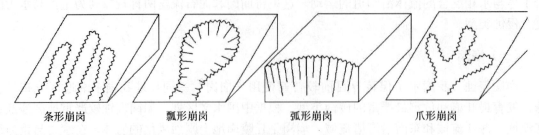

条形崩岗　　　瓢形崩岗　　　弧形崩岗　　　爪形崩岗

图 1-11　崩岗形态示意
(孙波等, 2011)

弧形、瓢形、条形、爪形、混合型崩岗侵蚀在各省区均有分布（表 1-5）。在数量上，以条形崩岗最多，为 61 609 个，占了总数的 25.76%。其后依次是混合型崩岗 56 706 个、瓢形崩岗 51 930 个、弧形崩岗 49 067 个、爪形崩岗 19 813 个，分别占了崩岗总数的 23.71%、21.72%、20.52%、8.29%。在面积上，混合型崩岗面积最大，为 45 288 hm^2，占崩岗总面积的 37.12%。然后依次是瓢形崩岗面积 27 978 hm^2、条形崩岗面积 20 195 hm^2、弧形崩岗面积 15 343 hm^2、爪形崩岗面积 13 201 hm^2，分别占崩岗总面积的 22.93%、16.55%、12.58% 和 10.82%。

表 1-5　南方 7 省区崩岗侵蚀形态分布情况

(孙波等, 2011)

崩岗类型	崩岗数量		崩岗面积	
	个数（个）	所占比例（%）	面积（hm^2）	所占比例（%）
条形	61 609	25.76	20 195	16.55
瓢形	51 930	21.72	27 978	22.93
弧形	49 067	20.52	15 343	12.58
爪形	19 813	8.29	13 201	10.82
混合型	56 706	23.71	45 288	37.12
合计	239 125	100.00	122 005	100.00

(2) 按崩岗活动情况分类　依据崩岗的发育活动阶段可将崩岗划分为活动型、相对稳定型和稳定型三种类型。

南方红壤 7 省（区）崩岗侵蚀中活动型的崩岗数量 210 195 个，面积 112.73 km^2，占崩岗总量的 87.90%，崩岗总面积的 92.40%。相对稳定型崩岗 28 930 个，面积 9.27 km^2，占崩岗总量的 12.10% 和崩岗总面积的 7.60%。绝大多数的崩岗正还处于侵蚀发育旺盛期，以活动型崩岗为主。

(3) 按崩岗侵蚀规模分类　按崩岗崩口面积大小可分为大型崩岗（≥3 000 m^3）、中型崩岗（1 000～3 000 m^3）、小型崩岗（60～1 000 m^3）。据统计，我国南方红壤 7 省区崩岗总数为 239 125 个，崩岗总面积为 122 005 hm^2。其中，小型崩岗 70 640 个，崩岗面积 3 060 hm^2，分别占崩岗总数量和崩岗总面积的 29.54% 和 2.51%；中型崩岗 60 098 个，崩岗面积 11 321 hm^2，分别占崩岗总数量和崩岗总面积的 25.13% 和 9.28%；大型崩岗 108 387 个，崩岗面积 107 624 hm^2，分别占崩岗总数量和崩岗总面积的 45.33% 和 88.21%。

表 1-6 南方 7 省区崩岗侵蚀规模统计

(孙波等，2011)

崩岗规模	崩岗数量		崩岗面积	
	数量（个）	所占比例（%）	面积（hm²）	所占比例（%）
小型崩岗	70 640	29.54	3 060	2.51
中型崩岗	60 098	25.13	11 321	9.28
大型崩岗	108 387	45.33	107 624	88.21
合计	239 125	100.00	122 005	100.00

3. 崩岗侵蚀的形成过程与发展规律

（1）崩岗侵蚀形成条件 崩岗侵蚀的形成受诸多自然和人为因素影响。一般来说，其形成与发育须具备以下四个基本条件：深厚的土层或风化母质、软弱面的发育、强大的径流冲击和地下水在软弱面的运动、地表植被及枯枝落叶层遭到严重破坏。其中深厚的土层或风化母质是崩岗发育的基础，暴雨径流以及土体自身的重力是崩岗发育的动力，地质作用及岩体本身的解理结构又对增大侵蚀力和减少土体内聚力起着促进和催化的作用，广泛而严重的坡面水土流失是崩岗发育的必要条件。

（2）崩岗侵蚀形成过程 在花岗岩风化壳发育地区，植被破坏后，局部坡面出现较大的有利于集流的微地形，面蚀加剧，多次暴雨径流导致红土层侵蚀流失，于是片流形成的凹地迅速演变成为细沟、浅沟和冲沟。随着径流的不断冲刷，冲沟不断加深和扩大，其深宽比值不断增大，下切作用进行的速度比侧蚀速度快，冲沟下切到一定深度变形成陡壁。陡壁形成之后，剖面出露沙土层，斜坡上的径流在陡壁处转化为瀑流。瀑流强烈地破坏其下的土体，在沙土层中很快形成溅蚀坑，溅蚀坑的不断扩大，逐渐发展成为龛。龛上的土体吸水饱和，内摩擦角随之减小，抗剪强度降低，在重力作用下便发生崩塌，形成雏形崩岗。崩塌产物大部分随流水带走，使沙土层再次暴露出来，在地面径流和瀑流的影响下又形成新的龛，再度发生崩塌，如此反复形成崩岗地貌。

总之，崩岗侵蚀大多数由面蚀、沟蚀引发，然后由冲沟发展而成，其侵蚀阶段大致经历冲沟沟头后退、崩积堆再侵蚀、沟壁后退、冲出成洪积扇几个阶段，其中，崩积堆再侵蚀是最主要的侵蚀阶段。

（3）崩岗侵蚀发展规律 崩岗一般是由侵蚀沟演变发育而成，但也有小部分是因坡脚受沟道径流淘刷，致使土体失稳而形成弧形或新月形崩岗。它的发生发展大体可分为以下 4 个阶段：

第一，初始发育阶段，也称即将形成阶段。地表承接天然降水后，坡面产生地表径流，由最初的薄层漫流，在微地形及地面的沙粒、石头、树蔸、草丛等影响下，逐渐形成股流。土壤侵蚀由最初的溅蚀发展成面蚀，继而形成细沟侵蚀。随着降水量的增加、时间延长、径流加大，在微地形及地被物的作用和影响下，地表径流汇聚成股流，其冲刷力不断增加。有的股流沿着地面原有的低凹处流动，依靠自身冲刷力而成细沟侵蚀，逐步发育成浅沟侵蚀。这种侵蚀在直线形坡上大致成平行状排列，沟距也大致相等，进一步发育会形成条形崩岗。如果在凹形坡上呈树枝状分布，进一步发育会形成爪形或瓢形崩岗。

第二，快速发展阶段，也称剧烈扩张阶段，处于此阶段的崩岗也称为活动型崩岗。随着径流不断增大，冲刷力越来越强，浅沟不断发展，沟底下切，形成切沟侵蚀。沟头溯源前进，沟壁扩张迅速，沟道深、宽均超过1m。此时，沟底已切入疏松的沙土层或碎屑层，并出现陡坎跌水。这对崩岗沟头溯源前进及其发育都起着重要作用。因为疏松的沙土层或碎屑层在跌水的冲击下，陡坎底部被掏空，上部土体因悬空，再加上花岗岩中的云母分化节理，加速土壤入渗失稳而崩塌。崩塌产生了新的垂直面，这样周而复始，沟头不断前进，沟壁不断扩张，切沟越来越大，沟底越来越深。在此过程中，沟道中的细小水流汇集成大的水流，与所挟带的泥沙冲刷沟底，使沟底迅速加深，侵蚀基准面不断下降，沟坡失去原来的稳定性。同时，流水还冲淘沟壁底部，或由于雨水沿着花岗岩风化体裂隙渗入土内，土粒吸水膨胀，重力增大，黏聚力减小，这些均会造成沟壁崩塌，扩张加剧，形成崩岗。总之，这一阶段，在溯源侵蚀、下切、扩展的叠加作用下，崩岗发育非常活跃，形成宽阔高大的崩岗。其特点是，沟床的纵剖面与原坡度已完全不一致，下部沟床比降趋于平缓。

第三，趋于稳定阶段，也称半固定阶段，处于此阶段的崩岗也称为半固定型崩岗。崩岗经过剧烈扩张崩塌后，由于向源侵蚀造成崩岗沟头接近分水岭，或两侧侵蚀使崩壁到达山脊附近。这时，上坡面进入崩岗的径流大大减少，很难完全冲走崩塌在坡脚下的堆积物，无形中起到了一个护坡的作用，而沟床的比降也大为减小，流水冲刷力逐渐减弱。崩岗内的陡壁土体因失稳而崩塌下来的泥沙堆积在崩壁下，使其坡面角度有的接近休止角，并逐渐恢复了植被，崩岗发育便趋于停止。

第四，稳定阶段，也称固定阶段，处于此阶段的崩岗也称为固定型崩岗或死崩岗。在这一阶段，崩岗内沟床趋于平缓，沟内已无集中径流冲刷。崩壁坡脚也因上面崩塌的土体堆积不再被冲走而达到稳定休止角度，不再崩塌。随着表层土体稳定，植被逐渐生长，形成稳定的崩岗。

（二）泥石流

泥石流是山区（包括高原和丘陵）介于挟沙水流和滑坡之间的固体松散物质，水、气混合流。这个定义有三层含义：①泥石流发生在山区；②泥石流介于挟沙水流和滑坡之间，不包括挟沙水流和滑坡；③泥石流是固体松散物质，水、气混合流，不一定是洪流或块体运动。泥石流具有以下三个基本性质，并以此与普通山洪、高含沙山洪和滑坡相区分：

①泥石流具有土体性质——结构性，以此区分于挟沙水流：挟沙水流没有结构性，起始静压力（抗剪强度）τ_0等于0或趋近于0，而泥石流τ_0较大。

②泥石流具有发生在山区的性质——较大有流动坡降（或沟床比降），以此区分于普通高含沙水流：流动坡降大于1‰（流动坡降极限值）的土、水、气混合流为泥石流（含泥流），小于1‰的为高含沙水流。从流体的本身性质来看，泥石流（尤其是泥流）与高含沙水流区别不大，故采用流动坡降（或沟床比降）进行区分。

山洪和泥石流的主要区分不仅是流体中所挟带泥石的数量不同，而且运动机理也有着本质的不同。

③泥石流具有水体的性质——流动性，以此区分于滑坡：泥石流与沟床之间没有截然的破裂面，只有泥浆润滑面，从润滑面向上流速梯度逐渐增加；而滑坡的滑体与滑床之间有一破裂面，流速梯度等于零或趋近于零。

泥石流在流动过程中，由于崩塌、滑坡等侵蚀形式的发生，得到大量松散固体物质补给，使泥石流含有大量泥沙、块石。泥石流中沙石等固体的含量一般超过25%，有时高达

80%。泥石流含有比一般洪流多 5~50 倍的泥沙石块,霎时间将数以千百万立方米的沙石冲进江河,一场泥石流即可使河道面目全非,或堵塞河道,聚水成湖,或河槽改道,水流横溢,漫流成灾。由于泥石流爆发突然,来势凶猛,历时短暂,具有强大的破坏力。泥石流的搬运能力也极强,比水流大数十倍到数百倍,其堆积作用也十分迅速,因而它对山区的工农业生产和交通运输危害极大,埋没农田、冲毁路基、桥梁、城镇和村庄。如四川西昌市城镇建在东、西河泥石流堆积扇上,近 100 年来,多次遭受东、西河泥石流灾难,累积死亡 1 000 余人,并被冲毁街道、房屋和其他建筑设施。1970—1981 年,成昆铁路有 7 个车站遭泥石流淤埋,发生较严重灾害 39 起,中断行车 1 300h。

1. 泥石流形成

(1) 形成条件和诱发因素

①要有充足的固体碎屑物质:固体碎屑物质是泥石流发育的基础之一,通常决定于地质构造、岩性、地震、新构造运动和不良的物理地质现象。在地质构造复杂、断裂皱褶发育的地区,岩体破裂严重,稳定性差,易风化,为泥石流提供固体物质。在泥岩、页岩、粉砂岩地区,岩石容易分散和滑动;在岩浆岩等坚硬岩石分布地区,会风化成巨砾,成为稀性泥石流的物质来源。强烈的新构造运动和地震活动,破坏了山体岩体的稳定性,激发崩塌、滑坡为泥石流提供丰富的固体物质。不良的物理地质现象包括崩塌、滑坡、塌方、岩屑流、乱石堆等,是固体碎屑物质的直接来源,也可以直接转变为泥石流。

②要有充足的水源:降雨、冰雪融化形成的融冰水和融雪水、地下水、湖库溃决等都可形成泥石流,最多的是阵雨发生泥石流。我国东部处于季风气候区,降水量大而集中,一般中雨、大雨、暴雨和大暴雨均可引发泥石流,尤其是 1h 降雨强度在 30mm 以上和 10min 降雨强度在 10mm 以上的短历时暴雨。在青藏高原积雪的高山上,当日均温上升(与月均温差为正),多为无雨日或晴日,冰雪迅速融化,易发生融雪融冰型泥石流。冰雪融化有时导致冰湖溃决,或其他原因造成水库溃坝,均会诱发泥石流。而在石灰岩地区地表水多转化为地下水,不利于泥石流的形成。

③高差大、坡度陡的地形条件:典型的泥石流沟从上游到下游可划分为侵蚀形成区、过渡区和堆积区。侵蚀形成区多为漏斗状和勺状的地形,最易集中地表径流,滑坡崩塌强烈,是固体物质的主要补给区;过渡区为泥石流流通的地段,需要陡直多跌水的地形,以便不断补充能量和物质,由于沟谷两侧山体相对稳定,不是固体物质的主要补给区;堆积区为泥石流流出山口后固体碎屑物质的停淤地段,一般开阔平缓,形成堆积扇区。泥石流的形成通常取决于沟床比降、沟坡坡度和坡向、集水面积和沟谷形态等。研究表明,泥石流沟的流域面积一般小于 $50km^2$,个别可达 $100km^2$ 以上;流域相对高差一般大于 300m。泥石流沟床比降为 5%~30%,以 10%~30% 发生频率最高,而在平缓沟床中不易发生泥石流。流域沟坡在 10° 以上即可发生泥石流,以 30°~70° 发生频率最高,这是由于坡面不稳、相对补给增多的缘故。鉴于暴雨的区域性特点,$0.5~10.0km^2$ 的集水区是泥石流的多发区。我国受太平洋季风影响的东坡、南坡高山区能拦截大量降水,易形成泥石流。

④人类不合理的社会经济活动:如植被破坏、陡坡开垦、过度放牧、工程建设处置不当(开矿弃渣、修路切坡、挖渠等),增加径流,破坏山体稳定,均可诱发泥石流的产生,或加大泥石流的规模,加快频率。云南东川泥石流的强烈活动是明、清以来用薪炼炭,大规模砍伐森林的后果。据不完全统计,全国 23 座露采矿山发生过泥石流。

（2）形成机理分析　泥石流形成的作用力，一是与固体物质含量和坡度（含坡面和沟床）有关的重力分力，这是泥石流形成和运动的必要条件；二是流体中水相对于固体物质运动的性质所决定的输移力，这是不同性质泥石流运动的差异条件。为分析方便，通常根据固体物质参与泥石流运动过程的不同，分为水力侵蚀类型和重力侵蚀类型。

水力侵蚀类型是坡面、沟道中固体碎屑物质受坡面和沟道水流的面蚀、沟蚀和崩塌、滑坡等重力侵蚀作用，不断地补充固体物质参与泥石流的侵蚀类型。随着侵蚀不断加剧，挟带固体物质如泥沙、石块数量不断增加，而且在其运动中又不断搅拌，当固体物质含量达到某一极限值时，且搅拌十分均匀，流体性质发生变化，已不再是牛顿体，成为具有特殊性质和流态的流体，这就是泥石流。因此，这类泥石流的形成条件必须是水体的流动力 P_m 要大于固体碎屑颗粒之间的总阻力。即

$$P_m > Gf\cos\alpha + C \tag{1-36}$$

或
$$P_m > G\cos\alpha\tan\varphi + C$$

式中：P_m 为水体流动沿坡面的动力；G 为被挟带的固体碎屑物总质量；α 是坡面的坡度；f 是摩擦系数；φ 是颗粒间内摩擦角；C 是颗粒之间黏结力。

这种类型径流量和坡度大小决定了水体的流动力，从而决定固体物质的多少，所以一般形成稀性和过渡性泥石流。

重力侵蚀类型是坡面和沟道中多种成因的固体碎屑物质主要由重力作用形成。这些固体碎屑物质受降水、径流的浸润渗透和浸泡，含水量不断增加，于是自身重力随之增大，从而导致堆积碎屑物的内摩擦角和黏结力下断降低，逐渐出现渗透水流和动水压力（$P_动 = \gamma Jv$），堆积的碎屑物质因内摩擦角和黏结力减小出现液化，导致其稳定性破坏而沿坡面滑动或流动。经过一段时间和距离的混合搅拌，形成具有特定结构的泥石流体。

这种类型是水和固体碎屑物质本身的重力作用引起运动和搅拌，应是固体碎屑物质的剪切应力 τ 大于其极限（或临界）剪应力（τ_0）才能发生，即 $\tau > \tau_0$。因此，这类泥石流多为黏性泥石流。

应指出的是自然界泥石流的形成多呈复合型，既有水力侵蚀作用，也有重力侵蚀作用，还会在阻塞后发生叠加作用。

2. 泥石流分布　在国外，泥石流活动强烈、危害严重的有前苏联地区、日本、意大利、奥地利、美国、瑞士、秘鲁和印度尼西亚等。我国泥石流的分布广泛，北起黑龙江双鸭山市，南至海南昌江黎族自治县，东起中国台湾的闵林，西到新疆喀什和慕士塔格山麓，活动强烈、危害严重。据初步统计，全国有 29 个省、自治区和直辖市 771 个县（市）有泥石流活动，泥石流分布区的面积约占国土总面积的 18.6%，有灾害性泥石流沟 8 500 余条。大致以大兴安岭—燕山—太行山—巫山—雪峰山一线为界分为两部分：西部的高原、高山、极高山是泥石流最发育、分布最集中、灾害频繁而又严重的地区；东部的平原、低山、丘陵，除辽东南山地泥石流密集外，广大地区泥石流分布零散，灾害较少。

我国泥石流分布特点是：①沿断裂构造带密集分布。②地震活动带成群分布，主要分布于裂度Ⅶ级以上地震区。③在深切的中、高山区，尤其三级阶梯间的过渡地带，普遍有泥石流发育。④气候与泥石流分布。冰川型泥石流分布于海拔很高的青藏高原及周围山地，暴雨型泥石流受季风影响明显，在季风气候的山区，呈片状带状分布，在非季风影响的西北、北部仅在最大降水带的一定坡向和高度上才会出现。

3. 泥石流分类　有关泥石流分类方法很多：

按泥石流发生动因，分为暴雨型泥石流、融雪型泥石流和融冰型泥石流。

按泥石流发生地貌部位，分为沟谷型泥石流和坡面型泥石流。

按泥石流发生规模，可分为小型泥石流、中型泥石流和大型泥石流。

按泥石流性质，分为稀性泥石流、黏性泥石流和过渡性泥石流。

按泥石流中固体物质组成，分为泥石流、泥流和石洪。

（1）按固体物质组成分类

①石洪：石洪是发生在土石山区暴雨后形成的含有大量土沙砾石等松散固体物质的超饱和急流。石洪属固液态两相流体，固体物质中主要是质地坚硬的大块石，堆积区巨石累累，石块间孔隙明显，黏粒和细粒很少，泥浆很稀。沉积物粒度组成以粗粒径为主，黏土含量很低，此种类型固体物质的粒径组成由多到少的顺序是砾石、沙、粉沙和黏土，而巨砾石的含量大于其他所有粒径含量的总和。

②泥流：泥流是发生在具有深厚均质细粒母质地区的一种特殊的超饱和急流。其中所含的固体物质以黏粒、粉沙等细粒为主，并含有一定量的砾石，仅有少量石块，且黏度较大。泥流堆积物与来源区物质的粒度组成没有什么变化，基本保持来源区物质的粒度成分。泥流所具有的动能远大于一般的山洪，流体表面显著凹凸不平，已失去一般流体特点，在其表面经常可浮托、顶运较大的泥块。

③泥石流：泥石流是一种含有大量泥沙、石块和巨砾的固液两相流体，是复合侵蚀中最典型的一类侵蚀形式，多发生在花岗岩、花岗片麻岩、页岩、千枚岩、板岩等岩石分布的地区。其流体主要是由黏土、粉沙、石块和巨大的石砾混合组成。

（2）按泥石流性质分类

①稀性泥石流：稀性泥石流特点是流体内水含量多于固体颗粒含量，固体颗粒含量占总体积的10%～40%，容重为1.3～1.8t/m³，固体颗粒以沙为主，其次是砾，而粉沙、黏土较少；运动中浆体是搬运介质，浆体流速较固体颗粒流速快，流态属紊流型；有冲有淤以冲刷为主，堆积扇上表现为大冲大淤，或集中冲分散淤；不易造成堵塞和阵流现象，也无明显"龙头"，泥石流在沟口处停淤后，水与泥浆慢慢流失，形成表面比较平整的扇形体。

②黏性泥石流：黏性泥石流特点是流体内固体物质含量很高，可达80%以上，容重为2.0～2.2t/m³；流体内含大量黏土和粉沙，形成黏稠的泥浆；流动时有明显的阵流，每次阵流时间只有几分钟，但有很大能量，在泥石流前端被挤成高耸的"龙头"；侵蚀和搬运能力很强，常侵蚀岸坡和铲刮谷底，龙头能推动巨大石块向前移动，泥浆可顶托石块移动。沉积物分选极差，保持原有结构，其粒度组成与来源区物质相似。

③过渡性泥石流：过渡性泥石流特点是介于上述两者之间，流体内的固体颗粒含量较高，容重为1.8～2.0t/m³；运动过程中有层流、紊流，流态交替出现；有时大冲大淤，有时以冲为主，具有较大冲击力和破坏作用。

4. 泥石流的物质组成　泥石流容重大小反映了泥石流的结构和其物理力学性质，从而形成不同的侵蚀、输移和堆积过程。泥石流容重大小决定于固液相组成、固体物质特性及土体特性等，通常固体物质、大颗粒含量高和比重大的颗粒多的容重较大；反之，则容重较小。泥石流容重从上游到下游，容重会随着固体颗粒的不断加入而增大。因降水不同和固体物质补给的差异，同一流域不同阵次的泥石流容重大小不同。同一阵次泥石流通常"龙头"

容重较高,此后逐渐降低。不同容重的泥石流体含沙量不同,一般含沙量在 1 000kg/m³ 以上,最高可达 2 180kg/m³。

泥石流流体中固体颗粒粒度范围很宽,从几微米到几米。一般挟沙洪水和稀性泥石流的粒度组成较均一,粒度范围窄,99%以上是小于 2mm 的泥沙,其中粗沙占 14%～37%、粉沙和黏粒占 82%～62%。黏性泥石流粒度组成范围宽,其中>2mm 的石块占固体物质重量的 65%以上,沙粒占 18%左右,粉沙占 18%左右。

黏土矿物颗粒呈薄片状具有亲水特性,由于水化膜厚度在颗粒表面的边缘处最薄,相互间产生很大吸引力,形成网格结构。当泥石流体中黏土矿物含量较高时,网格结构紧密和强度大,从而形成黏性泥石流。当黏土矿物含量较低时,由于黏粒间接触的点(或面)相对较少,从而形成松弛的链条式结构,该结构强度低,稍受扰动就被破坏,形成流动性较大的稀性泥石流。过渡性泥石流的黏土矿物既可形成网格结构,也可形成链条结构,处于不断地变动中,故性质居中。网格结构的性质和强度,除受泥石流体中黏土矿物含量的影响外,还与黏土矿物类型有关。一般蒙脱石形成的网格结构远比伊利石、高岭石所形成的网络结构紧密,并且强度大得多,故含蒙脱石多的泥石流体的剪切强度和黏滞系数高。相反,以伊利石、绿泥石等形成的网格结构较松弛,强度小。

黏土矿物的亲水特性,还使来源区土石体增重,易于发生重力侵蚀,使泥石流在发展中获得大量固体物质。绿泥石、蛭石等吸水后膨胀性强的矿物,一旦吸水后就会促进土岩体崩解、崩塌和滑动,由一般侵蚀转化为泥石流侵蚀。

黏土矿物总含量虽然不高,但比表面积大,可将比它大数万倍的沙、砾石块包裹起来,在一定的含水量和其他条件下,使源地土石体结构松散、摩擦力和凝聚力降低,极易流失,形成泥石流。

因此黏土矿物对泥石流的性质影响颇大,一般黏粒含量<3%时为稀性泥石流,>5%时为黏性泥石流,处于 3%～5%时为过渡性泥石流。

5. 泥石流的特征

(1) 发生特征

①突发性和灾变性:泥石流暴发突然,历时短暂,一场泥石流过程一般仅几分钟到几十分钟,就会给山区环境带来灾变,包括强烈侵蚀和淤积,强大的搬运能力和严重的堵塞,以及相伴的滑坡等造成的灾变性和毁灭性。

②波动性和周期性:泥石流活动时期时强时弱,具有波浪式变化特点,可划分活动期和平静期。如怒江流域自 1949 年以来,有 3 个明显活动期,分别是 1949—1951 年、1961—1966 年和 1969—1987 年。泥石流的活动周期与激发雨量和松散物的补给速度有关,如云南昆明东川黑山沟、猛先河泥石流重现期为 30～50 年,四川雅安陆王沟、干溪沟为 200 年。

③群发性和强烈性:由于降雨的区域性和坡体的稳定性,使泥石流发生常具"连锁反应"。1986 年,云南祥云鹿鸣"99 条破菁"同时出现泥石流。据中国科学院成都山地灾害研究所测定,云南东川地区一次泥石流侵蚀模数可达 20 万～30 万 t/km²,甚至高达 50 万 t/km²,平均侵蚀深度 10cm。

此外,泥石流还有夜发性特点。据统计,云南 80%泥石流集中在夏秋季节的傍晚或夜间,西藏也是如此,这与阵性降雨和冰雪融化有关。

(2) 流态特征

①蠕动流泥石流：暴发时在粗糙的沟床上"铺床"前进，或上游供给不足缓慢前进，流速一般为0.3～0.5m/s。当沟床纵坡开阔平展时，泥石流龙头也如此。

②层动泥石流：在沟道平直、坡度不太大的情况下，高浓度的泥石流体呈整体运动，流体内没有物质上下交换过程，流速变化为5～15m/s，具有极大浮托力，使巨石漂浮。

③紊动泥石流：浆体较稀，或沟道比降大而导致流动湍急，浆体中石块相互撞击、摩擦，发出轰鸣。

④滑动泥石流：近似层流的整体运动，在高黏度泥石流"铺床"后，依惯性力作用在"润滑剂"上滑动前进。

⑤波动泥石流：实质上是一种特殊形态的泥石流，即当沟道泥石流残留层较厚时，在纵坡影响下，较厚浆体在重力作用下向下形成一个波状流动体，并迅速下泄，与因堵塞形成的阵性流相似。

（3）搬运特征　泥石流搬运的泥沙、粒度广泛、浓度大，大致可归纳为两类：一类是构成泥石流的水和固相物质紧密结合，水已不再是搬运介质，固相物质已成为流体的组成部分而不再是载体，二者构成一相流体（黏性泥石流）。在此种条件下，泥石流以蠕动流、滑动流或似层流的连续流或阵性流形态将流体搬运出沟。另一类是构成泥石流的水和固相物质的结合后未构成一相流体，细粒固相物质与水构成的泥浆是搬运介质，而大石块是载体，搬运介质和载体之间的流速不同（稀性泥石流）。在这种条件下，泥石流以紊流连续流形态将流体搬运出沟。

上述两种搬运形态相对应的搬运方式不同。黏性泥石流中固相物和水构成一相流体，流速梯度只在流体与边界层之间的很薄一层流体内存在，其余流体则以相同速度前进，因此，黏性泥石流以整体方式搬运松散碎屑物质。而稀性泥石流中因固相物和水尚未构成一相流体，而是两相流体，因此，不仅整个流体有流速梯度存在，而且粗粒固相物质与水之间也存在流速差别，因而稀性泥石流以散体方式搬运松散碎屑物质。

（4）堆积物特征

①堆积类型：泥石流堆积扇或堆积锥：泥石流出山口后，地形突然变得开阔、平坦。稀性泥石流流体以一定角度或辐射状散开，形成散流，流面增宽，流层变薄、阻力增大，于是流体发生扇状淤积，形成堆积扇。而黏性泥石流流体因整体受阻而发生垄岗状淤积，在长期泥石流活动中，垄岗状淤积在堆积区交错发生，反复重叠，长此以往也形成扇状堆积，最后形成完整的堆积扇。在沟谷陡峻的地形条件下，固相物质粗大的泥石流，其堆积区常发育成堆积锥。泥石流堆积物构成的堆积扇纵坡一般在3°～9°，部分可达9°～12°，横比降一般在1°～3°，而洪积物构成的堆积扇的纵坡一般在3°以下，横比降一般在1°以下。

泥石流堆积阶地：泥石流体在运动过程中由于没有后续流的推动，不能克服来自沟谷底床和边壁的阻力而在沟谷内发生淤积，后来又遭洪水冲刷，由于洪水能量有限，只在局部下切拉槽，于是在沟床一岸或两岸留下原有的堆积物形成泥石流堆积阶地。泥石流堆积阶地常常是一种短暂的泥石流堆积现象。

泥石流侧积：泥石流在运动过程中由于边缘部位流层较薄，边缘的阻力又较大，因而泥石流边缘部位流速减缓，部分流体或流体中的松散碎屑物质在边缘产生淤积，这种淤积就是泥石流侧积。侧积是泥石流流体的横向环流所导致的。

除上述堆积形式外，泥石流还可在运动过程中形成超高堆积、抛高堆积和缝隙堆积等。

②堆积物特征：泥石流堆积物一般能分出若干层次，层间常存在一个很薄的粗化层或细泥层，这可以反映不同的沉积间歇期环境特征。粗化层说明间歇期内降雨或洪水把泥石流堆积物表面的细粒物质带走，剩下一层较粗物质，第二次泥石流到来时覆盖在粗化层上。而细泥层则是第一次泥石流末尾的细粒物质在堆积扇表面形成泥层后，第二次泥石流堆积物直接覆盖在细泥层之上。每层内部泥沙砾石粗细混杂，粒径差异很大，颗粒大者在 10m 以上，颗粒细小者在 0.005mm 以下，没有分选性。研究表明，黏性泥石流中的砾石有微弱定向排列，而稀性泥石流中的多数砾石有明显的定向排列现象，但在外观上仍给人以无定向排列的感觉，似为杂乱无章的堆积物。

五、风力侵蚀

风力侵蚀，简称风蚀，是指土壤颗粒或沙粒在气流冲击作用下脱离地表，被搬运和堆积的一系列过程，以及随风运动的沙粒在打击岩石表面过程中，使岩石碎屑剥离出现擦痕和蜂窝的现象，它是地球表面普遍存在的一种土壤侵蚀形式。在陆地上，发生风蚀有两个条件：一是干燥的土壤才会遭到风蚀；二是强大的风，只有在那些上至高空、下至地面的整个空间都有占主导地位风存在的地区，才能发生大规模的土壤移动。因此风蚀主要发生在年降水量低于 300mm 的干旱和半干旱地区。在海岸和河流沙普遍存在的地区，受到季节性干旱的影响，也会发生风蚀。在风蚀的作用下，会发生一系列土壤性质的变化如土壤和养分严重损失，土壤质地变粗，从而导致土壤生产力下降，农业生态系统崩溃，不少地区沙漠的不断扩大和沙尘暴的严重发生就是风蚀的结果。

（一）风力作用过程

气流的含沙量随风力的大小变化而变化，风力越大，气流含沙量越高。当气流中的含沙量过饱和或风速降低时，土粒或沙粒与气流分离而沉降，堆积成沙丘或沙垄等。风力作用过程包括风对土壤颗粒和沙粒脱离地表、被气流搬运和沉积三个过程，这三个过程相互影响穿插进行。

1. 风的侵蚀作用

（1）沙粒启动　大气对流层中贴近地面 100m 范围内的气层称为近地层，一切风沙运动都与本层大气的性质及活动状况有关。引起沙粒运动的近地层风几乎都是紊流运动，当风吹过地表时，受地面摩擦阻力的影响，风速减小，并将这种阻力向上层大气传递，由于摩擦阻力随高度的增加而减小，故风速随高度的增加而增大。

中外科学家对静止沙粒受风力启动的机制进行了研究，并形成了多种假说，如冲击碰撞说、压差启动说、风压启动说和湍流启动说等，但目前都没有解决这一问题。但无论什么原理导致沙粒启动，沙粒在气流作用下，从静止状态进入运动状态，风是沙粒运动的直接动力，气流对沙粒的作用力为

$$P = \frac{1}{2}C\rho v^2 A \qquad (1-37)$$

式中：P 为风的作用力；C 为与沙粒形状有关的作用系数；ρ 为空气密度；v 为气流速度；A 为沙粒迎风面面积。

土沙粒开始启动的临界风速，与沙粒的粒径大小、沙层表土湿度状况及地面粗糙度等有关，通常把细沙开始启动的临界风速（5m/s）称为起沙风速。一般沙粒越大，沙层表土越

湿，地面越粗糙，植被覆盖度越大，启动风速也越大（表1-7）。

表1-7 含水率对不同粒径沙粒启动风速的影响

（吴发启，2004） 单位：m/s

沙粒粒径（mm）	含水率				
	干燥状态	1%	2%	3%	4%
2.0～1.0	9.0	10.8	12.0	—	
1.0～0.5	6.0	7.0	9.5	12.0	—
0.5～0.25	4.8	5.8	7.5	12.0	—
0.25～0.175	3.8	4.6	6.0	10.5	12.0

（2）风的侵蚀能力　风的侵蚀能力是摩阻流速的函数，可用下式表示

$$D = f(v^*)^2 \tag{1-38}$$

式中：D 为侵蚀力；v^* 为侵蚀床面上的摩阻流速。

地表附近风速梯度较大，使凸出于气流中的颗粒受到较强的风力作用。颗粒越大，凸出于气流中的高度越高，受到风的作用力也越大，但是由于质量较大，需要更大的风力才能被分离侵蚀。能够被风移动的最大颗粒粒径取决于颗粒垂直于风向的切面面积及本身的质量，粒径为0.05～0.5mm的颗粒都可以被风分离侵蚀，以跃移方式移动，其中粒径为0.1～0.15mm的颗粒最易被分离侵蚀。

风沙流中跃移的颗粒，增加了风对土壤颗粒的侵蚀力。因为这些颗粒不仅将易蚀的土壤颗粒从土壤中分离出来，而且还通过磨蚀，将那些小颗粒从难蚀或粗大的颗粒上剥离下来带入气流。磨蚀强度用单位质量的运动颗粒从被蚀物上磨掉的物质量表示。对于一定的沙粒与被蚀物，磨蚀强度是沙粒的运动速度、粒径及入射角的函数

$$W = f(v_p, d_p, S_a, \alpha) \tag{1-39}$$

式中：W 为磨蚀强度（g/kg）；v_p 为颗粒速度（cm/s）；d_p 为颗粒直径（mm）；S_a 为被蚀物稳定度（J/m²）；α 为入射角（°）。

据哈根（L. J. Hagen）研究，沙质磨蚀物比土质磨蚀物的磨蚀强度大；磨蚀强度 W 随磨蚀物颗粒的速度按幂函数增加，幂值变化范围为1.5～2.3；随着被蚀物稳定度 S_a 增加，W 非线性减小，当 S_a 从1J/m²增加到14J/m²，W 约减小10g/kg；入射角为10°～30°时，W 最大；当磨蚀物颗粒的平均直径由0.125mm增加到0.715mm时，W 仅轻微增加。此外，风对土壤团聚体的侵蚀过程是一个复杂的物理过程，尤其是当气流中挟带了沙粒而形而成风沙流后，侵蚀更为复杂。

2. 风的输移作用　风蚀发生时，土壤和沙粒随风移动，移动方式有悬移（或称扬失或漂移）、跃移、蠕移（或称滚动）三种形式，移动方式取决于风力强弱和搬运颗粒粒径大小和质量。

（1）悬移　当沙粒启动后，较长时间悬浮于空气中而不降落，以与风速相同的速度向前运动时称为悬移，作悬移运动的沙土颗粒称为悬移质。粒径小于0.1mm的细沙粒和黏粒，质量轻，在空气中的自由沉速很小，当被风卷扬到高空就不易沉落，因而能够随气流悬移很长距离，有的甚至漂洋过海，输送到千里之外。如中国黄土高原地区的土壤可悬移到长江以南地区，甚至悬移到日本。悬浮沙量在风蚀总量中所占比例很小，一般不足5%。

（2）跃移　沙粒在风力作用下脱离地表进入气流后，就从气流中不断取得动量而加速前进，并在自身重量作用下，以相对于水平线一个很小的锐角降落到地面。由于空气密度比沙粒密度要小很多，沙粒在运动过程中受到的阻力较小，降落到地面时仍具有相当大的动能。因此沙粒下落冲击地面时，不但本身会反弹跳起继续跳跃前进，而且还把下落点周围的一部分的沙粒也冲击溅起，造成更多的沙粒不断跳跃式移动。沙粒的这种移动方式称为跃移，做跃移运动的沙土颗粒称为跃移质。粒径0.1~0.5mm的中细沙粒，尤以粒径0.1~0.15mm的沙粒，易以跃移方式移动。在沙质地表上跃移质的跳跃高度一般不超过30cm，且50%以上的跃移质仅在近地表5cm高度内活动，跃移质多被搬运在被蚀地块的附近。跃移方式是风沙运动的主要形式，跃移沙量可占到风蚀总沙量的50%~75%。

（3）蠕移　较大沙粒，不易被风吹离地表，而在地表滑动或滚动称为蠕移，做蠕移运动的沙粒称为蠕移质。粒径在0.5~2.0mm的粗沙粒做蠕移运动，搬运距离很近。粗沙做蠕移运动的力可以是风的迎面压力，也可以是跃移沙粒的冲击力。实验证明，高速运动的沙粒通过对沙面的冲击，可以推动6倍于它的直径或200倍于它的质量的粗沙粒。随着风速的增大，部分蠕移质也可以跃起成为跃移质，从而产生更大的冲击力。在某一时间内蠕移质的运动可以是间断的。蠕移沙量可占到风蚀总沙量的20%~25%。

在风沙运动中，跃移方式是风蚀的根源，跃移沙量不仅在风蚀总沙量中所占的比重最大，而且跃移沙粒的冲击造成了更多悬移质和蠕移质的运动。正因为有了跃移质的冲击，才使成倍的沙粒进入风沙流中运动。因此防止沙质地表风蚀和风沙危害的主要着眼点，应放在如何控制或减少跃移沙粒的运动方面。

在自然界影响风搬运能力的因素十分复杂，它不仅受风力大小的影响，而且还受沙粒的粒径、形状、质量、湿润程度、地表状况和空气稳定度等的影响，因此多在特定条件下研究输沙量与风速的关系。我国对新疆莎车一带近地表10cm高度内的输沙率与2m高度的风速之间的关系进行了研究，其关系式为

$$Q = 1.47 \times 10^3 \times v^{3.7} \qquad (1-40)$$

式中：Q为输沙率[g/(cm·min)]；v为风速（m/s）。

3. 风的沉积作用　土壤、沙粒被风搬运的距离取决于风速大小，土壤、沙粒或团聚体的粒径和质量以及地表状况等。

（1）沉降堆积　由于风速减弱，当大气紊流产生的垂直分速小于沉速时，在气流中挟带的土壤、沙粒就要降落堆积在地表，称为沉降堆积。沙粒的粒径越大，其沉速越大，相反，沙粒的粒径越小，其沉速越小，因此，沙粒沉速随粒径的增大而增大。

（2）遇阻堆积　风沙流运行时，遇到障碍使沙粒堆积起来，称遇阻堆积。风沙流因遇障碍发生减慢，而把部分沙粒卸积下来；也可能全部（或部分）越过和绕过障碍物继续前进，在障碍物的背风坡形成涡流。

风沙流遇到山体阻碍时，可以将沙粒带到迎风坡小于20°的山坡上堆积下来。当风沙流的方向与山体成锐角时，一股风沙流循山势前进，另一股风沙流沿着山体迎风坡成斜交方向上升，并因与山坡摩擦而减缓风速，沙粒就卸积在迎风坡上。地面的草本植物和沙丘本身也能使风速降低和沙粒堆积。

（3）其他原因引起的堆积　风沙流在运行过程中，当遇到湿润或较冷的气流后，就会被迫上升，这时部分不能随气流上升的沙粒就会沉积。当两股风沙流相遇，即使在风向几乎平

行的条件下，也会发生干扰，降低风速，减小输沙能力，从而使部分沙粒沉积。

在风沙流经常发生的地区，粒径小于 0.05mm 的沙粒悬浮在较高的大气层中，遇到冷湿气团时，粉粒和尘土成为雨滴的凝结核随降水大量沉降，成为气象学上的尘暴或降尘现象。

（二）风力侵蚀类型

风和风沙对地表物质的风蚀作用分为吹蚀和磨蚀两种侵蚀类型。风吹过地表时，由于风的动力作用，将地表的松散沉积物或基岩上的风化产物吹走，使地面遭到破坏的现象，称为吹蚀作用。当风贴近地表运动时，风沙流中挟带的沙粒可对地表进行冲击、摩擦，若地表有裂缝等凹进之处，风沙流可以进去进行旋磨的侵蚀作用称为磨蚀作用。磨蚀作用是风蚀过程中的一个重要方面。

风蚀主要有多种表现形式，如石窝（风蚀壁龛）、风蚀蘑菇和风蚀柱、风蚀垄槽（雅丹）、风蚀洼地、风蚀谷和风蚀残丘、风蚀城堡（风城）、石漠与砾漠（戈壁）、沙波纹、沙丘（堆）及沙丘链（新月形沙丘链、格状沙丘链）和金字塔状沙丘等。

（三）风沙区类型

1. 有关风沙化的基本概念 1993—1994 年，国际防治荒漠化公约政府间谈判委员会（INCD）确定了荒漠化定义。荒漠化是指包括气候变异和人类活动在内的种种因素造成的干旱、半干旱和亚湿润干旱地区的土地退化。该定义中的干旱、半干旱和亚湿润干旱地区是指年降水量与潜在蒸发散之比为 0.05～0.65 的地区。土地是指具有陆地生物生产力的系统，由土壤、植被、其他生物区系和该系统中发挥作用的生态及水文过程组成。土地退化是指由于使用土地或由于一种营力或数种营力结合致使干旱、半干旱和亚湿润干旱地区的雨养地、水浇地或草原、牧场、森林和林地的生物或经济生产力和复杂性下降或丧失，其中包括：①风蚀和水蚀致使土壤物质流失；②土壤的物理、化学和生物特性或经济性退化；③自然植被长期丧失。

我国科学家认为，沙漠化是荒漠化的一种表现形式，并提出沙漠化的定义。沙漠化是在干旱、半干旱和部分半湿润地区，由于自然因素或人为活动的影响，破坏了自然生态系统的脆弱平衡，使原非沙漠的地区出现了以风沙活动为主要标志的类似沙漠景观的环境变化过程，以及在沙漠地区发生了沙漠环境条件的强化与扩张过程。

风沙化是朱震达等提出的，其内涵与沙漠化基本一致，外延是指半湿润和湿润地区沙质干河床与河流泛淤三角洲如滦河三角洲地区，古河谷和古代河流决口扇如黄淮海平原，以及海滨沙地如河北、山东、福建、台湾、海南及广东等沿海地区，在风力作用下，出现类似沙漠化地区的沙丘起伏地貌景观。但是风沙化土地与沙漠化土地显著的差异主要是由它们所处的自然环境和地理条件明显不同所致。由于湿润、半湿润地区具有较优越的自然条件，虽然在植被遭到破坏后的沙质地表会因风力作用形成风沙地貌景观，但绝不会形成类似荒漠或沙漠环境。因此，按地带分异规律，区分出风沙化土地，便于结合实际情况进行防止、治理、开发和利用风沙化土地，使已经退化的土地尽快恢复生产力。

2. 风沙区分类

（1）沙漠 沙漠主要分布在我国西北干旱地区盆地内，是自然因素的结果，其共同特点是气候干旱、雨量稀少、水资源缺乏或相对不足、气温变化剧烈、较差大、植被稀疏、风沙频繁和地表为流沙所覆盖。沙丘的移动与当地风向、沙丘本身大小、植被覆盖率等因素有关。根据沙丘活动强度，一般可以分为三种类型，即固定沙丘，一般植被覆盖率在40％以上，沙丘表面风沙活动不明显；半固定沙丘，一般植被覆盖率15％～40％，沙丘表面流沙呈斑点分布，风沙活动明显；流动沙丘，植被稀疏，覆盖率15％以下，甚至沙丘表面完全裸露，风沙活动极其明显。

（2）戈壁　戈壁即砾质荒漠，主要分布在我国新疆、甘肃河西和内蒙古西部地区。戈壁是干旱荒漠地带地表为砾质所覆盖的陆地表层，多由第四纪洪积、冲积后土地经剥蚀形成。

（3）现代河流冲积沙地（也称沿河沙地）　此类沙地多分布在现代河流沿岸，其沙源主要是河流上游土壤的侵蚀物质被河水携带，分段沉积而形成。沙地面积的大小因河流大小、上游水土流失情况以及河流泛滥和改道次数不同而不同。一般河流越大，上游水土流失越严重，河流泛滥和改道次数越多，形成的沙地面积越大。一般沿河沙地从上游到下游，从河流中心向两岸，沙粒粒径由粗逐渐变细。

（4）海岸沙地（也称沿海沙地）　此类沙地是指潮间带以上海岸带分布的沙地，一般面积不大，沿海岸线零星分布。海岸沙地的沙源主要来源于河流冲积物（入海口处沙地），部分来源于海水对海岸侵蚀形成的侵蚀物质。

（5）沙漠化土地　此类沙地除受自然条件的影响外，主要是受人为不合理活动的影响所形成的土地，如毛乌素沙地。

六、其他侵蚀类型

（一）冻融侵蚀

当温度在0℃及其以下变化时，土体或岩体中的水分反复冻融而使土体和岩石风化体不断冻胀、破裂、消融、流变而发生蠕动、移动的现象，称冻融侵蚀，也称冰劈作用。土体或岩体孔隙或裂缝中的水在温度0℃及以下变化时会冻结成冰，体积膨胀，因而它对周围的土体或岩体裂缝壁产生很大的压力，使裂缝加宽加深；当冰融化时，水沿加大的裂缝更深地渗入土体或岩体的内部，同时水量增加，这样冻结、融化频繁进行，不断使裂缝加深扩大，以致土体或岩体裂成碎屑。冻融侵蚀过程中，水可溶解土体或岩体中的矿物质，同时会出现化学侵蚀。冻融侵蚀按其冻融的作用和过程可分为冻融风化、冻融扰动、冻融泥流和冻融滑动。

冻融侵蚀在我国北方寒温带地区较为广泛，如陡坡、沟壁、河床、渠道等在春季时有发生。其特点是：①冻融使边坡上土体含水量和容重增大，因而加重了土体的不稳定性；②冻融使土体发生机械变化，破坏了土壤内部的凝聚力，降低了土壤的抗剪强度；③土体冻融具有时间和空间上的不一致性，当土体上化下未化时，底层未化的土层形成一个近似绝对不透水层，水分沿交接面流动，使两层间的摩擦阻力减小，因此在土体坡角小于休止角的情况下，也会发生不同程度的机械破坏。

（二）冰川侵蚀

冰川侵蚀是指由于现代冰川的活动对地表土石体造成的机械破坏作用的一系列现象。冰川侵蚀活跃于现代冰川地区，我国主要发生在青藏高原和高山雪线以上。高山高原雪线以上的积雪，经过一系列的外力作用，转化为厚达数十米至数百米的冰川冰，而后冰川冰沿着冰床作缓慢塑性流动和块体滑动，造成对土壤的侵蚀作用。冰川冰的重量大，$1m^3$的冰重900多kg，厚达100m的冰川冰产生的压力达$92t/m^2$，所以它具有巨大的机械功。冰川在运动过程中，在对其底部的土体产生刨蚀的同时，还对其两侧与冰川接触的土体产生刮蚀，其结果是造成冰川谷、羊背石等冰川侵蚀地貌，同时产生大量的碎屑物质。

冰川侵蚀包括刨蚀、掘蚀和刮蚀。冰川冰在运动过程中，其巨大的静压力以及冰体所含岩屑碎块对冰床所产生的锉磨作用叫做刨蚀，也叫磨蚀作用。在大陆性冰川区，磨蚀作用是冰川侵蚀的主要方式。冰川冰在前进过程中把岩块掘起带走的现象称掘蚀。而刮蚀则是运动着的冰川冰对其两侧的土体产生破坏的现象，也称侧蚀。由于冰川是一种固体流，当冰川在槽谷中运动时，遇到突出的地方不能像水流那样绕过，所以冰川的侧蚀作用比流水作用更明显更强烈。由侧蚀形成的冰川谷平直畅通，在形态上呈悬链形，并以谷坎上常见的冰蚀三角面为特征。

（三）化学侵蚀

化学侵蚀是指土壤中多种营养物质在下渗水分作用下发生化学变化和溶解损失，导致土壤肥力降低的过程。降水或灌溉水进入土壤后，当水分达到饱和后受重力作用向下渗透，使土壤中的易溶性养分和盐类，有时还伴随着分散悬浮于土壤水分的黏粒、有机和无机胶体（包括它们吸附的磷酸盐和其他离子）也向下移动。在酸性条件下，碳酸岩类在地表径流作用下的溶蚀也属于化学侵蚀的一类。

由于化学侵蚀现象一般不太明显，且其作用过程相对较为缓慢，所以开始阶段常不易被人们察觉，但其危害不可忽视。化学侵蚀过程不仅引起土壤养分的损失和土壤理化性质的恶化，土壤肥力下降，农作物产量下降，而且还会污染水源、恶化水质，直接影响人畜用水和工农业用水。同时由于被污染的水体内藻类大量繁殖生长，导致水中氧含量降低，鱼类和其他水生生物也会受到影响。

1. 水的化学侵蚀 水的化学侵蚀主要指通过大气和水对岩体的破坏、使岩石或土壤化学成分发生变化的现象，主要表现为氧化作用、水化作用、水解作用和溶解作用。大气中O_2、CO_2、SO_2等和水同时作用于岩石使其性质发生改变。如在雨量充沛的石灰岩地区，水的各种侵蚀作用极为明显，特别是水与CO_2腐蚀石灰岩，形成岩溶地貌或称喀斯特地貌。

2. 垂直侵蚀 由于重力作用和毛细管作用，土壤溶液在土体内移动过程中，引起的土壤理化性状改变、结构破坏、土壤肥力下降的现象，称为垂直侵蚀。垂直侵蚀表现为土壤淋溶侵蚀和土壤次生盐渍化，可以发生在任何土壤上，尤其是利用不合理的土壤上更为严重。

我国南方地区气候温热，雨量充沛，降雨进入土壤后，在重力作用下，水分向下移动，淋溶作用很强，土壤中有机质及矿物质如钙、镁、铁、锰等被淋溶至土壤深层，使土壤养分流失。在结构松散的土壤上，过度的淋溶作用导致土壤肥力下降和酸化，深层土壤矿物质或黏粒积聚较多，形成铁锰结核或铁盘。

我国北方地区降雨虽然不是太多，但由于长年淋溶作用，黄土中钙、镁及黏粒淋溶到一定深度，一般离地表10～50cm，多数为30cm深，形成钙积层或称石灰结核层。钙积层的形成有3种不良后果：①钙积层以上土层，由于失去部分黏结物而疏松，且靠近地表，在风和水的作用下很容易吹失或流失；②钙积层聚积大量而多余的黏结物和矿物质，形成大面积层状或结核状积层，因离地表很近，严重影响植物根系生长发育；③钙积层上下土壤水分和养分不能良好循环和相互补充，使土地肥力衰竭。

此外，不合理农业生产措施如过量漫灌或只灌不排、渠道防渗措施差等以及地下水位较浅的地段，因毛细管作用土壤深层的水分向上移动至地表，干旱半干旱地区土壤水分蒸发后，盐分留在地表引起土壤次生盐碱化，致使土壤肥力下降，甚至难以利用。

(四) 植物侵蚀

植物侵蚀是植物在生长过程中引起的土壤肥力降低和土壤颗粒迁移的一系列现象。一般植物对防蚀固土有特殊的作用，但在人为作用下，有些植物如人工落叶松纯林对土壤产生一定的侵蚀作用，主要表现在林地土壤透水性、结构等物理性状明显恶化，土壤有机质含量和全氮下降，肥力下降，所以群众称人工落叶松纯林为"绝后林"。

第二节 土壤侵蚀分级

土壤侵蚀分级是国家和区域土壤侵蚀调查和土壤退化评价的基础工作之一。通过土壤侵蚀等级的划分，能够正确地认识土壤侵蚀的现状、分布和危害程度，并依此安排合理的水土保持措施，建立当地的水土保持模式及综合防治体系，改造被侵蚀土壤，控制水土流失。土壤侵蚀分级可以分为土壤侵蚀强度分级和土壤侵蚀程度分级。

一、土壤侵蚀强度分级

(一) 容许土壤流失量

容许土壤流失量（T）的提出，源于 20 世纪 40 年代的美国，其出发点主要是维持农田生产力水平或农田土壤肥力。1941 年 Smith 将其定义为"随时间推移仍能保持土壤肥力的最大土壤流失率"。以后经过多次修改，美国农业部于 1997 年将其定义为"能保持作物生产力以维持经济发展的最大土壤流失率"。我国水利部也于 1997 年将其定义为"长时间内保持土壤肥力和维持土地生产力基本稳定的最大土壤流失量"。

容许土壤流失量是土壤侵蚀强度分级中划分非侵蚀区（无害侵蚀）与侵蚀区的判别标准，目前已为世界各国广泛采用。表 1-8 是部分水土流失严重国家制定的容许土壤流失量。

表 1-8 部分国家的容许土壤流失量标准

(刘宝元等，2010)

国　家	容许土壤流失量 [t/ (km² · a)]	确定依据
美国	220～1 120	有效根系层厚度
前苏联	340～1 090	—
巴西	420～1 500	
印度	450～1 120	土壤厚度
英国	100	成土速率
波多黎各	50～300	肥力损失
摩洛哥	200～1 100	有效根系层厚度
冰岛	50～150	

从土壤发生学角度来看，侵蚀速率等于成土速率时的土壤侵蚀量即为容许土壤流失量。因此，理论上只要知道某种土壤的成土速率，即可确定容许土壤流失量。然而，岩石母质的成土过程是一个受到下垫面和周围环境影响的缓慢而又复杂的过程，其成土速率是很难获取的。当今世界上更多的是以土壤养分的损失与作物生产量的对比关系来确定容许土壤流失量。我国在这方面也做了大量的研究工作，确定了相应地区的容许土壤流失量（表1-9）。

表1-9 不同地区的容许土壤流失量

（焦菊英等，2008）

地 区		容许土壤流失量 [t/(km²·a)]	考虑的主要因素
黄土丘陵区坡耕地		104～255	与成土速度相平衡
		200	坡耕地粮食产量长期稳定的径流损失接近于零
		0	坡耕地表土养分平衡
		黄河下游河道不可能存在较稳定的输沙能力和容许来沙量值	黄河河道泥沙冲淤平衡
		200	黄土成土速度、水土流失对作物产量的影响、表土养分平衡、黄河河道容许来沙量
黄土坡面		200	据水土流失治理措施的减沙效益
渭北高原农坡地		<500	
黄土区		<1 000	无明显侵蚀
黄土高原		276～427	黄土堆积速率与母质成土量
皇甫川流域	砒砂岩为主小流域	7 000～10 000	植被盖度达到60%时的侵蚀量为容许土壤侵蚀量
	黄土为主小流域	2 800～5 100	
	风沙土为主小流域	1 400～2 000	
南方水蚀区土层厚度<50cm的地区		200	土层厚度
湘中丘陵石灰性紫色土坡地		170	土壤肥力平衡，成土速率
四川丘陵区沙溪庙组和蓬莱镇组紫色土		1 200	成土速率
四川丘陵区遂宁组		800	成土速率
Q_2红色黏土母质发育的红壤		300	土壤肥力平衡
太湖流域		260	以土壤更新与流失保持平衡为标准
福建省花岗岩地区		200	成土速率
长江三峡黄陵背斜段风化花岗岩土壤		<200（风化剥蚀速率为16.97mm/ka）	剥蚀沉积相关原理、恢复古地理、环境及时代
西南岩溶地区		68	碳酸盐岩溶蚀速度
长江上游	非碳酸盐岩发育的林地	100	养分平衡、岩石成土速率、防蚀作用
乌江流域	碳酸盐岩发育的林地	50	
喀斯特地区		50	碳酸盐岩溶蚀速度
贵州省连续性碳酸盐岩组合地区		6.84	碳酸盐岩风化溶蚀速率、碳酸盐岩不同岩组合类型的成土速率
贵州省碳酸盐夹碎屑岩组合地区		45.53	
贵州省碳酸盐岩与碎屑互层组合地区		103.46	

地区		容许土壤流失量 [t/(km²·a)]	考虑的主要因素
东北黑土区	大兴安岭北部中低山、台地森林局部冻融侵蚀区兴久小流域	500	成土速率、水土流失类型与强度、土层厚度、水土保持实践中可能达到的限制土壤侵蚀的极限
	大小兴安岭、长白山（大黑山）漫川漫岗水蚀区通双小流域	550	
	长白山（完达山、张广才岭）低山丘陵中度水蚀区胜丰小流域及小兴安岭低山丘陵轻度水蚀区前头小流域	500	
	大兴安岭东坡丘陵沟壑水蚀区西胜小流域	600	
	松嫩平原中部轻度风蚀区和松嫩平原西部、辽河平原北部轻中度风蚀区	600	
	松嫩黑土区 21 个黑土土种	68～358	生产力指数
晋西北地区		340	风力侵蚀

基于我国地域辽阔，自然条件复杂，各地区成土速率不同，水利部考虑了耕地人为加速土壤熟化过程，以及地区差异造成的不同成土速率等因素，确定了我国不同土壤侵蚀类型区的容许土壤流失量（表 1-10）。

表 1-10　各侵蚀类型区容许土壤流失量
（水利部水土保持司，2008）

类型区	容许土壤流失量 [t/(km²·a)]
西北黄土高原区	1 000
东北黑土区	200
北方土石山区	200
南方红壤丘陵区	500
西南土石山区	500

（二）中国的土壤侵蚀强度分级定量指标

土壤侵蚀强度是指单位时间内、单位面积上的土壤侵蚀量。不同土壤侵蚀类型的土壤侵蚀强度分级指标是不同的。在侵蚀分类基础上进一步划分侵蚀强度是进行水土保持规划和采取有效防治措施的重要依据。

1. 水力侵蚀和重力侵蚀的强度分级　水力侵蚀的强度分级主要以土壤侵蚀模数或年均流失土层厚度为指标。阮伏水、曹建华等对我国南方花岗岩地区和西南岩溶地区提出了相应的土壤侵蚀强度分级标准（表 1-11）。

表 1-11 南方花岗岩区和岩溶区土壤侵蚀强度分级

(阮伏水，1997；曹建华等，2008)

级别	侵蚀模数 [t/ (km² · a)]	
	花岗岩区	岩溶区
微 度	<200	<30
轻 度	200~1 000	30~100
中 度	1 000~2 500	100~200
强 烈	2 500~5 000	200~500
极强烈	5 000~8 000	500~1 000
剧 烈	≥8 000	≥1 000

水利部在统计分析大量实测资料的基础上，于 1996 年制定并颁布了《土壤侵蚀分类分级标准》(SL 190—1996)，于 2007 年进行了修订并颁布了《土壤侵蚀分类分级标准》(SL 190—2007)，对水力侵蚀、重力侵蚀的强度分级制定了相应标准（表 1-12 至表 1-15)。其中，水力侵蚀强度分级以平均侵蚀模数或平均流失厚度为判别指标，只有在缺少实测及调查侵蚀模数资料时，才可以在经过分析后，运用有关侵蚀方式（面蚀、沟蚀）的指标进行分级，各分级的侵蚀模数与土壤水力侵蚀强度分级相同；重力侵蚀强度分级以侵蚀面积与坡面面积之比为判别指标。

表 1-12 水力侵蚀强度分级

(水利部水土保持司，2008)

级别	平均侵蚀模数 [t/ (km² · a)]	平均流失厚度 (mm/a)
微 度	<200，500，1 000	<0.15，0.37，0.74
轻 度	200，500，1 000~2 500	0.15，0.37，0.74~1.9
中 度	2 500~5 000	1.9~3.7
强 烈	5 000~8 000	3.7~5.9
极强烈	8 000~15 000	5.9~11.1
剧 烈	>15 000	>11.1

注：本表流失厚度系按土的干密度 1.35g / cm³ 折算，各地可按当地土壤干密度计算。

表 1-13 面蚀（片蚀）分级指标

(水利部水土保持司，2008)

土地坡度地类		5°~8°	8°~15°	15°~25°	25°~35°	>35°
非耕地林草覆盖度（%）	60~75	轻 度				强烈
	45~60					强烈
	30~45		中度	强烈		极强烈
	<30			强烈	极强烈	剧烈
坡耕地		轻度	中度			

表 1-14 沟蚀分级指标
(水利部水土保持司, 2008)

沟谷占坡面面积比（%）	<10	10～25	25～35	35～50	25～35
沟壑密度（km/km²）	1～2	2～3	3～5	5～7	>7
强度分级	轻度	中度	强烈	极强烈	剧烈

表 1-15 重力侵蚀分级指标
(水利部水土保持司, 2008)

崩塌面积占坡面面积比（%）	<10	10～15	15～20	20～30	>30
强度分级	轻度	中度	强烈	极强烈	剧烈

2. 风力侵蚀强度分级 在《土壤侵蚀分类分级标准》（SL 190—2007）中，将日平均风速≥5m/s、年内日累计风速达到 200m/s 以上、全年累计 30d 以上，且多年平均降水量 <300mm 的沙质土壤地区定为风力侵蚀区。风力侵蚀区以地表形态、植被覆盖度与风蚀厚度及风蚀模数的相关性作为风力侵蚀强度分级指标（表 1-16）。

表 1-16 风力侵蚀的强度分级
(水利部水土保持司, 2008)

级别	床面形态（地表形态）	植被覆盖度（%）（非流沙面积）	风蚀厚度（mm/a）	侵蚀模数 [t/(km²·a)]
微度	固定沙丘，沙地和滩地	>70	<2	<200
轻度	固定沙丘，半固定沙丘，沙地	70～50	2～10	200～2 500
中度	半固定沙丘，沙地	50～30	10～25	2 500～5 000
强烈	半固定沙丘，流动沙丘，沙地	30～10	25～50	5 000～8 000
极强烈	流动沙丘，沙地	<10	50～100	8 000～15 000
剧烈	大片流动沙丘	<10	>100	>15 000

3. 复合侵蚀（泥石流）强度分级 《土壤侵蚀分类分级标准》（SL 190—2007）中的复合侵蚀强度分级，以单位面积年平均冲出量为判别指标，其定量分级见表 1-17。

表 1-17 泥石流侵蚀的强度分级
(水利部水土保持司, 2008)

级别	每年每平方千米冲出量（万 m³）	固体物质补给形式	固体物质补给量（万 m³/km²）	沉积特征	泥石流浆体密度（t/m³）
轻度	<1	由浅层滑坡或零星坍塌补给，由河床质补给时，粗化层不明显	<20	沉积物颗粒较细，沉积表面平坦，很少有大于 10cm 以上颗粒	1.3～1.6
中度	1～2	由浅层滑坡及中小型坍塌补给，一般阻碍水流，或由大量河床补给，河床有粗化层	20～50	沉积物细颗粒较少，颗粒间较松散，有岗状筛滤堆积形态，颗粒较粗，多大漂砾	1.6～1.8
强烈	2～5	由深层滑坡或大型坍塌补给，沟道中出现半堵塞	50～100	有舌状堆积形态，一般厚度在 200m 以下，巨大颗粒较少，表面较为平坦	1.8～2.1
极强烈	>5	以深层滑坡和大型集中坍塌为主，沟道中出现全部堵塞情况	>100	有垄岗，舌状等黏性泥石流堆积形成，大漂石较多，常形成侧堤	2.1～2.2

二、土壤侵蚀程度分级

土壤侵蚀程度分级是土地评级标准中必备的指标，可为土地利用和安排治理措施时提供土地生产力的依据。土壤侵蚀程度分级一般采用有效土层厚度、土壤剖面各发生层次被侵蚀或被保留的状况为判别指标。1939年，前苏联的C.C.索保列夫应用此法，首先提出了他的面蚀程度分级表。朱显谟应用此法制定了我国黄土区土壤片蚀和鳞片状侵蚀程度分级表（表1-18，表1-19）。

表1-18 黄土区土壤剖面片蚀等级表
（朱显谟，1956）

土类	侵蚀等级	剖面中腐殖质层流失情况		淀积层的出露情况	说明
		失去深度（cm）	失去比例（%）		
黑垆土和黑褐土等	轻度	<30	<30	未裸露	富含有机质的A层大部失去
	中度	30~60	30~60	未裸露	A层全部失去，过渡层流失
	强度	60~80	60~80	未裸露	过渡层部分或大部流失
	极强度	80~100	80~100	未裸露或将裸露	过渡层大部或全部流失
	剧烈	>100	>100	裸露	B层流失，新生体残留地面
褐色土	轻度	<10	<20	未裸露	A_0层大部或全部流失
	中度	10~25	20~50	未裸露	A_1层大部或全部流失
	强度	25~40	50~80	未裸露	过渡层开始或大部失去
	极强度	40~50	80~100	未裸露	过渡层大部或全部失去
	剧烈	>50	>100	裸露	B层流失，石灰结核满布地表
淋溶褐色土	轻度	<15	<15	未裸露	A_0层大部或全部流失
	中度	15~40	15~40	未裸露	疏松的有机质层大部失去
	强度	40~70	40~70	未裸露	过渡层大部或全部失去
	极强度	70~100	70~100	黏硬B层裸露	B层开始大部失去
	剧烈	>100	>100	黏硬B层失去	母质裸露
森林棕色土	轻度	<8	<25	未裸露	A层淋失或大部失去
	中度	8~16	25~50	未裸露	表土大部或全部失去
	强度	16~24	50~75	过渡层裸露	过渡层开始或大部失去
	极强度	24~32	75~100	B层开始裸露	B层土体有时已翻入耕作层
	剧烈	>32	>100	B层或母质裸露	耕作层杂有多量风化态母岩或碎片

表1-19 鳞片状侵蚀等级
（朱显谟，1956）

侵蚀等级	地面植被覆盖度（%）	地面土体裸露情况（%）
轻度	>90	<10
中度	90~80	10~20
强度	80~60	20~40
极强度	60~30	40~70
剧烈	<30	>70

《土壤侵蚀分类分级标准》(SL 190—2007) 制定了土壤侵蚀程度分级表。对于有明显土壤发生层的土壤，其侵蚀程度分级标准按表 1-20 执行；当侵蚀土壤为由母质甚至母岩直接风化发育的新成土（无法划分 A、B 层）、且缺乏完整的土壤发生层剖面进行对比时，则按照表 1-21 进行侵蚀程度分级。

表 1-20 按土壤发生的侵蚀程度分级

（水利部水土保持司，2008）

级　别	指　标
无明显侵蚀	A、B、C 三层剖面保持完整
轻度侵蚀	A 层保留厚度大于 1/2，B、C 层完整
中度侵蚀	A 层保留厚度大于 1/2，B、C 层完整
强烈侵蚀	A 层无保留，B 层开始裸露，受到剥蚀
剧烈侵蚀	A、B 层全部剥蚀，C 层出露，受到剥蚀

表 1-21 按活土层的侵蚀程度分级

（水利部水土保持司，2008）

级　别	指　标
无明显侵蚀	活土层完整
轻度侵蚀	活土层小部分被蚀
中度侵蚀	活土层厚度 50% 以上被蚀
强烈侵蚀	活土层全部被蚀
剧烈侵蚀	母质层部分被蚀

三、土壤侵蚀潜在危险分级

对土壤侵蚀潜在危险做出评估，是预报土壤侵蚀研究中的一项重要内容，可以为及时采取有效防治措施、合理开发利用土地提供依据。史德明采用侵蚀因子记分法对兴国县土壤侵蚀潜在危险进行了综合评价，将土壤侵蚀潜在危险等级分为较低、低、中等、高、极高 5 个级别（表 1-22）。

表 1-22 土壤侵蚀潜在分级及记分（以兴国县为例）

（史德明，1991）

地形	岩性	风化物厚度	相对高度	总分	分级
1~3	1	1	1	4~6	极低
1~5	1~2	1~3	3	6~13	低
3~5	2~8	3~5	5	13~23	中等
3~5	7~8	5~8	8	23~29	高
3~5	8	8~12	12	29~37	极高

《土壤侵蚀分类分级标准》(SL 190—2007) 采用有效土层厚度与年平均侵蚀深度的比值

作为判别指标，制定了水力侵蚀潜在危险分级，以滑坡、泥石流可能造成的损失作为滑坡、泥石流危险度分级指标，分别见表1-23、表1-24。

表1-23 水蚀区危险度分级

（水利部水土保持司，2008）

级别	临界土层的抗蚀年限（a）
无险型	>1 000
轻险型	100~1 000
危险型	20~100
极险型	<20
毁坏型	裸岩、明沙、土层不足10cm

注：1. 临界土层系指农林牧业中，林草作物种植所需土层厚度的低限值，此处按种草所需最小土层厚度10cm为临界土层厚度。
2. 抗蚀年限系指大于临界值的有效土层厚度与现状年均侵蚀深度的比值。

表1-24 滑坡、泥石流危险度分级表

（水利部水土保持司，2008）

类别	等级	指标
Ⅰ较轻	1	危害孤立房屋、水渠等安全，危及安全人数在10人以下
Ⅱ中等	2	危及小村庄及非重要公路、水渠等安全，并可能危及50~100人安全
Ⅲ严重	4	威胁县城及重要镇所在地、一般工厂、矿山、铁路、国道及高速公路，并可能危及1 000~10 000人安全或威胁Ⅳ级航道
	5	威胁地级行政所在地，重要县城、工厂、矿山、省际干线铁路，有可能危及10 000人以上人口安全或威胁Ⅲ级及以上航道安全

第三节 我国土壤侵蚀类型分区

一、土壤侵蚀类型分区依据

土壤侵蚀类型分区是系统研究土壤侵蚀情况和进行水土保持工作必须解决的重要问题之一。前苏联专家A.C.柯兹敏柯以地质、地形、气候及侵蚀特点等作为分区标准，将前苏联欧洲部分森林草原和草原地带区划为22个区和一些亚区。我国的土壤侵蚀类型分区工作始于20世纪50年代。1955年黄秉维以气候、地质地貌、植被等为依据，编制了黄河中游流域土壤侵蚀分区图，按三级分区划分类、区、副。其中，一级分区划分为有完密植被类型区和缺乏完密植被类型区两大类；二级分区中，将有完密植被类型区划分为高地草原区和林区，缺乏完密植被类型区按地质地形划分为黄土丘陵区等7个区域；三级分区则按照区域内的地形、土地利用等差异划分副区。1958年朱显谟以侵蚀类型、气候、地质、地貌、植被、土壤等为分区依据，提出了黄河中游土壤侵蚀区划的五级分区制，即地带、区带、复区、区和分区。1989年朱显谟和陈代中编制了1∶1 200万比例尺的中国土壤侵蚀类型及分区图，按照侵蚀营力，将全国划分为东部流水侵蚀区、西北风力侵蚀区和青藏高原冻融及冰川侵蚀区三大区。1982年辛树帜和蒋德麒采用某一侵蚀营力在一较大区域起主导作用的原则，将全国划分为水力侵蚀为主的类型区、风力侵蚀为主的类型区和冻融侵蚀为主的类型区三大区，并以气候、地形等为依据，将水力侵蚀类型区划分为西北黄土高原区、东北低山丘陵和漫岗丘陵区、北方山地丘陵区、南方山地丘陵区、四川盆地及周围山地丘陵区和云贵高原区6个二级类型区。

我国地域辽阔，是一个多山的国家，山地丘陵面积约占总面积的2/3。整个地势自西向东可分为3个大的阶梯，在气候上跨越寒温带、温带、暖温带、亚热带、热带、赤道带及青藏高原。气候、地貌、土壤、植被及水文条件变化大，地带性分异明显。这种地带性差异导致了各地土壤侵蚀的差异。土壤侵蚀分区要反映不同区域土壤侵蚀特征及其差异性，要求同一区自然条件、土壤侵蚀类型和防治措施基本相同，而不同类型区之间则有较大差别。因此土壤侵蚀分区主要以同一区内的土壤侵蚀类型和侵蚀强度基本一致为原则。同一区内影响土壤侵蚀的主要因素等自然条件和社会经济条件基本一致。同一区内的治理方向、治理措施和土地利用方向基本相似。侵蚀分区以自然界线为主，适当照顾行政区域的完整性和地域的连续性。据此，《土壤侵蚀分类分级标准》（SL 190—2007）以辛树帜和蒋德麒分区为基础，将全国划分为水力侵蚀为主类型区、风力侵蚀为主类型区和冻融侵蚀为主类型区3个一级类型区。其中，水力侵蚀类型区分为西北黄土高原区、东北黑土区、北方土石山区、南方红壤丘陵区和西南土石山区5个二级类型区，风力侵蚀类型区分为"三北"戈壁沙漠及沙地风沙区、沿河环湖滨海平原风沙区2个二级类型区，冻融、冰川侵蚀类型区分为北方冻融土侵蚀区和青藏高原冰川侵蚀区2个二级类型区。以下按照《土壤侵蚀分类分级标准》（SL 190—2007）中的分区进行简述。

二、水力侵蚀类型区

（一）西北黄土高原区

黄土高原位于黄河上中游地区，其范围指大兴安岭—阴山—贺兰山—青藏高原东缘一线以东，西至祁连山余脉的青海日月山，西北为贺兰山，北至阴山，东至管涔山及太行山，南至秦岭。本类型区属于大陆性季风气候区，年均降水量200～700mm，由西北向东南递增，以400～500mm的降水量分布较广，该降水量分布区也是黄土高原土壤侵蚀最严重地区。本区年内降雨分布不均，主要集中在6～9月，且多暴雨。地带性植被自西北向东南依次为暖温性草原化荒漠地带、暖温性典型草原地带、暖温性森林草原地带和暖温性森林地带。地带性土壤在半湿润气候带自西向东依次为灰褐土、黑垆土、褐土，在干旱及半干旱气候带自西向东依次为灰钙土、棕钙土、栗钙土。

土壤侵蚀分为黄土丘陵沟壑区（下设5个副区）、黄土高原沟壑区、土石山区、林区、高地草原区、干旱草原区、黄土阶地区、冲积平原区等9个类型区。以水力侵蚀为主，兼有风蚀、重力侵蚀。侵蚀模数多在5 000～10 000t/（km²·a），甚至高达20 000t/（km²·a），是黄河泥沙的主要来源。

（二）东北黑土区

本类型区南至吉林省南部，东西北三面为大小兴安岭和长白山所绕。地势大致由东北向西南倾斜，具有明显的台坎，坳谷和岗地相间是本区重要的地貌特征；松辽流域是该区主要流域；低山丘陵主要分布于大小兴安岭、长白山余脉；漫岗丘陵则分布在东、西、北侧等三地区：①大小兴安岭山地区，系森林地带，坡缓谷宽，主要岩性为花岗岩、页岩，发育暗棕壤，轻度侵蚀；②长白山千山山地丘陵区，系林草灌丛，主要岩性为花岗岩、页岩、片麻岩，发育暗棕壤、棕壤，轻度—中度侵蚀；③三江平原区（黑龙江、乌苏里江及松花江冲积平原），古河床自然河堤形成的低岗地，河间低洼地为沼泽草甸，岗洼之间为平原，无明显土壤侵蚀。

区内以低丘、岗地黑土区坡耕地侵蚀为主，兼有沟蚀、风蚀和融雪侵蚀。黑土漫岗丘陵坡度一般在 7°以下，并以小于 2°～4°的面积居多。坡长多为 1 000～2 000m，最长达 4 000m。由于坡长较长，汇水面积很大，往往使流量和流速增大，从而增强了径流的冲刷能力。黑土的心土层及母质层多为深厚的黄土性黏土，透水缓慢，表土含水量接近饱和时，容易发生面蚀和沟蚀。由于冬季时间长且寒冷，常保持半年的冻土层，深 2m 左右，在土层中形成隔水层。隔水层的存在阻隔了春季融雪及夏季大量降雨的下渗，往往在坡面上形成强大的地表径流，从而引起土壤侵蚀。坡耕地的土壤侵蚀等级多为中度到强度，有的甚至为极强度级别。

（三）北方土石山区

本区是指东北漫岗丘陵以南、黄土高原以东、淮河以北的地区，包括东北南部，河北、山西、内蒙古、河南、山东等部分。本区气候属暖温带半湿润、半干旱区，主要流域为淮河流域及海河流域。从地形上讲，本区具有两个特点：第一，山地丘陵都以居高临下之势环抱平原。例如华北大平原周围，北起河北省燕山，西接太行山，南行至豫西秦岭余脉成一弧线，屏障着这一大平原；又如辽东、辽西山地也从东、西两边俯瞰着辽河平原。第二，从高山到低山，到丘陵（垄岗），到谷地（盆地），到平原呈梯级状分布。如冀北围场、丰宁山区海拔为 1 500m 左右，承德、青龙低山区降至 1 000m 左右，遵化、迁安丘陵、谷地区再降至 500m 以下，河北平原均在 50m 以下。上述两个分布特点，说明山区土壤侵蚀与平原河流水患之间的密切关系。太行山区土壤侵蚀与海河平原水患，豫西山区的土壤侵蚀与淮河平原水患均密切相关。这种分布特点，对于安排一个较大区域范围内治理措施的配置，是应当加以考虑的一个重要因素。

本区按照分布区域，可分为以下 6 个主要的区：①太行山山地区。包括大五台山、小五台山、太行山和中条山山地，是海河五大水系发源地。主要岩性为片麻岩、碳酸盐岩等；褐土为主要土壤类型；水土流失为中度到强烈侵蚀，是华北地区水土流失最严重的地区。②辽西-冀北山地区。主要岩性为花岗岩、片麻岩、砂页岩；主要土壤包括山地褐土、栗钙土；土壤侵蚀为中度侵蚀，常伴有泥石流发生。③山东丘陵区（位于山东半岛）。主要岩性为片麻岩、花岗岩等；棕壤、褐土为主要土壤，土层薄，尤其是沂蒙山区；土壤侵蚀强度属中度侵蚀。④阿尔泰山地区。主要分布在新疆阿尔泰山南坡，为山地森林草原，无明显土壤侵蚀。⑤松辽平原、松花江辽河冲积平原，范围不包括科尔沁沙地；主要土壤为黑钙土、草甸土；土壤侵蚀主要发生在低岗地，侵蚀强度为轻度侵蚀。⑥黄淮海平原区。北部以太行山、燕山为界；南部以淮河、洪泽湖为界，是黄、淮、海三条河流的冲积平原；土壤侵蚀主要发生在黄河中下游、淮河流域、海河流域的古河道岗地，侵蚀强度为中、轻度。

（四）南方红壤丘陵区

本区北界为大别山，西至巴山、巫山（含鄂西全部），西南以云贵高原为界（包括湘西、桂西），东南至海域并包括台湾省、海南省及南海诸岛。本区温暖多雨，属于典型的亚热带，有利于植被生长，一般地面覆盖较好。年降水量通常1 000～2 000mm，且多暴雨，最大日暴雨量超过150mm，1h最大雨量超过30mm。地面径流量较大，年径流深在500mm以上，最大达1 800mm，径流系数为0.4～0.7，侵蚀力强。

本区主要土壤为红壤、黄壤，是我国热带及亚热带地区的地带性土壤，此外还有紫色土、石灰土、水稻土等。根据土壤、母质及其他自然因素的不同，本区可分为以下不同的类型：

1. 风化层深厚的花岗岩丘陵　在江西、广东、广西、福建、湖南、湖北、浙江、安徽等地均有广泛分布，是我国东南地区具有代表性的侵蚀类型。风化花岗岩丘陵土壤侵蚀强烈，与其风化壳剖面特性有关。据研究，风化壳一般分为三层，上部为红土层，中部为网纹层，下部为碎石层，再下为风化基岩。红土层中含黏粒较多，而网纹层含沙粒很高，在侵蚀上有利于切沟和崩岗的发育；碎石层又以保留有巨大石蛋为特色，为沙砾化侵蚀地貌提供了地质基础。

2. 紫色砂页岩丘陵　在湖南、江西、广东广泛分布。此类丘陵地形破碎，植被稀少，侵蚀严重。土壤剖面已遭破坏，地面残留极薄的风化碎屑物，下部基岩透水性差，保水力弱。因此，大雨或暴雨后径流量大，冲刷力强，最大年侵蚀模数可达27 000t/km²。

3. 第四纪红色黏土岗地　在江西、浙江、福建、广东、广西、安徽、湖南等地均有分布，多集中在河谷两侧的阶地或盆地的内侧边缘，宽度不超过2km，土层厚度一般为10m左右。地面起伏不大，岗顶比较平坦。由于透水性差，暴雨后产生大量地面径流，引起严重土壤侵蚀，年侵蚀模数一般在5 000～10 000t/km²。

本区按地域可分为3个区：①江南山地丘陵区。以长江为北界、南岭为南界，西起云贵高原、东至东南沿海，包括幕阜山、罗霄山、黄山、武夷山等众多山脉。以花岗岩类、碎屑岩类为主；主要土壤为红壤、黄壤、水稻土。②岭南平原丘陵区。包括广东、海南岛和桂东地区。主要岩性为花岗岩类、砂页岩类，主要土壤为赤红壤和砖红壤。局部花岗岩风化层深厚，崩岗侵蚀严重。③长江中下游平原区。位于宜昌以东，包括洞庭湖、鄱阳湖平原，太湖平原和长江三角洲；无明显土壤侵蚀。

（五）西南土石山区

本区北至黄土高原区，东至南方红壤丘陵区，西部与青藏高原冻融区相接，包括云贵高原、四川盆地、湘西及桂西等地；气候包含热带、亚热带；主要流域为珠江流域；区内岩性为碳酸岩类为主，此外，还有花岗岩类，紫色砂页岩、泥岩等；山高坡陡、石多土少；高温多雨、岩溶地貌发育。山崩、滑坡、泥石流等侵蚀形式发生频率高，分布广。本区按地域分为5个区：

1. 四川山地丘陵区　位于四川盆地中除成都平原以外的山地、丘陵；以紫红色砂页岩、泥页岩等为主；主要土壤为紫色土、水稻土等；区内土壤侵蚀严重，属中度、强烈侵蚀，并常有泥石流发生，是长江上游泥沙的主要来源区之一。

2. 云贵高原山地区 区内多高山，以碳酸盐岩类、砂页岩为主；主要土壤为黄壤、红壤和黄棕壤等，土层薄，基岩裸露，坪坝地为石灰土，溶蚀为主；土壤侵蚀以轻度—中度侵蚀为主。

3. 横断山山地区 包括藏南高山深谷、横断山脉、无量山及西双版纳地区；变质岩、花岗岩、碎屑岩类为主；主要土壤为黄壤、红壤、燥红土等；土壤侵蚀为轻度—中度侵蚀，局部地区有严重泥石流。

4. 秦岭大别山鄂西山地区 位于黄土高原、黄淮海平原以南，四川盆地、长江中下游平原以北；变质岩、花岗岩为主；主要土壤为黄棕壤，土层较厚；土壤侵蚀以轻度侵蚀为主。

5. 川西山地草甸区 主要分布于长江上中游、珠江上游，包括大凉山、邛崃山、大雪山等；主要岩性为碎屑岩类；主要土壤为棕壤、褐土；土壤侵蚀强度为轻度侵蚀。

三、风力侵蚀类型区

（一）"三北"戈壁沙漠及沙地风沙区

本区主要分布于我国西北、华北以及东北的西部，包括新疆、青海、甘肃、宁夏、内蒙古、陕西、黑龙江等省（自治区）的沙漠戈壁和沙地。本区气候干燥，年降水量100～300mm，多大风及沙尘暴，植被稀少；主要流域为内陆河流域。

本类型区按地域分为6个区：①（内）蒙（古）、新（疆）、青（海）高原盆地荒漠强烈风蚀区。包括准噶尔盆地、塔里木盆地和柴达木盆地，主要由腾格里沙漠、塔克拉玛干沙漠和巴丹吉林沙漠组成。②内蒙古高原草原中度风蚀水蚀区。包括呼伦贝尔、锡林郭勒和鄂尔多斯高原，毛乌素沙地、浑善达克（小腾格里）和科尔沁沙地，库布齐和乌兰察布沙漠。南部干旱草原主要为栗钙土，北部荒漠草原主要土壤为棕钙土。③准噶尔绿洲荒漠草原轻度风蚀水蚀区。围绕古尔班通古特沙漠，呈向东开口的马蹄形绿洲带，灰漠土为主要土壤。④塔里木绿洲轻度风蚀水蚀区。围绕塔克拉玛干沙漠呈向东开口的绿洲带，主要土壤为淤灌土。⑤宁夏中部风蚀区。包括毛乌素沙地部分以及腾格里沙漠边缘的盐地等区域。⑥东北西部风沙区。多为流动和半流动沙丘、沙化漫岗，沙漠化发育。

（二）沿河环湖滨海平原风沙区

本区主要分布于山东黄泛平原、鄱阳湖滨湖沙山及福建省、海南省滨海。属湿润或半湿润区，植被覆盖度高。本区风沙化土地分布于沿河环湖、海滨，主要特点为分布零星、范围不大、季节性明显，在干季常出现风沙吹扬及地面形成波状起伏风沙地貌。

本类型区按区域可分为3个区：①鲁西南黄泛平原风沙区。分布于黄河以南、黄河故道以北；区内地势平坦，岗坡洼相间，多马蹄形或新月形沙丘；主要土壤为沙土、沙壤土。②鄱阳湖滨湖沙山区。主要分布于鄱阳湖北湖湖滨，赣江下游两岸新建、流湖一带；沙山分为流动型、半固定型及固定型三类。③福建及海南省滨海风沙区。福建滨海风沙主要分布于闽江、晋江及九龙江入海口附近一线；海南省滨海风沙主要分布于文昌沿海一带。

四、冻融、冰川侵蚀类型区

(一) 北方冻融土侵蚀区

本区主要分布于大兴安岭山地及新疆的天山山地。按地域可分为两个区：①大兴安岭北部山地冻融水蚀区。区内高纬高寒，属多年冻土地区，草甸土发育。②天山山地森林草原冻融水蚀区。包括哈尔克山、天山、博格达山等；为冰雪融水侵蚀，局部发育冰石流。

(二) 青藏高原冰川侵蚀区

本区主要分布于青藏高原和高山雪线以上。按地域可分为两个区：①藏北高原高寒草原冻融风蚀区，主要分布于藏北高原；②青藏高原高寒草原冻融侵蚀区，主要分布于青藏高原东部和南部，区内高山冰川与湖泊相间，局部区域可发生冰川泥石流。

复习思考题

1. 按外营力种类划分土壤侵蚀类型时，可划分出几种类型？
2. 主要水力侵蚀形式有哪几种？
3. 主要重力侵蚀形式有哪几种？
4. 主要复合侵蚀有哪几种？
5. 何谓土壤侵蚀程度？何谓土壤侵蚀强度？
6. 容许土壤侵蚀量的含义是什么？在生产上有何指导意义？
7. 水力侵蚀的危害是什么？
8. 溅蚀过程大致可以划分几个阶段？
9. 崩塌分类方法主要有哪几种？崩塌形成的条件主要有哪些？
10. 滑坡形成条件是什么？
11. 影响滑坡的因素主要是什么？
12. 泥石流分类方法主要有那几种？
13. 土壤侵蚀类型分区的意义是什么？
14. 一级土壤侵蚀类型分区原则是什么？
15. 我国主要分为几个一级土壤侵蚀类型区？

主要参考文献

曹建华，蒋忠诚，杨德生，等，2008. 我国西南岩溶区土壤侵蚀强度分级标准研究 [J]. 中国水土保持科学，6 (6)：1-7.

丁飞，张祖兴，蔡阿兴，2006. 土壤侵蚀强度分级标准中土壤厚度参考指标适用性的探讨 [J]. 中国农学通报，22 (7)：343-346.

黄秉维，1995. 编制黄河中游流域土壤侵蚀分区图的经验教训 [J]. 科学通报 (12)：15-22.

焦菊英，贾燕峰，景可，2008. 自然侵蚀量和容许土壤流失量与水土流失治理标准 [J]. 中国水土保持科学，6（4）：77-84.
李兰，周忠浩，刘刚才，2005. 容许土壤流失量的研究现状及其设想［J］. 地球科学进展，20（10）：1127-1134.
刘宝元，毕小刚，符素华，等，2010. 北京土壤流失方程［M］. 北京：科学出版社.
刘秉正，吴发启，1996. 土壤侵蚀［M］. 西安：陕西人民出版社.
刘刚才，李兰，周忠浩，等，2008. 紫色土容许侵蚀量的定位试验确定［M］. 水土保持通报，28（6）：90-94.
阮伏水，1997. 花岗岩坡地土壤侵蚀强度分级参考指标探讨［J］. 水土保持研究，4（1）：113-119.
史德明，1991. 南方花岗岩区的土壤侵蚀及其防治［J］. 水土保持学报，5（3）：63-72.
水建国，柴锡周，张如良，2001. 红壤坡地不同生态模式水土流失规律的研究［J］. 水土保持学报，15（2）：33-36.
水利部水土保持司，2008. 土壤侵蚀分类分级标准：SL 190—2007［S］. 北京：中国水利水电出版社.
孙波，等，2011. 红壤退化阻控与生态修复［M］. 北京：科学出版社.
唐克丽，2004. 中国水土保持［M］. 北京：科学出版社.
王汉存，1992. 水土保持原理［M］. 北京：水利电力出版社.
王礼先，1995. 水土保持学［M］. 北京：中国林业出版社.
吴发启，2004. 水土保持学概论［M］. 北京：中国农业出版社.
谢庭生，何英豪，2005. 湘中紫色土丘岗区水土流失规律及土壤允许侵蚀量的研究［J］. 水土保持研究，12（1）：87-90.
谢云，段兴武，刘宝元，等，2011. 东北黑土区主要黑土土种的容许土壤流失量［J］. 地理学报，66（7）：940-952.
辛树帜，蒋德麒，1982. 中国水土保持概论［M］. 北京：农业出版社.
袁建平，1999. 土壤侵蚀强度分级标准适用性初探［J］. 水土保持通报，19（6）：54-57.
张洪江，1999. 土壤侵蚀原理［M］. 北京：中国林业出版社.
张信宝，焦菊英，贺秀斌，等，2007. 允许土壤流失量与合理土壤流失量［J］. 中国水土保持科学，5（2）：114-116.
朱显谟，1956. 黄土区土壤侵蚀的分类［J］. 土壤学报，4（2）：99-115.
朱显谟，1958. 有关黄河中游土壤侵蚀区划问题［J］. 土壤通报（1）：1-6.
朱显谟，陈代中，1989. 中国土壤侵蚀类型及分区图［M］//中国科学院长春地理研究所. 中国自然保护地图集. 北京：科学出版社.
Alexander E B, 1998. Rates of soil formation: implications for soil-loss tolerance［J］. Soil Science, 145（1）：37-45.
Mandal D, Dadhwal K S, Khola O P S, et al, 2006. Adjusted T values for conservation planning in Northwest Himalayas of India［J］. Journal of Soil and Water Conservation, 61（6）：391-397.
Smith R M, Stamey W L, 1965. Determining the range of tolerable erosion［J］. Soil Science, 100（6）：414-424.
Stamey W L, Smith R M, 1964. A conservation definition of erosion tolerance［J］. Soil Science, 97（3）：183-186.

第二章　影响土壤侵蚀的因素

重点提示　本章主要阐述土壤侵蚀的影响因素，较为系统地分析了各影响因素的特征与作用原理，对影响南方土壤侵蚀发生的各因素进行详细介绍。

第一节　气候因素

气候与土壤侵蚀的关系密切，所有的气候因素都与土壤侵蚀有着直接和间接的联系。一般来说，气候因素中的降雨和风是造成土壤侵蚀的直接动力，而温度、日照和湿度等因素是通过影响植被生长、岩石风化等过程间接参与土壤侵蚀过程。在众多气候因素中，降水是气候因素中与土壤侵蚀关系最为密切的一个因子，降水包括降雨、降雪等多种形式。我国南方地处热带、亚热带季风气候区，年平均降水量达1 000～2 000mm，且降雨年分布严重不均，在台风季节有些地方最大日降水量超过200mm。因此，影响南方土壤侵蚀的气候因素主要为降雨。影响土壤侵蚀的降雨因素主要包括：雨滴特征、降雨侵蚀力、降水量、降雨强度等，它们与土壤侵蚀形成和发展有着密切的联系。

一、雨滴特征

降雨是影响土壤侵蚀的主要因素之一。雨滴特性主要包括雨滴的形态、大小、分布、速度、动能等。

1. 雨滴形状、大小和分布　一般情况下，直径<0.25mm的雨滴称为小雨滴，其形状为圆形。当雨滴直径≤5.5mm时，降落过程中都比较稳定，称为稳定雨滴。大雨滴（>5.5mm）开始为纺锤形，且雨滴形状不稳定，极易发生碎裂或变形，称暂时雨滴。

降雨是由不同直径大小雨滴组成的，不同直径雨滴所占的比例称为雨滴分布。一次降雨的雨滴分布，用该次降雨雨滴累计体积百分数曲线表示，其中累计体积为50%所对应的雨滴直径称为中数直径（d_{50}）。d_{50}表明该次降雨中大于这一直径的雨滴总体积等于小于该直径的雨滴的总体积，它与平均雨滴直径的含义是不同的。

2. 雨滴速度和能量　雨滴降落时，因重力作用而逐渐加速，但由于周围空气的摩擦阻力也随之增加，当此两力趋于平衡时，雨滴即以固定速度下降，此时的速度称为终点速度。随雨滴直径增大，雨滴的终点速度增加（表2-1）。雨滴的终点速度越大，其对地表的冲击力也越大，也就是说，对地表土壤的溅蚀能力也随之加大。这也是暴雨造成的雨滴溅蚀严重，土壤侵蚀强度大的主要原因。

雨滴于高空形成后，即具有质量和高度，因而即获得势能。其势能的大小随雨滴质量（m）、位置高度而异，而雨滴质量和高度也在一定程度上决定了雨滴的终点速度（v）。当雨滴落下时，其势能即逐渐转变成动能（E）。当雨滴降落接地的瞬间，雨滴原有势能转化为动能对地表做功，使土壤颗粒破碎、分离、飞溅，至此一个雨滴对地表产生的溅蚀过程完成。中国科学院水土保持研究所孙清芳等根据滤纸色斑法测定雨滴直径，并用下式计算出雨滴终点速度和动能。

表 2-1 静止空气中各种雨滴终点速度

（王礼先，1995）

直径（mm）	终点速度（m/s）
5.0	8.9
1.0	4.0
0.5	2.8
0.2	1.5

当雨滴直径 $d<1.99$mm 时，用修正的沙玉清公式

$$v = 0.496 \times 10^{[\sqrt{28.32-6.524\lg 0.1d-2.665-(\lg 0.1d)^2-3.655}]} \quad (2-1)$$

当雨滴直径 $d \geqslant 1.99$mm 时，用修正的牛顿公式

$$v = (17.20 - 0.844d)\sqrt{0.1d} \quad (2-2)$$

雨滴动能为 $\qquad E = 5mv^2$

式中：v 为雨滴终点速度（m/s）；d 为雨滴直径（mm）；m 为雨滴质量（mg）；E 为雨滴动能（erg，$=10^{-7}$J）。

美国学者威斯其麦尔（W. H. Wischmeier）和史密斯（D. D. Smith）根据雨滴分布和终点速度，建立了一个经过简化的计算降雨动能的经验公式，即

$$E = 210.2 + \lg I \quad (2-3)$$

式中：E 为降雨动能 [J/（m²·cm）]；I 为降雨强度（cm/h）。

二、降雨侵蚀力

降雨侵蚀力是指降雨引起土壤流失的潜在能力，它是降雨物理性质的函数。降雨侵蚀力反映了气候因素对土壤侵蚀的作用，是影响土壤侵蚀过程的关键因素。其大小完全取决于降雨性质，即该次降雨的雨量、雨强、雨滴大小等，而与土壤性质无关，与雨滴的能量有关。美国的 W. H. Wischmeier 经过大量实验，得到降雨侵蚀力指标 R 的表达式为

$$R = \sum E \times I_{30} \quad (2-4)$$

式中：R 为降雨侵蚀力指标；E 为该次降雨的总动能 [J/（m²·mm）]；I_{30} 为该次暴雨过程中出现的最大 30min 降雨强度（mm/h）。

自美国学者 W. H. Wischmeier 提出用降雨雨滴动能 E 与 30min 雨强 I_{30} 的乘积 EI_{30} 作为降雨侵蚀力（R）指标后，已在世界多个国家应用。在实际应用中，R 值计算最为麻烦的是动能（E）的计算。降雨动能取决于雨滴的大小和降落速度，如果知道了雨滴的大小和速度，那么将每一个雨滴的数值加起来就可算出降雨动能。降雨动能通常是通过雨滴大小组成、雨滴粒径与雨强的关系，由动能与雨强的统计关系间接计算的。即根据各时段的雨强计算该时段的单位降水量动能，单位降水量动能乘以该时段的降水量，得到该时段的降雨动能。I_{30} 是从自动记录雨量计的记录纸中选取曲线最陡的一段计算出来的。

但由于该方法 E 值计算较复杂，因此在我国南方一些学者提出了用月雨量（P）值来计

算降雨侵蚀力的方法。卜兆宏等对南方花岗岩丘陵区 R 值研究得出表达式为

$$R = 0.128P_f I_{30B} - 0.1921 I_{30B} \qquad (2-5)$$

黄炎和等对闽南地区 R 值进行研究，得出 R 值表达式为

$$R = \sum_{i=1}^{12} 0.199 P_i^{1.5682} \qquad (2-6)$$

三、降雨强度

单位时间内的降水量称为降雨强度，简称雨强，常用 mm/h 表示。我国气象部门一般将降雨分为小雨、中雨、大雨、暴雨、大暴雨、特大暴雨共 6 个不同的降雨强度标准（表 2-2）。

表 2-2 我国气象部门采用的降雨强度分级标准

降雨强度	12h 内雨强（mm）	24h 内雨强（mm）
小雨	<5	<10
中雨	5～14.9	10～24.9
大雨	15～29.9	25～49.9
暴雨	30～69.9	50～99.9
大暴雨	70～139.9	100～249.9
特大暴雨	>140	>250

降雨强度可以用单位时间内的降雨深度（mm/min）表示，也可以用单位时间内单位面积上的降雨体积 [L/(s·hm^2)] 表示，是描述暴雨的重要指标，强度越大表示降雨越大。降雨强度是降雨因子中对土壤侵蚀影响最大的因子，一般降雨强度大，土壤侵蚀量大，暴雨以上的降雨能造成严重的水力侵蚀。研究表明：降雨强度越大，雨滴动能越大。因此，降雨强度、降雨能量和降雨侵蚀力是紧密相连的。周伏建等通过实际观测实验，提出南方福建地区天然降雨雨滴动能与降雨强度的相关方程为：$E = 34.32 \times I^{0.27}$，其中 E 为降雨雨滴动能 [J/(m^2·mm)]，I 为降雨强度（mm/min）。

降雨强度影响降雨动能进而影响土壤侵蚀量，国内外许多土壤侵蚀研究者也得到降雨强度与土壤侵蚀量呈正相关的结论。但当降雨强度低于某一个特定值时，无论降雨历时多长、降雨总量多大，都不可能导致土壤侵蚀的发生。因此，把能引起土壤侵蚀发生的雨强大小定义为临界雨强。大量的试验研究表明，临界雨强与土壤的透水性和抗蚀性有关，临界雨强的范围大都为 10～30mm/h。

四、降水量

从天空降落到地面上的雨水，未经蒸发、渗透、流失而在水面上积聚的水层深度，称为降水量（mm）。目前大部分的研究机构测定降水量都使用翻斗式电子自动记录雨量计，配合远程传输设备可以实现降水量数据的实时获取。

降水量是降雨因子中对土壤侵蚀影响的重要因子之一。一般来说，随着降雨总量的增大，土壤侵蚀应该也越大。但大量研究结果表明，降水量对土壤流失量的影响程度南方明显高于北方。在西北干旱地区，降水量与土壤流失量之间很难找到明显的相关关系。因为降水

强度、雨滴大小及降雨类型等在很大程度上决定了一场降雨的土壤侵蚀量。一般来说，低于 10~30mm/h 的降雨不至于导致土壤侵蚀的发生。如果某个区域的降雨多以低强度（<10mm/h）的形式出现，即使年降水量很大也不容易导致土壤侵蚀；然而在降雨强度很高的地区，即便年降水量较少，土壤侵蚀现象仍然十分严重。虽然低强度和长历时的降雨一般不会产生地表径流冲刷而导致土壤侵蚀，但这种降雨类型对受水分影响较大的侵蚀类型（如滑坡、崩塌、崩岗等）具有较大的影响。

第二节 地形因素

地形是影响土壤侵蚀的重要因素之一。地面坡度的大小、坡长、坡形、分水岭与谷底及河面的相对高差以及沟壑密度等对土壤侵蚀有很大影响。

一、坡度

坡度是地面形态的主要要素，它是影响降雨径流和土壤可蚀性的重要因素。许多学者的研究结果表明，随坡度增加，径流量加大，侵蚀力增强，土壤侵蚀量增加。实际上，土壤侵蚀量并不是随着坡度增大而无限增加，达到某一坡度之后，侵蚀量不再增加，并有减少的趋势，这一坡度称为临界坡度。近年来，许多学者对坡度土壤侵蚀的临界坡度问题进行了探讨。其主要结论可从以下几个方面进行分析：

1. 坡度对承雨面积和土体稳定性的影响 若把水平面积承受的雨量平均分配到斜坡上，则单位面积上承受的雨量减少，单位面积径流量及冲刷量也相应减小，因此坡度与冲刷量呈负相关。这正是大多数学者认为，坡度达到一定值时，坡度越大，侵蚀量越小的原因所在。另外，坡度越大，坡面土体受到斜坡重力切向分力越大，则坡面上土体不稳定性越大，就更易被径流冲走。

2. 坡度对入渗及产流的影响 有许多试验者认为，坡度对土壤侵蚀的影响是通过影响土壤入渗和产流而实现的。坡度越大，降雨过程中土壤入渗量越小，产生径流越大，因而产生的侵蚀量就越大。陈浩的研究表明，在其他条件相同时，累计入渗量与地表坡度呈反比关系，当坡度小于18°时，入渗量随坡度变化较大，当坡度大于18°后入渗随坡度的变化将不再明显。

3. 坡度对土壤可蚀性的影响 坡度增加使入渗量减少，造成土壤含水量低，另外随坡度增加，土壤黏粒含量减少，因而土壤抗蚀力变差，可蚀性增强。

4. 坡度对流速和冲刷量的影响 坡度越大，坡面径流的重力顺下坡分力就越大。靳长兴的试验表明，若不考虑流动摩擦阻力，则径流在坡面以加速度的方式流动，其动能与流量的1次方和流速的2次方成正比。坡度增大，流速增加，径流的牵引剪切力也增大，导致径流的携带和输移能力更大，土壤侵蚀力随之加强。理论与实践都表明，坡面侵蚀临界坡度是存在的，但不是一个定值，而是一个范围值。不同的侵蚀类型、不同的地区及边界条件，其坡面侵蚀临界坡度是不同的。坡面土壤侵蚀的临界坡度主要取决于坡面流的流量、水深及搬运颗粒的粒径。一般而言，以溅蚀为主时临界坡度小于22°；以面蚀为主时临界坡度为22°~26°；以沟蚀为主时，临界坡度会超过30°；对重力侵蚀而言（滑坡、泻溜），临界坡度大于40°。

二、坡长

坡长与土壤侵蚀的关系比较复杂,在不同土壤、不同地面坡度和不同降水量的情况下,所得试验结果有很大的不同。当其他条件相同时,水力侵蚀强度依坡面的长度来决定。坡面越长,径流速度就越大,汇聚的流量也越大,因而其侵蚀力就越强。结合降雨条件,坡长对土壤侵蚀的影响较为复杂,主要有以下三种情况:

①在特大及较大暴雨情况下,降水量15mm以上,降雨强度超过0.5mm/min时,坡长与径流量、冲刷量呈正相关。

②在降雨的平均强度较小或降雨平均强度较大而持续时间很短的情况下,坡长与径流量呈反相关,与冲刷量呈正相关。

③在一次降水量很小,只有3~5mm,强度很小,历时短的情况下,坡长与径流量、冲刷量均呈负相关。

应当指出,地形因素是由不同坡度、坡长及具有不同物理化学性质的土壤组合而成,因此,情况非常复杂。作为自变量—坡长的变化与因变量侵蚀量之间因不同的试验地点而有不同的变化,如果不考虑雨强及入渗情况,它们之间一般呈现无规律的相关关系,有时可以出现较好的相关性,有时也可能出现较差的相关性。特别是当雨量不大时,坡度较缓,同时土壤又具有较大的渗透能力时,径流量反而会因坡长加长而减少,形成所谓"径流退化现象"。

三、坡形

自然界的坡面依据其形态,可分为直线形坡、凸形坡、凹形坡和阶段形坡四种类型,其他形态实际上是上述坡形的不同方式的自然组合。坡形对水力侵蚀的影响,实际上是坡度、坡长两个因素综合作用的结果。一般直线形坡上下坡度一致,下部集中径流最多,流速最大,土壤侵蚀较上部严重。斜坡上土壤侵蚀以细沟、浅沟和切沟为主要形式。凸形坡上部缓,下部陡而长,由于坡度和坡长同时增加,径流量和流速迅速增加,土壤冲刷较直线形坡下部更为强烈。凸形坡的下部侵蚀以浅沟、切沟等为主要形式。凹形坡上部陡,下部缓,中部土壤侵蚀强烈,下部侵蚀减少,常有堆积发生。阶段形坡的复式坡形对水流起到一种缓冲作用,增加下渗,减少径流量,因而在台阶部分土壤侵蚀轻微,但在台阶边缘上,易发生沟蚀。

第三节 地质因素

地质因素对土壤侵蚀影响主要反映在岩性和新构造运动方面。

一、岩性

岩性就是岩石的基本特性,对风化过程、风化产物、土壤类型及其抗蚀能力都有重要影响,对于沟蚀的发生和发展以及滑坡、泻溜、崩塌、泥石流等侵蚀活动也有密切关系。所以一个区域的侵蚀状况常受岩性的制约。

1. 岩石的风化性 容易风化的岩石更易受到强烈侵蚀。如南方花岗片麻岩和花岗岩等结晶岩类,主要矿物是石英和长石,其结晶颗粒粗大,节理发育,在温度变化影响下,由于它们的膨胀系数各不相同,易于发生相对错动和碎裂,促进风化作用。因此这类岩石风化强烈,风化层较深厚。我国南方花岗岩风化壳一般厚10~20m,有的可达40m以上。这种风化壳主要含石英砂,黏粒较少,结构松散,抗蚀能力较弱,沟蚀和崩岗普遍发育,引起水库和河道的严重淤塞。紫色页岩、泥岩等岩石大都分布于丘陵地区,常被垦殖,风化较快也易受侵蚀。

2. 岩石的透水性 岩石的透水性是指土或岩石允许水透过本身的能力。透水性的强弱取决于土或岩石中孔隙和裂隙的大小,透水性的强弱以渗透系数来表示。岩石的透水性对于降水的渗透、地表径流和地下潜水的形成及其作用有显著影响。地面为疏松多孔、透水性强的物质时,往往很难形成较大的地表径流。在深厚的流沙或砾石层上,基本上不会有径流发生。若浅薄土层以下为透水性差的岩层时,尽管土壤透水很快,但因上层迅速被水饱和,也会发生较大的径流和侵蚀,甚至使土层整片滑落。若透水快的土层较厚,在难透水的土层上会形成暂时潜水,使上部土层和下部岩层间的摩擦阻力减少,这样常会导致滑坡的发生。

二、新构造运动

自新第三纪末期开始,地壳运动进入新构造运动阶段。新构造期的地壳运动和断裂活动,以垂直活动及其伴随的断块差异活动为主要构造形式,并以上升为总趋势。在新第三纪末期后,断裂-断块活动十分活跃,断块抬升,河流下切,山区地貌反差强烈。广大山区中第三系和第四系地层较不发育,第四系地层主要分布在山间盆地和盆谷中,沿海地带则堆积在断陷盆地或海湾内,一般厚度仅20~30m,最厚可达70多m。新构造运动是引起侵蚀基准变化的根本原因。土壤侵蚀地区如地面上升运动比较显著,就会引起这个地区冲刷的复活,促使冲沟和斜坡上一些古老侵蚀沟再度活跃,因而加剧坡面侵蚀。

第四节 土壤因素

土壤是侵蚀作用的主要对象,因而土壤本身的透水性、抗蚀性和抗冲性等特性对土壤侵蚀也会产生很大的影响。据研究,土壤的透水性与质地、结构、孔隙有关,一般质地砂、结构疏松的土壤易产生侵蚀。若土壤颗粒间的胶结力很强,结构体相互不易分散,则土壤抗蚀性也较强。土壤膨胀系数越大,崩解越快,抗冲性就越弱,如有根系缠绕,将土壤团结,可使抗冲性增强。

一、土壤透水性

地表径流是水力侵蚀的主要外营力。其他条件相同时,径流对土壤的破坏能力,除流速外主要取决于径流量。而径流量的大小则与土壤的透水性关系密切,所以土壤对水分的渗透能力是影响土壤侵蚀的重要因子之一。所谓土壤的透水性是指土壤在重力作用下接纳和透过水分的能力,它主要决定于土壤质地、结构性、孔隙度和剖面构造等。

1. 土壤质地 土壤质地是根据土壤的颗粒组成划分的土壤类型。土壤质地一般分为沙土、壤土和黏土三类,其类别和特点主要是继承了成土母质的类型和特点,又受到耕作、施肥、排灌、平整土地等人为因素的影响。其中,沙土沙粒较粗,土壤孔隙大,易漏水,因此其透水性较好,不易发生地表径流。相反壤土和黏土土壤透水性较沙土差。

2. 土壤结构 土壤结构直接影响土壤的松紧程度和孔隙状况。土壤结构越好，总孔隙率越大，其透水性与持水量也越大，土壤侵蚀的程度越轻。一般来说，容重大的土壤总孔隙度和毛管孔隙小，透水性差；容重小的土壤，根孔、动物孔穴等相对较多，非毛管孔隙多，透水性好。土壤透水性差异可以导致地表径流量不同，所造成的土壤侵蚀也不同。研究表明，南方红壤大团聚体含量与土壤侵蚀量和径流强度显著相关，团聚体稳定性的提高对增强红壤的抗蚀性具有重要作用。

3. 土壤孔隙度 土壤持水量的大小对于地表径流的形成和大小有较大的影响，如持水量不高，渗透强度又低的土壤，在遇到大暴雨时易发生较大地表径流和土壤流失。土壤持水量主要取决于土壤孔隙度，同时又受到孔隙大小影响。当孔隙较小时，土壤的持水量即使很大，但由于透水性能不好，吸收雨水能力也较弱。如果土壤孔隙度增加，孔隙直径加大，土壤吸收雨水的能力也大大加强。

4. 土壤剖面构型 土壤剖面构型指土壤剖面从上到下不同土层的排列方式。一般情况下，这些土层在颜色、结构、紧实度和其他形态特征上是不同的。各个土层的特征是与该层的组成和性质一致的，是土壤内在性状的外部表现，是在土壤长期发育过程中形成的。若土壤剖面（不论发生剖面还是沉积剖面）上下各层的透水性不一致时，土壤透水性由透水性最小的一层所决定。如透水性较小的一层距地面越近，这种作用越大，因而越容易引起比较强烈的土壤侵蚀。

5. 土壤湿度 土壤湿度的增加一方面减少了土壤吸水量，另一方面土壤颗粒在较长时间的湿润情况下吸水膨胀，会使孔隙减缩，特别是胶体含量大的土壤尤其显著，这就是土壤湿度影响地表径流的基本原因。一般情况下，土壤水分含量非常大时，透水性能明显下降，发生严重的土壤侵蚀。所以暴雨降落到极其潮湿的土壤上的径流系数，要比降落在比较干燥土壤上的大得多，但土壤流失量不一定完全和径流一样。有研究表明：土壤越干燥越容易崩解，由于暴雨打击在干土上，土壤迅速分散堵塞下层孔隙，形成泥泞土表的结果。一般情况下，当土壤水分含量非常大时，透水性能就显著下降，并发生较严重的土壤侵蚀。

总之，质地疏松、结构良好的土壤，透水性强，不易产生地表径流或产生的地表径流量较小；而构造坚实的土壤，透水性能低，易产生较大地表径流及较大的冲刷量。因而水土保持工作中必须采取改良土壤的措施，以提高土壤的透水性及持水量。

二、土壤抗蚀性

土壤抗蚀性是指土壤抵抗外营力对其分散和破坏的能力。土壤结构、质地、腐殖质含量、吸收性复合体的组成等是决定土壤抗蚀能力的主要因素。土壤抗蚀性大小主要取决于土粒与水的亲和力。亲和力越大，土壤越易分散悬浮，团粒结构易遭破坏而解体，同时引起土壤透水性变小和土壤表层形成泥浆层，土壤因悬浮作用而发生侵蚀。

土壤中团聚体的形成，既要求有一定数量的胶结物质，又要求这种物质一经胶结以后在水中就不再分散或分散性很小，抗蚀性较大。土壤越黏重，胶结物质越多，抗蚀性越强。如含腐殖质多的土壤抗蚀性强。腐殖质是能够胶结土粒形成较好团聚体和土壤结构的物质。由于腐殖质中吸收性复合体为不同阳离子所饱和，使土壤具有不同的分散性。很多研究表明，土壤吸收性复合体若被钠离子饱和，就易于被水分散；若为钙离子所饱和，则土壤抵抗被水分散的能力就显著提高，因为钙能促使形成较大和较稳定的土壤团聚体。

土壤抗蚀性的指标有分散率、侵蚀率和分散系数等。
1. 土壤的分散率及侵蚀率

$$分散率=\frac{微团聚体分析结果中<0.05mm 颗粒含量}{机械分析结果中<0.05mm 颗粒含量}\times100\% \qquad (2-7)$$

$$侵蚀率=\frac{分散率（\%）}{\frac{<0.005mm 胶体含量（\%）}{持水量（\%）}} \qquad (2-8)$$

研究结果表明，土壤越黏重，分散率及侵蚀率越小。就不同利用情况的黄土性土壤的分散率和侵蚀率看，一般灌木地最小，草地及林地居中，农地最大。土壤表层和下层相比，表层小于下层。

2. 土壤分散系数 土壤分散系数一般随有机质和黏粒含量的增高而降低，有机质和黏粒含量较高的土壤分散系数较低，其抗蚀能力也较强。

$$分散系数=\frac{微团聚体分析结果中<0.001mm 颗粒含量（\%）}{机械分析结果中>0.001mm 黏粒含量（\%）}\times100 \qquad (2-9)$$

一般来说砖红壤具有较低的分散系数，而红壤和红褐色土的分散系数，表层较低，下层较高，这与剖面表层有机质较多，下层较少的变化是一致的。但是各种砖红壤化土的分散系数底层反而较表层为低，这可能与表层的矿物胶体遭到彻底分解、它的腐殖质的质量以及底层富含的铁铝氧化物的胶结作用有关。此外这些土层的质地均很黏重，胶体-持水当量比又随胶体（粒径<0.005mm）含量的增加而增大，也说明其抗蚀力较强。由此可见，这些土层在遭受侵蚀时，一般不是由于土粒被分散悬移，而是地表径流将不同大小土块和结构体推移、冲刷的结果。

南方和西南地区的土壤侵蚀多发生在山地丘陵，土壤多发育于基岩，土层较薄，土壤剖面厚度仅 1m 左右，由于长期的土壤侵蚀，土壤剖面多已流失，露出地表的为母质层及基岩风化物。分布面积最广，对土壤侵蚀影响较大的有花岗岩风化物、紫色页岩风化物、第四纪红色黏土和石灰岩及其风化物等。此类风化物特性与黄土不同，但也极易遭受侵蚀。有研究表明，赣北第四纪红色黏土发育的荒坡地土壤抗蚀能力低，这与其缺少地表植被覆盖、表层土壤中有机、无机复合体减少，使土壤颗粒间团聚性能和抗分散性能下降有关。

三、土壤抗冲性

土壤抗冲性指土壤抵抗径流机械破坏作用的能力，主要取决于土粒间、微结构间的胶结力和土壤结构体间抵抗径流冲刷离散的能力，土壤理化性质及外在生物因素对其能力大小和变化预测具有重要影响。张俊民等在解释广西百色和广东电白等地的红壤分散系数很小（即抗蚀性强），而侵蚀却很严重的原因时也认为："这些土壤遭受侵蚀，一般不是采取悬移的方式，而是采取推移的方式，形成沟状侵蚀。"

土壤抗冲性可用土块在静水中的崩解速度来判断，崩解速度越快，抗冲能力越差。因为当土体吸水和水分进入土壤孔隙后，倘若很快崩散破碎成细小的土块，那么就容易为地表径流推动下移，产生流失现象。南方花岗岩红壤区的一些研究表明，土壤膨胀系数越大，崩解越快，抗冲性越弱。如有根系缠绕将土壤固结，可使抗冲性增强。有学者在研究赣南地区不同植被覆盖下红壤抗冲性动态时发现，在抗冲过程初期，抗冲系数缓慢增大。这主要是因为比较松散的表层土更容易被冲刷，当松散的表层土冲刷完后其抗冲性表现为逐渐增强的趋势。从总体趋势分析,在整个冲刷过程中抗冲系数随时间呈逐渐增强的趋势。

第五节 植被因素

植被对地面起着保护伞作用。而自20世纪以来的工业化的迅猛发展,人类活动对原始森林的大量破坏,许多的原始树木遭到人为的砍伐,使土壤的天然屏障受到破坏,从而加速了土壤的流失。因而,植被破坏成为加速土壤侵蚀的先导因子。据中国科学院华南植物研究所的试验结果,裸露的土壤年流失量为26 902kg/hm^2,桉林地为6 210kg/hm^2,而阔叶混交林地仅3kg/hm^2。因此,保护植被,增加地表植物的覆盖,对防治土壤侵蚀有着极其重要的意义。一般来说,林地森林覆盖率不低于60%才能有效地防止水土流失,植被一旦遭到破坏,土壤侵蚀就会明显加剧。在我国南方地区,植被在水土保持上的功效主要表现在以下几个方面:

一、拦截降雨

雨滴从天上降下后,具有较大的冲击力。如果雨滴直接击打在土壤表面,这种冲击力就会使土壤移动,久而久之,表层土壤就会不断移动,直至流失的土壤进入河道。而土壤表层有植物存在,效果就会不一样。植物地上部分包括其茎叶枝干能够很好地拦截降雨。植被覆盖度大,具有较大冲击力的雨水大部分会打在植被上,从而降低雨水的终点速度,因而能有效地削弱雨滴对土壤的破坏作用。植被的根部在土壤中能很好地固定,使得地上部分具有较强抗蚀性。雨水通过树冠和树干缓缓流落到地面,利于水分下渗,因而减少了地表径流和对土壤的冲刷。植被拦截降雨的大小与植被覆盖度、叶面特征和降雨情况有关。就不同树种而论,以灌木截留率最大,因它覆盖度大,同时比较低矮,降雨过程中受风的吹动较小,而雨水能较好地附着于叶面。研究表明,当植被覆盖度达到75%以上时,不论地形、土壤状况如何,一般不会发生土壤侵蚀。已有的研究结果表明:乔木树冠截留降水的作用最强,一般占降水量的10%~40%;灌丛植被(只有灌木层)一次可截留0.67~1.61mm的降水;草地植被(只有草本层)一次可截留0.55~21.25mm的降水;农田植被(只有农作物草本层)一次可截留0.57~0.8mm的降水。据金平伟等在南方红壤丘陵区的研究,植被有降低雨滴动能、减小雨滴对土壤击溅侵蚀的作用,同时植被还有减缓径流的作用,减小径流能量,从而降低水土流失。在降雨强度小于0.1mm/min时,林下降雨动能大于林外降雨动能,即林冠层增大了降雨动能;当降雨强度大于0.1mm/min时,林下降雨动能较林外降雨动能有下降的趋势。

二、调节地表径流

在裸露的土壤表面,由于降雨的连续性以及较高的冲击力和较大的速度,大部分雨水都顺着土壤表层流下,造成地表径流量大,很容易造成水土流失。而在有植被存在的情况下则不一样。在有一定覆盖度的土地上,雨水击打在植被上部,顺着茎干和树冠缓缓流下,不但降低了雨水的冲击力也降低了雨水的速度,有利于雨水的下渗,从而减少了地表径流对土壤的冲刷。而在森林、草地中往往有厚厚的一层枯枝落叶,这样可接纳通过树冠、树干或草类茎叶而来的雨水,使之慢慢地渗入林地、草地变为地下水,不致产生地表径流。另外,枯枝落叶层和草丛有保护土壤、增加地面糙率、吸收降水、分散径流、减缓流速、阻滞径流的作用。枯枝落叶的吸收和传递对降雨起到了分散过滤的作用。根据黄茹等对三峡库区坡地林草防止侵蚀的研究，林草调控措施与径流作用的降低呈正相关。林草措施的径流深均值与裸地对照均值相比，能减少14.16%～71.18%的地表径流。

三、固结土体

植物根系对土体有良好的穿插、缠绕、网络、固持作用。庞大的根系能使周围的土体固定起来，减少冲刷。在自然形成的森林或人工营造的混交林中，各种植物根系分布深度不同。主根常常可以穿透表土下面的夹层或黏质土层，使疏松表层中的下渗水分向更深层入渗，促成表土、心土、母质和基岩连成一体，增强土体的固持能力，减少了土壤冲刷。通常须根型树木的固土作用比直根型树木要好。有研究者对植被须根护坡力学效应进行了三轴试验，结果表明植被须根可以提高土体抗剪强度，大幅度地提高土壤的黏聚力。当须根含量为5%时，所有根产生的锚固力和土壤的基质吸力相当。

四、改良土壤性状

植被改良土壤性状的作用主要表现在两方面：一方面，植被凋谢后形成的枯枝落叶进入土壤中腐烂后可给土壤表层增加大量腐殖质，有利于形成团粒结构。同时植物根系能使土壤增加根孔，因而提高土壤的透水性和持水量，增强土壤结构稳定性和提高土壤的抗蚀、抗冲性能，从而减少地表径流和土壤冲刷的作用。另一方面，在含有植被的土壤中，土壤微生物会大量增加。而微生物的存在对于土壤的结构以及土壤肥效具有较大的促进作用。同时微生物改善土壤结构和理化性质，使土壤肥力增加。

第六节　人类活动因素

土壤侵蚀的发生和发展主要是多种自然因素和人类活动相互影响的结果。自然因素是土壤侵蚀发生、发展的潜在条件，人类活动才是土壤侵蚀发生、发展以及得到防治的主导因素。同时，人类活动又可以通过改变某些自然因素来影响土壤侵蚀。所以人类不合理活动是加速土壤侵蚀的主要因素。人类只有充分认识并采取措施，才能从根本上防治土壤侵蚀。

一、人类加剧土壤侵蚀的活动

人类加剧土壤侵蚀的不合理活动主要表现在以下几个方面：

1. 破坏植被　由于近代工农业和城市化的发展，人类对木材的大量需求，使得大量的森林遭到破坏，大片的原始森林被砍伐，植被被破坏后，地表毫无蓄水能力，并使地面裸露，直接遭受雨滴的击溅、流水冲刷和风力的侵蚀，从而加速了土壤侵蚀的发生和发展。

2. 陡坡开垦　我国是一个历史悠久的农业大国，为了维持人口增长所带来的粮食生产压力，人们不断扩大耕作面积，有些地区不顾自然条件大肆将陡坡开荒种粮，其结果是造成生态环境恶化，土壤侵蚀加剧。根据定位观测的结果，南方红壤区坡度为5°的耕地，年水土流失为714t/km²，坡度为15°的耕地年流失量为9 260t/km²，坡度为20°的耕地年流失量为15 137t/km²，坡度为25°的耕地年流失量为21 334t/km²。可见随着坡耕地坡度的增加，水土流失量将成几何级数增加。陡坡开荒不仅破坏了地面植被，而且翻松了土壤，造成了产生严重土壤侵蚀的条件。

3. 不合理的耕作方式 由于人口的大量增加，大量的森林和草地被火烧掉，用做耕地。缺乏合理的轮作和施肥就会破坏土壤的团粒结构、降低土壤的抗蚀性能。在坡地上广种薄收、撂荒轮垦、掠夺式经营，会使土壤性状恶化，作物覆盖率下降，这些均能加剧土壤侵蚀。

4. 城市水土流失与工程建设 工程建设和城市的发展伴随着人类对自然界作用的加强，同时也对自然环境造成了巨大的影响。城市扩张和发展过程中引发的水土资源污染和破坏已成为一种普遍现象，硬化地表使土壤丧失可持续性，城市化带来的沉积物降低了城市周边河道的行洪、控洪能力，中断鱼类繁衍、减低物种多样性并减少水生生态系统的生物量。工程建设方面，全国每年开矿、修路等新增水土流失面积达 1 万 km^2。同时人们在建厂、伐木、挖渠、建库中都有大量弃土、尾沙、矿渣，处理不当，开采过程中缺乏合理的规划和水土保持工程、植被措施，也容易加剧土壤侵蚀。

二、人类控制土壤侵蚀的积极作用

1. 改变地形条件 改变局部地形，可以达到控制土壤侵蚀和促进林木生长的目的。人们通过多种工程技术措施可以对局部地形条件加以改变，其中坡度在地形条件中对侵蚀量的影响最大。南方红壤区大部分是坡地，所以可以人为地采取工程技术措施，如水平梯田、挖水平阶、开水平沟、培地埂以及采用水土保持耕作法，减缓坡度，截短坡长，改变小地形，防止或减轻土壤侵蚀。

2. 改良土壤性状 抵抗侵蚀能力较强的土壤一般要求本身具有良好的透水性、较强的抗蚀和抗冲性，这与土壤质地、结构等特性有关。这些条件是可以通过人为改良土壤达到的。如采取在沙性土壤中适当掺黏土，在黏重土壤中适当掺沙土，多施有机肥，深耕深锄等措施，就可改良土壤性状。

3. 改善植被状况 由于植被具有拦截降雨、调节地面径流、固结土体、改良土壤和减低风速，起控制土壤侵蚀的作用。所以可以通过造林种草、封山育林以及农作物的合理密植、草田轮作、间作套种等人为措施对其予以改善。所以改善植被状况是人们防治土壤侵蚀最重要的一个措施。

综上所述，人类活动可以通过对自然条件的控制来改变影响土壤侵蚀的因素，如地形条件、土壤性状和植被状况等。因此，人们应当因地制宜，合理配置治理措施，以达到防治土壤侵蚀、发展生产和保护生态环境的目的。

复 习 思 考 题

1. 降雨的雨滴特征主要有哪些？
2. 土壤的透水性如何影响土壤侵蚀？
3. 植被防侵蚀的机理主要表现在哪些方面？
4. 举例说明现代人类活动对土壤侵蚀的影响。

主要参考文献

方少文,郑海金,杨洁,等,2011. 梯田对赣北第四纪红壤坡地土壤抗蚀性的影响 [J]. 中国水土保持 (12): 13-15.

高珍萍,徐祥明,邱秀亮,等,2015. 赣南地区不同植被覆盖下红壤抗冲性动态研究 [J]. 水土保持研究, 22 (5): 1-4.

黄凤琴,第宝锋,黄成敏,等,2013. 基于日降雨量的年均降雨侵蚀力估算模型及其应用: 以四川省凉山州为例 [J]. 山地学报, 31 (1): 55-64.

黄茹,黄林,何丙辉,等,2012. 三峡库区坡地林草植被阻止降雨径流侵蚀 [J]. 农业工程学报, 28 (9): 70-76.

金平伟,向家平,李万能,等,2014. 植被对南方红壤丘陵区土壤侵蚀的影响研究 [J]. 亚热带水土保持, 26 (1): 1-4.

李志坚,蔡志清,何建华,2002. 搞好城市水土保持试点,推进山西生态城市建设 [J]. 中国水土保持 (9): 30-31.

祁生林,杨进怀,张洪江,等,2006. 关于我国城市水土保持的刍议 [J]. 水土保持研究, 13 (3): 115-118.

王礼先,1995. 水土保持学 [M]. 北京: 中国林业出版社.

闫峰陵,史志华,蔡崇法,等,2007. 红壤表土团聚体稳定性对坡面侵蚀的影响 [J]. 土壤学报, 44 (4): 577-583.

曾祥坤,王仰麟,李贵才,2010. 中国城市水土保持研究综述 [J]. 地理科学进展, 29 (5): 586-592.

张锋,凌贤长,吴李泉,等,2010. 植被须根护坡力学效应的三轴试验研究 [J]. 岩土力学与工程学报, 29 (2): 3979-3985.

钟继红,唐淑英,谭军,2002. 广东红壤类土壤结构特征及其影响因素 [J]. 土壤与环境, 11 (1): 61-65.

第三章 水土保持工程措施

重点提示 本章主要阐述水土保持工程措施的类型，较为系统地分析各种水土保持工程措施的作用原理和设计，同时还对水土保持工程措施的应用进行详细阐述。

水土保持工程措施是指为达到保持水土，合理利用山区水土资源，防治水土流失危害而修筑的各种建筑物。它是小流域水土保持综合治理措施体系的重要组成部分，与水土保持其他措施同等重要，不能相互替补。根据兴修目的及其应用条件，把水土保持工程措施分为坡面治理工程、沟道治理工程以及坡面水系工程。

第一节 坡面治理工程

坡面治理工程是治理面状侵蚀，阻止沟谷侵蚀发生，治理坡面水土流失的一系列工程措施的总称。根据坡面工程所处的位置和作用，常把其分为坡面固定工程、梯田工程和山边沟工程。

一、坡面固定工程

坡面固定工程是指为了防止斜坡岩土体的运动，保证斜坡稳定而布设的工程措施，包括挡土墙、抗滑桩、削坡和反压填土、排水工程、护坡工程等。

（一）挡土墙

挡土墙，又称土墙，可防止崩塌、小规模滑坡及大规模滑坡前缘的再次活动。用于防止滑坡的又称抗滑挡墙。挡土墙有重力式、半重力式、倒T形或L形、扶壁式、支垛式、棚架扶壁式。重力式挡土墙可以防止滑坡和崩塌，适用于坡脚较坚固，允许承载力较大，抗滑稳定较好的情况。根据建筑材料和形式，重力式挡土墙又分为片石垛挡土墙、浆砌石挡土墙、混凝土或钢筋混凝土挡土墙和空心挡土墙（明洞）等。片石垛挡土墙可就地取材，施工简单，透水性好，适用于滑动面在坡脚以下不深的中小型滑坡，不适用于地震区的滑坡。若滑动面出露在斜坡上较高的位置，而坡脚基底比较坚固，这时可以采用空心挡土墙，即明洞。明洞顶及外侧可回填土石，允许小部分滑坡体从洞顶滑过。浅层中小型滑坡的重力式挡土墙宜修在滑坡前，若滑坡面有几个且滑坡体较薄，可分级支挡。其他几种类型的挡土墙多用于防止斜坡崩塌，一般用钢筋混凝土修建。倒T形因材料少，自重轻，还要利用坡体的重量，适用于4～6m的高度；扶壁式和支垛式因有支挡，适用于5m以上的高度；棚架扶壁式只适用于特殊情况。框架式也称垛式，是重力式的一个特例，由木材、混凝土构件、钢筋混凝土构件或中空管装配成框架，框架内填片石，它又分叠合式、单倾斜式和双倾斜式。框架式结构较柔韧，排水性好，滑坡地区采用较多。

（二）抗滑桩

抗滑桩是指穿过滑坡体将其固定在滑床上的桩柱。它凭借桩与周围岩土的共同作用把滑坡推力传入稳定地层，从而阻止滑坡的滑动。使用抗滑桩，土方量小，省工省料，施工方便且工期短，是广泛采用的一种抗滑措施。抗滑桩的材料有木头、钢筋、钢筋混凝土等。抗滑桩可以是单桩，也可以是抗滑桩群。抗滑桩群一般指横向 2 排以上、纵向 2 列以上的组合抗滑结构，它能承担更大的滑坡推力，可用于治理多级滑坡或大型滑坡。

（三）削坡和反压填土

削坡主要用于防止中小规模的土质滑坡和岩质斜坡崩塌。削坡可以减缓坡度，减少滑坡体体积，从而减少下滑力。滑坡可分为主滑部分和阻滑部分，主滑部分一般是滑坡体的后部，它产生下滑力；阻滑部分即坡前端的支撑部分，它产生抗滑阻力。所以削坡的对象是主滑部分，如果对阻滑部分进行削坡反而有利于滑坡，当高而陡的岩质斜坡受节理缝隙切割，比较破碎，有可能崩塌坠石时，应削缓坡顶部。

当斜坡高度较高时，削坡常分级留出平台。反压填土是在滑坡体前面的阻滑部分堆土加载，以增加抗滑力。填土可筑成抗滑土堤，土要分层夯实，外露坡面应干砌片石或种植草皮，堤内侧要修渗沟，土堤和老土间修隔渗层，填土时不能堵住原来的地下水出口，要先做好地下水的引排工程。

（四）排水工程

排水工程可减小地表水和地下水对坡体稳定的不利影响，一方面能提高现有条件下坡体的稳定性，另一方面允许坡度增加而不降低坡体稳定性。根据其作用对象，可分为排除地表水工程和排除地下水工程。

（五）护坡工程

护坡工程是为了防止边坡崩塌而对坡面进行加固的工程措施。常见的护坡工程有砌石护坡、格状框条护坡、喷浆和混凝土护坡、锚固法护坡、植物护坡等。近年来，出现了新型的护坡方式：废旧轮胎护坡和编栅护坡等。

1. 砌石护坡 为防止崩塌，可在坡面修筑护坡工程进行加固，砌石工程比削坡节省投工，速度快。常见的砌石护坡工程有：干砌片石和混凝土砌块护坡、浆砌片石和混凝土护坡。

干砌片石和混凝土砌块护坡用于坡面有涌水，边坡小于 1∶1，高度小于 3m 的情况，涌水较大时应设反滤层，涌水很大时采用盲沟。

防止没有涌水的软质岩石和密实斜坡的岩石风化，可用浆砌片石和混凝土护坡。边坡小于 1∶1，用混凝土，边坡为 1∶0.5～1∶1，用钢筋混凝土。浆砌片石护坡可以防止岩石风化和水流冲刷，适用于较缓的坡。

2. 格状框条护坡 格状框条护坡是用预制构件在现场直接浇制混凝土和钢筋混凝土，修成格式建筑物，格内可进行植被防护。有涌水的地方干砌片石。为防止滑动，应固定框格交叉点或深埋横向框条。

3. 喷浆和混凝土护坡 在基岩裂隙小，没有大崩塌发生的地方，为防止基岩风化剥落，可进行喷浆或喷混凝土护坡。若能就地取材，用可塑胶泥喷涂较为经济，可塑胶泥也可做喷浆的垫层，但不要在有涌水和冻胀严重的坡面喷浆或喷混凝土。

4. 锚固法护坡 在有裂隙的坚硬的岩质斜坡上，为了增大抗滑力或固定危岩，可用锚固法，所用材料为锚栓或预应力钢筋。在危岩土钻孔直达基岩一定深度，将锚栓插入，打入楔子并浇水泥砂浆固定其末端，地面用螺母固定。采用预应力钢筋，将钢筋末端固定后要施加预应力，为了不把滑面以下的稳定岩体拉裂，事先要进行抗拔试验，使锚固末端达滑面以下一定深度，并且相邻锚固孔的深度不同。根据坡体稳定计算求得所需克服的剩余下滑力来确定预应力大小和锚孔数量。

5. 植物护坡 植物护坡是指在坡面种植植物，通过植物覆盖减轻径流对坡面的冲刷，同时植物根系可以提高土体抗剪强度，增加斜坡的稳定性。应注意的是，植物护坡只能防止浅层滑坡。

6. 废弃轮胎护坡 废弃轮胎护坡将废弃轮胎埋入土中，并在其中种植绿化美化植物。该措施适用于稳定且岩土裸露的边坡绿化和美化（图3-1）。

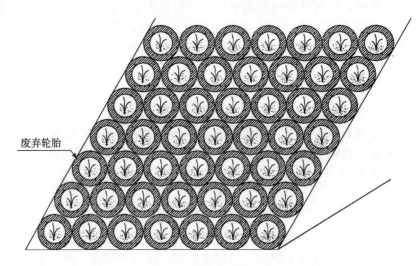

图3-1 废弃轮胎护坡

7. 编栅护坡 编栅护坡，用于表土比较松，坡度较大的裸露坡面上。其具体做法是：在坡面上每隔一定距离（约0.7m）设置一个20cm高的栅栏，用于拦挡坡上的泥沙。栅栏分两层，里层为无纺布，外层为塑料网，栅栏用钢筋固定于坡面上。栅栏上方设一底宽为0.2m的排水沟，将径流排入排水总沟。在栅栏之间的斜坡面上种植植物，美化环境（图3-2）。

二、梯田工程

梯田是指在丘陵山区坡地上，沿等高线方向修筑的条状台阶形状田块。通常又将种植水稻的称作梯田，而将种植旱作和经济果木的称为梯地或梯土。据出土文物考证，我国早在史前就有劳动人民利用修梯田、筑平台开发山坡地的记载，说明梯田在我国已有十分悠久的历史。在丘陵山区的坡地上修建梯田，可以减缓坡度和截短坡长，改变坡地的地形条件，增加

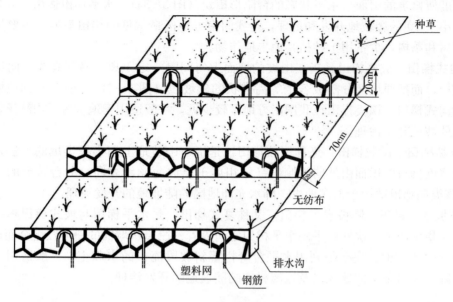

图 3-2 编栅护坡

水分的入渗,从而减少地表径流的形成,减少径流的流速和冲刷作用,防止水、土、肥的流失。因此,梯田工程是一项重要的水土保持技术措施。梯田的种类,一般按修建目的、种植利用情况(或用途)、断面形成和建筑材料的不同来划分。最常用的划分方式是按照梯田断面形式来划分,可分为水平梯田、坡式梯田、隔坡水平梯田和反坡梯田等四种(图 3-3),其中以水平梯田为主。

(一)梯田类型

1. 水平梯田 水平梯田是指在坡地上沿地形等高线方向,用半挖半填的方法,按设计

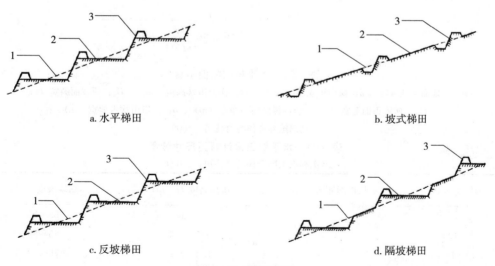

a. 水平梯田　　　　　　　　　　　　b. 坡式梯田

c. 反坡梯田　　　　　　　　　　　　d. 隔坡梯田

图 3-3 梯田类型
1. 原地面　2. 田面　3. 地埂
(张胜利等,2012)

的田面宽度所修筑的田面呈水平状态的台阶形田块（图 3-3a）。水平梯田适用于人多地少地区、坡度小于 20°的缓坡地开发和治理，是我国南方地区最常见的梯田类型，主要用于种植水稻、果树和茶树，少量用于种植其他旱地作物。

2. 坡式梯田 坡式梯田是指在山坡的坡面上每间隔一定距离，沿等高线方向堆土筑埂或挖沟筑埂，而把原坡面分割成若干等高带状的斜坡段（图 3-3b）。前者又称地埂，后者则称为埂沟式梯田，该类梯田在我国南方地区较少见，一般适用于地多劳动力缺乏、降水量少的地区的坡地开发治理。

3. 反坡梯田 反坡梯田，又称倒坡梯田，是指在山坡地上用半挖半填的方法，按照设计的田面宽度修筑的田面由外向内倾斜（即相反于原坡面倾斜方向）的台阶形的田块（图 3-3c）。该类型梯田适用于人多地少、降水充沛地区的陡坡地的开发治理。

4. 隔坡水平梯田 隔坡水平梯田，又称复式梯田，是水平梯田与坡式梯田相结合的一种类型，是指由两个一次性修平的水平梯田之间隔着一段原状坡面的斜坡段组合而成的一种梯田工程（图 3-3d）。主要是利用水平台阶拦蓄斜坡段流失的水和土，一般适用于地多劳动力少、降水少易干旱的地区以及远离村庄的陡坡地的开发治理。

（二）梯田设计

梯田的基本要素有田面、田坎、田埂和排水沟，梯田田边应有蓄水埂，梯田内侧应有排水沟，以保证梯田的安全。设计示意图见图 3-4，设计断面尺寸见表 3-1。

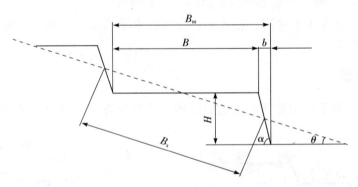

图 3-4 水平梯田断面示意

θ：原地面坡度（°） α：梯田田坎坡度（°） H：梯田田坎高度（m） B_x：原坡面斜宽（m）
B_m：梯田田面毛宽（m） B：梯田田面净宽（m） b：梯田田坎占地宽（m）
（水利部国际合作与科技司，2009）

表 3-1 水平梯田设计断面尺寸参考

（水利部国际合作与科技司，2009）

地面坡度 θ（°）	田面净宽 B（m）	田坎高度 H（m）	田坎坡度 α（°）
1～5	10～15	0.5～1.2	85～90
5～10	5～8	0.7～1.8	85～90
10～15	3～5	1.2～2.2	75～85
15～20	3～5	1.6～2.6	70～75
20～25	2～4	1.8～2.8	65～70

注：本表中的田面宽度与田坎坡度适用于土层较厚地区和土质田坎，石坎梯田则结合施工另做规定。

三、山边沟工程

山边沟，又称等高沟埂，原指按不同坡度确定适当的沟距（通常为 12～18m），沿着等高线方向设置于坡面上的用来缩短坡长，分段拦截坡面径流以削弱径流冲力，防止坡面发生侵蚀的一种梯形断面的排水沟，类似于埂沟式梯田或坡面泄水沟（图 3-5）。

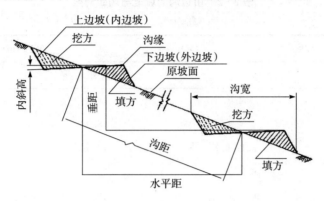

图 3-5　山边沟断面
（廖绵浚等，1960）

（一）类型

根据山边沟宽度及内斜高度的不同，山边沟可分为宽型山边沟和窄型山边沟两种。宽型山边沟的沟底宽度为 2m，内斜高度为 0.10m，两沟间的沟距≥15m，适用于坡度为 15°以下的缓坡地（图 3-6）。窄型山边沟的沟底宽度为 1.5m，内斜高度为 0.15m，两沟间的沟距＜15m，适用于坡度为 15°以上的陡坡地（图 3-7）。

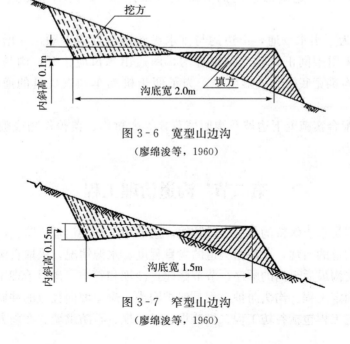

图 3-6　宽型山边沟
（廖绵浚等，1960）

图 3-7　窄型山边沟
（廖绵浚等，1960）

(二) 设计

1. 沟距 沟距是指沟与沟之间的地面距离,有水平距离和斜面距离。具体设计过程中,沟距与坡度关系见表3-2。

表3-2 山边沟的坡度与沟距对照

(廖绵浚等,1960)

坡度		沟距 (m)	
%	°	水平距离	斜面距离
7	4.0	19.0	19.0
8	4.6	18.0	18.0
9~10	5.1~5.7	16.5	16.6
11~15	6.3~8.5	15.0	15.1
16~20	9.1~11.3	13.3	13.5
21~25	11.9~14.0	12.6	12.9
26~30	14.5~16.7	12.1	12.5
31~40	17.1~21.8	11.7	12.4
41~55	22.3~28.8	11.0	12.0

2. 长度 山边沟排水方式应根据沟长来设计,一般沟长≤100m的山边沟可采用单向排水,而沟长≥100m的山边沟则应采用中间汇合排水或两端双向排水。

3. 降坡 山边沟是一种沟埂路合一的田间工程措施,为了保持沟中排水通畅,沟底必须保留一定的坡降,宽型山边沟的坡降通常采用1%,而窄型山边沟的坡降则通常取1.5%。

4. 出水口 为了出水畅通,山边沟与排水纵沟连接处应平顺,并增加出水口断面宽度与坡降。对于采用中间汇合排水的山边沟,两边出水口应错开,沟与沟的衔接处应以铺砖石或植草等构筑宽底抛物线形明渠,为了便于机动车和农机具的通行,也可改用小型涵管。

5. 其他 宜配合实施上下边坡及沟面植草、等高耕作、覆盖作物或敷盖,及安全排水系统。

第二节 沟道治理工程

沟道治理工程是水土保持的最后一道防线,主要用于沟蚀治理,防止沟头前进、沟岸扩张和沟底下切。沟道的治理,要根据沟道的发育程度、水源情况,采取自沟头到沟口,自上而下,先毛沟后支沟最后干沟的顺序,节节修建拦沙坝和谷坊。沟道治理工程主要包括沟头防护工程和沟床固定工程。沟头防护工程是保护沟头,避免坡面径流的冲刷而引起沟头前进的措施。沟床固定工程包括谷坊工程、拦沙坝、淤地坝、石防洪墙。在南方最常用的是谷坊工程和拦沙坝。

一、沟头防护工程

沟头侵蚀治理，应按流量的大小和地形条件采取不同的沟头防护工程。根据沟头防护工程的作用可将其分成蓄水式沟头防护工程和排水式沟头防护工程两类。

（一）蓄水式沟头防护工程

当沟上部来水较少时，可采取蓄水式沟头防护工程，即沿沟边修筑一道或数道水平半圆环形沟埂，拦蓄上游坡面径流，防止径流排入沟道。沟埂的长度、高度和蓄水容量按设计来水量而定。蓄水式沟头防护工程又分为沟埂式与池埂结合式两种类型。

1. 沟埂式沟头防护　沟埂式沟头防护是在沟头以上的山坡上修筑与沟边大致平行的若干道封沟埂，同时在距封沟埂上方 1.0～1.5m 处开挖与封沟埂大致平行的蓄水沟，拦截与蓄存从山坡汇集而来的地表径流（图 3-8）。沟埂式沟头防护，在沟头坡地地形较为完整时，可做成连续沟埂；若沟头坡地地形较破碎时，可做成断续式沟埂。在设计中，应注意的问题是封沟埂的位置的确定，封沟埂的高度、蓄水沟的深度、沟埂的长度及道数。

第一道封沟埂与沟顶的距离，一般等于 2～3 倍沟深，相距 5～10m，以免引起沟壁崩塌。各沟埂间距可用下式计算

$$L = \frac{H}{I} \tag{3-1}$$

式中：L 为封沟埂的间距（m）；H 为埂高（m）；I 为最大地面坡度（%）。

沟埂长度、埂高和沟深等尺寸，视沟头地形坡度、所能获得的蓄水容积、设计来水量、土质等条件决定。

计算步骤如下：先初步拟定沟埂的尺寸及长度，计算出沟埂的蓄水容积 y 接近设计来水量 LV（可按 10～20 年一遇的暴雨来计算），则设计的沟埂断面满足要求；若 LV 比 y 小得多，可缩小沟埂的尺寸及长度；若 $LV > y$，则需增设第二道沟埂。

在上方封沟埂蓄满水之后，水将溢出。为确保封沟埂的安全，可在埂顶每隔 10～15m 的距离挖一个深 20～30cm、宽 1～2m 的溢流口，并以草皮铺盖或石块铺砌，使多余的水通过溢流口流入下方的蓄水沟埂内。

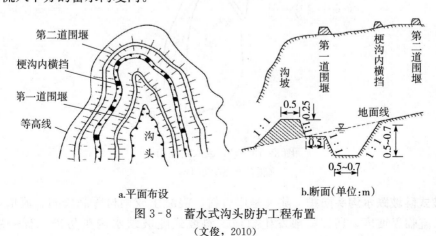

图 3-8　蓄水式沟头防护工程布置

（文俊，2010）

2. 池埂结合式沟头防护　当沟头以上汇水面积较大，并有较平缓的地段时，可在沟头附近布设蓄水池，并与沟头沿等高线布设的沟头围堰（沟边埂）相结合，这种方式就是池埂结合式沟头防护工程（图3-9）。蓄水池一般布设在沟头附近地势低洼处，可以是一个或多个。蓄水池的尺寸与数量等应该与设计来水量相适应，以避免水少池干或水多蓄水池容纳不下的现象。一般可按10～20年一遇的暴雨来设计。

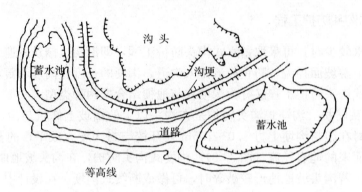

图3-9　池埂结合式示意
（张胜利等，2012）

（二）排水式沟头防护工程

当沟头集水面积大且水量多时，沟埂已不能有效地拦蓄径流；受侵蚀的沟头临近村镇，威胁交通，而又无条件或不允许采取蓄水式防护时，必须把径流引至集中地点通过泄水建筑物排泄入沟，沟底还要有消能设施以免冲刷沟底。一般排水式沟头防护工程有支撑式悬臂跌水、斜坡式陡坡跌水和台阶式跌水三种类型。

1. 支撑式悬臂跌水沟头防护　在沟头上方来水集中的跌水边缘，用木板、石板、混凝土或钢板等做成槽状（图3-10），使流水通过水槽直接下泄到沟底，不让水流冲刷跌水壁，沟底应有消能措施，可用浆砌石作成消力池，或碎石堆于跌水基部以防冲刷。

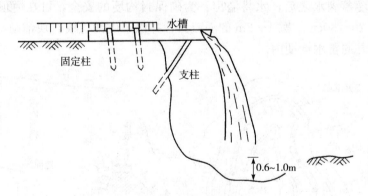

图3-10　悬臂跌水式断面
（雷廷武等，2012）

2. 斜坡式陡坡跌水沟头防护　陡坡是用石料、混凝土或钢材等制成的急流槽，因槽的底坡大于水流临界坡度，所以一般发生急流。斜坡式陡坡跌水沟头防护工程一般用于落差较小,地形降落线较长的地点。为了减少急流的作用,有时采用人工方法来增加急流槽的粗糙程度。

3. 台阶式跌水沟头防护 此种排水式沟头防护工程可用石块或砖块沙浆砌筑而成,施工技术主要是清基砌石,不太困难,但需要石料较多,要求质量较高。

台阶式跌水沟头防护,按其形式不同可分为两种:单级式和多级式(图3-11)。单级台阶式跌水多用于跌差不大(1.5~2.5m或更小),而地形降落比较集中的地方。多级台阶式跌水多用于跌差较大而地形降落距离较长的地方。在这种情况下如采用单级台阶式跌水,因落差过大,下游流速大,必须做很坚固的消力池,建筑物的造价高。

$$h = 0.501\sqrt[3]{\frac{Q^2}{b^2}} \quad (3-2)$$

$$b = 0.355Q\sqrt{\frac{1}{h^3}} \quad (3-3)$$

式中:h 为泄水槽水深(m);b 为泄水槽底宽(m);Q 为设计洪水流量(m^3/s)。

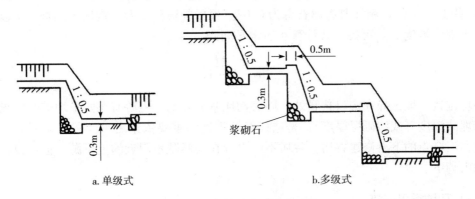

图3-11 台阶跌水式沟头防护
(王秀茹,2009)

二、谷坊

谷坊是山区沟道内为防止沟床冲刷及泥沙灾害而修筑的横向挡拦建筑物,又名防冲坝、沙土坝、闸山沟等。谷坊高度一般小于3m,是水土流失地区沟道治理的一种主要工程措施。其作用是固定与抬高侵蚀基准面,防止沟床下切;抬高沟床,稳定山坡坡脚,防止沟岸扩张及滑坡;减缓沟道纵坡,减少山洪流速,减轻山洪或泥石流灾害;使沟道逐渐淤平,形成坝阶地,为发展农林业生产创造条件。但其主要作用是防止沟床下切冲刷。因此,在考虑某沟段是否应该修建谷坊时,首先应当研究该段沟道是否会发生下切冲刷作用。

(一)谷坊分类及类型选择

谷坊可按所使用的建筑材料不同、使用年限不同和透水性不同进行分类。根据使用年限不同,可分为永久性谷坊和临时性谷坊。浆砌石谷坊、混凝土谷坊和钢筋混凝土谷坊为永久性谷坊,其余基本上属于临时性谷坊。按谷坊的透水性质,又可以分为透水性谷坊与不透水性谷坊。只起拦沙挂淤作用的插柳谷坊、干砌石谷坊等皆为透水性谷坊;而土谷坊、浆砌石谷坊、混凝土谷坊、钢筋混凝土谷坊等称为不透水性谷坊。谷坊类型选择取决于地形、地质、建筑材料、劳力、技术、经济、防护目标和对沟道利用的远景规划等多种因素，并且由于在一条沟道内往往需要连续修筑多座谷坊，形成谷坊群，才能达到预期的效果，因此谷坊所需要的建筑材料也较多。在当前中国山区经济尚不发达，政府资助经费有限的情况下，必须先考虑劳力和经济因素，选择能就地取材的谷坊类型，如果当地有充足的石材料，可修筑石谷坊。对于保护铁路、居民点等有特殊防护要求的山洪、泥石流沟道，则需要选用坚固的永久性谷坊，如混凝土谷坊等。

（二）谷坊设计

一般应依据所采用的建筑材料来确定谷坊的高度，但主要以能承受水压力和土压力而不被破坏为原则。谷坊间距与谷坊高度及淤积泥沙表面的临界不冲坡度有关。实际调查资料证明，在谷坊淤满之后，其淤积泥沙的表面不可能绝对水平，而是具有一定的坡度，称稳定坡度。目前根据坝后淤积土的土质来决定淤积物表面的稳定坡度：沙土为 0.005，黏壤土为 0.008，黏土为 0.01，粗沙兼有卵石者为 0.02。根据谷坊高度 H、沟底天然坡度 I 以及谷坊坝后淤土表面坡度 I_0，可按下式计算谷坊水平间距

$$L = \frac{H}{I - I_0} \quad (3-4)$$

谷坊位置一般选择在沟口狭窄处，同时沟床基岩外漏，上游有宽阔平坦的贮沙场所，判断基岩埋藏深度（或沙砾层厚度），是选择谷坊坝址的重要依据之一。在有支流汇合的情况下，应在汇合点的下游修建谷坊。谷坊不应设置在天然跌水附近的上下游，但可设在有崩塌危险的山脚下。

（三）几种常见谷坊

1. 土谷坊 土谷坊就是用土料做成的小坝，坝体结构与淤地坝、小水库的土坝相似，主要区别在于山洪挟带泥石多，谷坊容易淤满，坝体内一般不设泄水管。其断面尺寸参见表 3-3，断面如图 3-12 所示。

表 3-3 土谷坊断面尺寸
（王秀茹，2009）

坝高	临水坡（内坡）	背水坡（外坡）	坝顶高（m）	坝脚宽（m）	坝身需用土方（m³/m）	心墙尺寸（m）			
						上宽	下宽	底宽	高度
1.0	1:1	1:1	1.0	4.0	3.8	—	—		
2.0	1:1.5	1:1	1.0	6.0	7.0	0.8	1.0	0.6	1.5
3.0	1:1.5	1:1.5	1.5	10.0	18.0	0.8	1.0	0.6	2.5
4.0	1:2.0	1:1.5	2.0	16.0	36.0	0.8	1.5	0.7	3.5
5.0	1:2.5	1:2.0	3.0	25.5	71.3	0.8	2.0	0.9	4.5

由于谷坊坝面一般不过水，故需在坝顶或坝端一侧设溢水口，溢水口应用石料砌筑。当不设溢流口而允许坝面溢流时，可在坝顶、坝坡种植草灌或砌面保护。

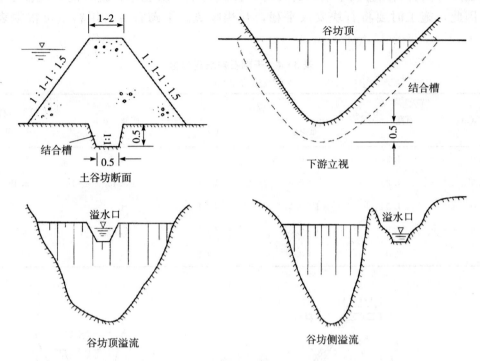

图 3-12 土谷坊示意图（单位：m）
(张胜利等，2012)

根据沟断面形状不同，可采用不同的公式计算土方量。

断面呈矩形的，计算公式为

$$V = \frac{L \times H}{2}(2b + mH) \quad (3-5)$$

断面呈 V 字形的，计算公式为

$$V = \frac{L \times H}{6}(3b + mH) \quad (3-6)$$

断面呈梯形的，计算公式为

$$V = \frac{H}{6}[L(3b + mH) + l(4b + 3mH)] \quad (3-7)$$

断面呈抛物线形（弧形）的，计算公式为

$$V = \frac{L \times H}{15}(10b + 4mH) \quad (3-8)$$

式中：V 为谷坊体积；L 为坝顶长；H 为最大坝高；b 为坝顶宽；l 为梯形沟道底宽；m 为坝体内外坡之和（如内坡 1/2，外坡 1/1，则 $m=3$）。

2. 石谷坊 石谷坊就是用石料砌成的小石坝，在石料来源充足的地方，以及水源冲刷力大的地方，宜修筑石谷坊。根据修筑方式的不同，石谷坊可分为干砌石谷坊、浆砌石谷坊、石笼石谷坊等几种。

(1) 干砌石谷坊 干砌石谷坊是指用块石干砌而成的沟道低坝（图 3-13）。干砌石谷坊具有良好的透水性，不设泄水孔也能自动排走坝后积水，没有整体倾倒的危险。其缺点是断面尺寸及石料用量大于浆砌石谷坊，且砌石中一块脱落，就可能危及整个谷坊的安全。因此，施工时要将石块安放平稳，互相咬紧。干砌石谷坊用料量可根据表 3-4 确定。

表 3-4 干砌石谷坊用料量

(雷廷武等，2012)

坝高 (m)	顶宽 (m)	坡比		底宽 (m)	每米坝长石料用量 (m^3/m)
		迎水坡	背水坡		
1.0	1.0	1∶0.5	1∶1	2.5	1.75
1.5	1.2	1∶0.5	1∶1	3.45	3.49
2.0	1.5	1∶0.5	1∶1	4.5	6.0
2.5	1.8	1∶0.5	1∶1	5.55	9.19
3.0	2.0	1∶0.5	1∶1	6.5	12.75

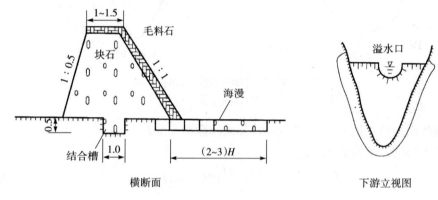

图 3-13 干砌石谷坊（单位：m）

(张胜利等，2012)

(2) **浆砌石谷坊** 浆砌石谷坊用块石或毛料石砌筑而成，断面为梯形或曲线型（图 3-11）。梯形断面，上游坡比 1∶0.2～1∶0.5，下游坡比 1∶1～1∶1.5，山洪大的沟道，为增大稳定性，上游坡比可取 1∶0.5，下游坡比为 1∶1.5～1∶2.0。顶宽 1.0m，坝基上下游做一齿坎，淤积厚的地基，清基深度在 1.0m 以上，两侧深 0.5～1.0m。浆砌石谷坊适宜修建于石质沟道岩石裸露，或土石山区有石料的地方，谷坊高度一般为 3～5m。浆砌石谷坊坚固安全，防冲性好。

(3) **石笼谷坊** 石笼谷坊一般用 8 号或 10 号铁丝编网，卷成直径 0.4～0.5m、长 3～5m 的网笼，内装石块堆筑而成。网笼也可用毛竹编制。

石笼谷坊适用于清基困难的淤泥地基。施工时，为加强其整体性，常将石笼用 8 号或 10 号的钢筋串联在一起。为防止下游冲刷，可在下游做一定长度（通常为谷坊高 1.5～2.0 倍）的石笼护底，护底末端打木桩加固保护。

3. 植物谷坊 植物谷坊是将易成活的植物材料，与土、石等建筑材料结合在一起修筑而成的谷坊。最常用的植物谷坊为柳谷坊。在柳树多的地区，在较小的支毛沟上部的土质沟床上，可修建柳桩编篱谷坊。柳桩编篱谷坊的形式是多种多样的，兹以复式编篱谷坊为例说明修筑方法。在定线、清基后，开挖深、宽各 0.5m 的沟槽一道，其长度应保证切入沟坡 1m，采用从沟内取出的土，修筑下方的海漫，其长度为谷坊高度的 1.5 倍。挖好沟槽之后，沿上下两侧各栽入一行长 1.5m，直径 5～10cm 的柳桩，桩距 20～25cm，插入土中 0.5m。埋桩时，注意防止伤破柳桩外皮，并使芽眼向上。然后用末端直径为 1.5cm 左右的 2 年生柳梢编篱，两端均应深入沟坡 1m，尽量编得紧密结实。编篱呈拱形，拱背向上，其曲度为篱长的 1/8 左右。编篱的中部比两侧应稍微低些，使水流只向谷坊集中，以免冲毁两侧沟坡。最后在迎水面培土，与编篱高度齐平，夯实后可种草皮防冲。除了柳谷坊外，植物谷坊还有枝梢谷坊、柳桩块石谷坊、木料谷坊等。

4. 混凝土谷坊 混凝土谷坊是指在沟道上用混凝土修筑的小型拦挡建筑物。其优点是整体性好，安全、稳定、寿命长，不会出现石谷坊那样脱落石块的危险。由于混凝土的抗水流冲刷性能不如好的石料，故在谷坊顶部及内坡面可砌石。在缺乏石料时，则用水泥含量高的混凝土修筑，以增大其强度。

三、拦沙坝

拦沙坝是以拦蓄山洪及泥石流中固体物质为主要目的，防治泥沙灾害的挡拦建筑物。其坝高一般为 3～15m。为了充分发挥拦沙坝控制泥沙灾害的作用，应将拦沙坝布置在小流域沟道内的泥沙形成区，沟道断面狭窄处，或泥沙形成区与流过区交接段的狭窄处，以及泥沙流过区与沉积区连接段的狭窄处。在确定拦沙坝的高度时要充分考虑坝址所处的地质条件和地形条件，同时应考虑拦沙效益、工程量和工期以及坝下消能设施等。

拦沙坝的坝型主要根据山洪或泥石流的规模和当地的建筑材料来选择。石料丰富、采运条件又方便的地方，可采用砌石坝；在石料缺乏、发生泥石流的危险性大的沟道，可考虑选用混凝土坝或钢筋混凝土坝。目前常用的拦沙坝主要有以下几种类型：

1. 砌石坝 砌石坝分为浆砌石坝、干砌石坝和砌石拱坝等。

（1）浆砌石坝 浆砌石坝属于重力坝。它的作用原理是：坝前作用的泥沙压力、冲击力、水压力等水平推力，通过坝体传递到坝的基础上；坝的稳定，主要是坝体的重量在坝基础上产生的摩擦力大于水平推力的缘故。浆砌坝的坝轴线应尽可能选择在沟谷比较狭窄，沟床和两岸岩石比较完整或坚硬的地方。但是，在泥石流荒溪淤积区修坝，淤积层往往很厚，坝基无法达到基岩。为了防止因坝基沉陷不均匀而使坝体形成裂缝，最好沿坝轴方向每隔 10～15m 预留一道 2～3m 宽的构造缝。浆砌石坝断面一般为梯形，但为了减少泥石流对坝面的磨损，坝下游面也可修成垂直的。泥石流溢流的过流断面最好做成弧形或梯形，但在有经常流水的沟道中，也可修成复式断面。砌浆石坝坝体内要设排水管，以排泄坝前积水或淤积物中的渗水。排水管的布置，在水平面上，每隔 3～5m 设一道；在垂直面上，每隔 2～3m 设一道。排水管一般采用铸铁管或钢筋混凝土管，其直径为 15～30cm。排水管向下倾斜，保持 1∶100～1∶200 的比降。浆砌石重力坝如图 3-14 所示。

（2）干砌石坝 干砌石坝只用于小型山洪荒溪，在石料丰富的地区，也是群众常用的坝型。干砌石坝的断面为梯形，当坝高为 3～5m 时，坝顶宽 1.5～2.0m，上游坡为 1∶1，下游坡为 1∶1～1∶1.2。干砌石坝的坝体系用块石交错堆砌而成，坝面用大平板或条石砌筑。

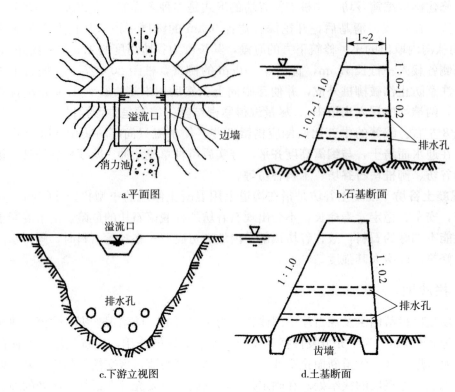

图 3-14 浆砌石重力坝（单位：m）
(王秀茹，2009)

因此，在坝体施工时，要求块石上下左右之间相互"咬紧"，不容许有松动、滑脱的现象出现。

（3）砌石拱坝　在河谷狭窄、沟床及两岸山坡岩石比较坚硬完整的条件下，可以采取砌石拱坝。拱坝的两端嵌固在基岩上，坝上游的泥沙压力和山洪作用力均通过石拱传递到两岸岩石上。由于砌体受压强度高，受拉性能差，而拱坝承受的主要是压力，因此，拱坝能发挥砌体的抗压性能。与同规模的其他坝型相比，可以节省10%～30%的工程量。

2. 混合坝　根据取材不同，混合坝可分为土石混合坝和木石混合坝。

（1）土石混合坝　当坝址附近土料丰富而石料不足时，可选用土石混合坝型。土石混合坝的坝身用土填筑，而坝顶和下游坝面则用浆砌石砌筑。由于土坝渗水后将发生沉陷，因此，坝的上游坡必须设置黏土隔水斜墙；下游坡脚设置排水管，并在其进口处设置反滤层。

（2）木石混合坝　在盛产木材的地区，可采用木石混合坝。木石混合坝的坝身由木框架填石构成。为了防止上游坝面及坝顶被冲坏，常加砌石防护。

3. 铁丝石笼坝　这种坝适用于小型荒溪，在我国西南山区较为多见。它的优点是修建简易，施工迅速，造价低。不足之处就是使用期短，坝的整体性也较差。坝身是由铁丝石笼堆砌而成的。铁丝石笼为箱形，尺寸一般为 0.5m×1.0m×3.0m，棱角边采用直径 12～14mm 的钢筋焊制而成。编制网孔的铁丝常用 10 号铁丝。为了增强石笼的整体性，往往在石笼之间再用铁丝紧固。

4. 格栅坝 格栅坝具有节省建筑材料（与整体坝比较能节省 30%~50%）、坝型简单、施工进度快、使用期长等特点。格栅坝的种类很多，主要有钢筋混凝土格栅坝和金属格栅坝。

（1）钢筋混凝土格栅坝 当沟道中泥石流挟带的大石块比较多时，往往采用钢筋混凝土格栅坝。格栅坝的主要特点是预留格栅孔。它的作用是让细粒物质及小石块泄入下游，而把泥石流挟带的大石块拦留在坝内。因此设计时应对沟谷或堆积扇上的石块进行详尽的调查，以确定格栅尺寸。

（2）金属格栅坝 在基岩峡谷段，可修金属格栅坝。它具有结构简单、经济和施工快的特点。金属格栅坝的构造、格栅孔径的确定与钢筋混凝土格栅坝相同。废旧的钢轨或钢管可作为格栅材料。为了增强格栅的强度，在沟谷比较宽的地方（例如大于 8m），应在沟中增设混凝土或钢筋支土墩。

第三节 坡面水系工程

一、坡面水系工程定义

坡面水系工程是引导坡面径流，控制坡耕地水土流失、充分利用水资源的一项重要措施，也是丘陵地区和土石山区基本农田建设的主要工程。概括来说坡面水系工程是一种以控制水土流失，改善生态环境及农业生产条件为目的的微型水利工程组合体（图 3-15）。坡面水系工程的形式基本上包括沟、凼、窖、池、塘、坊、坝、渠等。根据功能坡面水系工程主要分为三种类型，即坡面截留工程、坡面蓄水工程及坡面灌排水工程。坡面水系工程中有"三沟"和"三池"之说，其中"三沟"指截洪沟、蓄水沟、排水沟，"三池"指蓄水池、蓄粪池、沉沙池。"三沟"和"三池"是坡面水系工程中的主体，也是蓄水保土工程中的主要措施和设施。

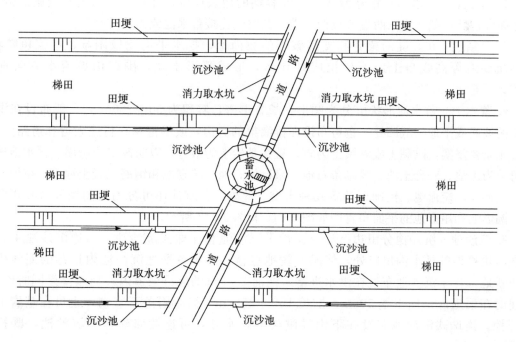

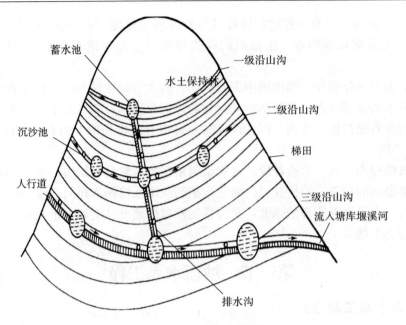

图 3-15 坡面水系平面布置
(《长江流域水土保持技术手册》编辑委员会，1999)

二、坡面水系工程内容

1. 截水沟 截水沟用于拦截坡地上游降雨径流和泥沙。截水沟分为两类：一是蓄水式截水沟，沿等高线布设，也称水平沟，用于拦蓄上游坡面来水和泥沙。二是排水式截水沟，用于拦截水、沙并通过排水沟排出坡面。排水式截水沟纵向一般采用1‰～2‰的纵坡，沟内一般不设置横档。

2. 排水沟 排水沟是排除截水沟不能容纳的地表径流，并将其导入蓄水设施的沟道。一般布设在坡面截水沟的两端或较低一端，其终端连接蓄水池或天然排水沟。

3. 鱼鳞坑 在较陡的梁脊和支离破碎的坡面上，挖水平沟比较困难，可挖鱼鳞坑。鱼鳞坑要沿等高线自上而下地挖成月牙形，形成弧形土埂，围绕山坡流水方向垂直布置。

4. 蓄水池 蓄水池形状可分为圆形、长方形等，容积为 $50\sim200m^3$，一般布设在洪水汇流的坡面或平地的低凹处，也可布设在排灌渠的旁边，或尽量修在村庄附近和道路旁边。池址土质要坚实，以黏土或黏壤土为宜，选在基岩上为最好，以防漏水或垮塌。蓄水池按材料可分为土池、三合土池、浆砌条石池、浆砌块石池、砖砌池和钢筋混凝土池等；按形式可分为圆形池、矩形池、椭圆形池等几种类型。此外，蓄水池还可分为封闭型和敞开式两大类。圆形池和矩形池的平面布置图如图3-16和图3-17所示。

5. 沉沙池 沉沙池分田边沉沙池、骨干沉沙池和连珠式沉沙池。田边沉沙池主要布设在每块耕地的排水沟出口处，使泥沙就地拦蓄，每年冬季把沉沙池内拦蓄的泥沙挑回该块耕地。骨干沉沙池布设在洪水进蓄水池前2～3m的灌排渠道内，与灌排渠同时修建，修建时在渠道底部向下挖50cm，挖长150～250cm，然后用条石浆砌，也可在基岩上直接开挖。连珠式沉沙池布设在下山排洪渠的跌水处，可连续修建多个沉沙池，既拦沙又起消力作用,修建方法同骨干沉沙池。沉沙池容积可根据来水来沙量而定,一般为 $1\sim3m^3$。

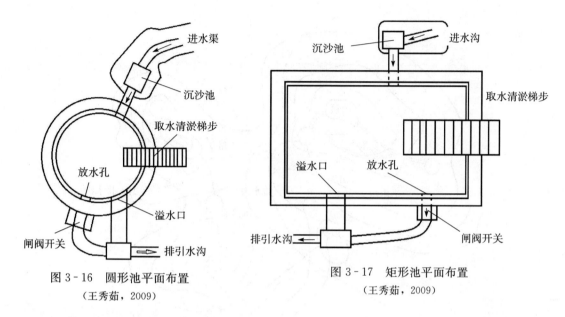

图 3-16 圆形池平面布置
(王秀茹,2009)

图 3-17 矩形池平面布置
(王秀茹,2009)

三、坡面水系工程布局

坡面水系工程与梯田、道路同时规划,先布设截水、排水干沟和道路,并以沟渠、道路为骨架,合理布设排水沟、沿山沟、引水沟、灌溉渠、沉沙池、蓄水池等工程,形成完整的防御、灌溉体系(图 3-18)。

根据不同的防治对象,因地制宜,确定坡面水系工程类型和组成。按高水高排、中水中排、低水低排、分层利用的原则进行设计:①以造林种草为主的坡面,应采用均匀分布的蓄水型截水沟;②上方有较大来水面积的坡面,应采用少蓄多排型截水沟或排水沟;③以保土耕作为主的坡面,应配合横向种植,规划若干道多蓄少排型截水沟;④较长坡面,应规划一道或几道少蓄多排型截水沟或排水沟;⑤以坡改梯为主的坡面,应配合梯台背水沟,布设少蓄多排型截水沟或排洪沟;⑥当坡面下部是坡改梯或林草地,上部是坡耕地或荒坡时,在其交界处规划截水沟或排水沟。

值得注意的是,坡面沟渠工程应综合考虑截、排、引沟渠工程,设计时可考虑一渠多能。排水型截水沟应与排洪沟相接,并在连接处前后设沉沙池和防冲设施。

坡改梯区域内承接背沟两端的排洪沟,一般垂直等高线布设,并与梯田两端的道路同向,呈路边沟或路代沟状,土质排洪沟应分段设置跌水,一般以每台梯面宽度为水平段,每台梯坎高为一级跌水,在跌水处做好防冲消能措施(铺草皮或石方衬砌)。

沟渠在坡面上的比降,应视其截排水去处(蓄水池或天然冲沟)的位置而定,当截排水的去处在坡面时,截水沟和排水沟可基本沿等高线布设,沟底比降应满足不冲不淤流速,沟底比降过大或与等高线垂直布设时,必须做好防冲措施。

一个坡面面积较小的沟渠工程系统,可视为一个排、引、蓄水块,当坡面较大时,可划分为几个排水块或排水单元,各单元分别布置自己的排水去处。

坡面沟渠工程设计，应尽量避免滑坡体、危岩等不利地形，同时注意节约用地，使交叉建筑物最少、投资最省。

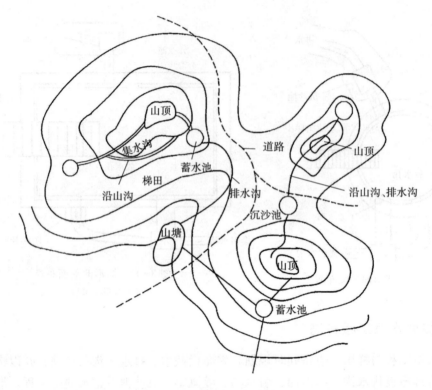

图 3-18 坡面水系平面布置
(《长江流域水土保持技术手册》编辑委员会，1999)

复习思考题

1. 简述水土保持工程措施的作用与分类。
2. 简述坡面固定工程的作用及类型。
3. 简述水土保持沟道治理工程的作用及类型。
4. 简述坡面水系工程的组成及布设。

主要参考文献

《长江流域水土保持技术手册》编辑委员会，1999. 长江流域水土保持技术手册 [M]. 北京：中国水利水电出版社.

胡甲均，1999. 对当前有关水土保持几个关系问题的认识 [J]. 中国水土保持 (2)：15-16.

雷廷武，李法虎，2012. 水土保持学 [M]. 北京：中国农业大学出版社.

廖绵浚，程德森，1960. 山边沟改良的研究 [R]. 台南：台湾糖业试验所.

卢程隆，1998. 实用水土保持技术 [M]. 厦门：厦门大学出版社.

水利部国际合作与科技司，2009. 水土保持综合治理　技术规范　坡耕地治理技术：GB/T 16453.1—2008

［S］．北京：中国标准出版社．

孙波，等，2011．红壤退化阻控与生态修复［M］．北京：科学出版社．

唐克丽，2004．中国水土保持［M］．北京：科学出版社．

王礼先，朱金兆，2005．水土保持学［M］．2版．北京：中国林业出版社．

王秀茹，2009．水土保持工程学［M］．北京：中国林业出版社．

韦杰，贺秀斌，2011．三峡库区坡耕地水土保持措施研究进展［J］．世界科技研究与发展，33（1）：41-42.

文俊，2010．水土保持学［M］．北京：中国水利水电出版社．

吴发启，2004．水土保持学概论［M］．北京：中国农业出版社．

叶红，周芸，2005．四川坡面水系水土保持成套技术应用简介［J］．四川水利，26（1）：30．

张胜利，吴祥云，2012．水土保持工程学［M］．北京：科学出版社．

张长印，陈法杨，2004．坡面水系工程技术应用研究［J］．中国水土保持（10）：15-17.

第四章 水土保持林草措施

重点提示 本章主要阐述水土保持林草措施的类型，较为系统地分析水土保持林草措施的作用原理、效果等，同时还对林草措施的应用等进行详细阐述。

第一节 水土保持林草措施的作用

一、林草保持水土、涵养水源作用

植物涵养水源，保持水土，对防止水土流失作用巨大。据专家测算，一片 1 万 hm^2 面积的森林，相当于一个 300 万 m^3 的水库。暴雨来临时，在无林的光山秃岭，雨滴击溅土壤，土壤受到降雨冲刷和侵蚀造成水土流失，且表层肥沃的土壤极易流失，并伴有山洪，浊浪滚滚，易造成巨大山地灾害；而植被丰富的山丘地区很少出现水土流失现象，这种调节作用使有林区清水长流，在雨季减缓洪水泛滥，在旱季减少河川干涸。

森林是陆地生态系统的主体之一，是防止水土流失的积极因素。林草繁茂的山地，可以涵养水源，减轻洪水灾害，减少泥沙流失。人类活动如山区森林的砍伐等会破坏原有坡地的相对稳定，引发严重的水土流失。

森林和水分相互依存又相互影响。一方面森林参与水分循环过程，影响降雨的形成，另一方面森林又影响降雨的分配。林内及其附近地区与无林地有着明显不同。了解这些方面的相互关系，对水土保持、土地的合理开发利用及森林的培育具有很大的意义。

（一）林冠层对降水的截留作用

森林覆盖层使地表免受雨水的直接冲击。林冠对降雨起着重要的截留作用，使林内降水量、降雨强度和降雨分布等发生显著变化并对林地整个水文过程产生影响。林冠截留是指大气降雨达到林冠层时，由于茂密的林冠层阻拦着雨水直接滴落于地表，一小部分雨水被树木枝叶截拦，附着于枝叶的表面，然后慢慢地蒸发回到大气中，大部分雨水直接滴落或通过林冠和树木径流下落到土壤表层，为土壤所吸收。林冠截留降雨的作用，就是截留一部分降水量以及减弱雨水对地表土层的直接冲击力。

国内外的研究表明，林冠层能够截留降雨的 10%～30%，而后又蒸发到大气中去，增加了大气湿度，50%～80% 的降雨透过林冠缓慢渗入林地，补充了地下径流，而且最大限度地减少了地表径流，保持了水土。

林冠截留的过程复杂，在降雨过程中的某一时段内，林冠表面通过蒸发返回大气中的降水量和降雨终止时林冠层还保留的降水量称为该时段内的林冠截留量，简称截留量或承雨量；在该时段内林冠截留量与林外降水量之比称为林冠截留率，简称截留率或称承雨率或承雨能力，一般用百分数表示。林冠截留量和截留率受许多因素的影响，与树种组成、林龄、林分的生产状况、林分密度、覆盖层（枝叶层次及树冠层次）、枝叶吸附着水的能力等有关。在这些因素中起主要作用的则是树种组成、林分郁闭度、覆盖层、降水量和降雨强度。

1. 林冠特性与林冠截留 林冠对降雨有着一定截流作用，是由林冠特性以及水分物理性质决定。当雨水降落到树叶表面上，在表面张力的作用下被吸附，截留量的大小与所产生的总表面张力相关。但是当降雨的雨滴增加到一定量时，表面张力之间就会失去平衡，其中一部分雨滴就会自然地下滴，产生林冠滴下雨，风的因素也会加大重力作用。

林分郁闭度、覆盖层不同，所产生的总表面张力不同，林冠截留量和截留率也不同。郁闭度大，覆盖层多，林冠截留量和截留率就大；郁闭度小，覆盖层少，林冠截留量和截留率就小。如我国四川西部米亚罗地区高山冷杉林内，箭竹-冷杉林（140年生以上）郁闭度为0.7时，林冠截留率为23.0%；郁闭度为0.3时，林冠截留率为12.66%。

树种不同，枝叶密度以及吸着水的能力、冠幅大小、表面粗糙度、形状也不相同，因而产生的表面张力不同，截留率也不一样。针叶树一般层次多，或水平轮状重叠分布，截留量较大；阔叶树的情况则相反；灌木的截留量居于针叶树和阔叶树之间；软阔叶树表面更粗糙，截留量大于硬阔叶树。所以截留率表现为：针叶树＞灌木＞阔叶树，软阔叶树＞硬阔叶树。

同一树种林龄不同，枝叶茂密程度也不同，因此，其截留率不同。幼树较成年树枝叶稀，层次少，而且林冠也小，因此，截留率也小。据观测，油松人工林在从中龄林、近熟林到成熟林的发展变化过程中，林冠层对降水量的年截留率呈增加趋势，其值分别为17%、21.9%和29.7%。

林分组成、结构、郁闭度及覆盖层不同，其截留量也不同。比如，复层林比单层林林冠层次多，截留量和截留率都比单层林大。

2. 降水量、降雨性质和林冠截留 降水量和降雨性质对林冠截留量影响较大。一般而言，降水量大截留量也大，但并非线性关系。当降水量较小时，截留量随降水量的增加而增加，相应的截留率也随降水量的增加而增加，直至林冠截留达到饱和。这时，降水量增加截留量则不再增加而截留率相对减小。

降雨强度对截留量的影响有时甚至超过降水量的影响。降雨强度对截留量的影响表现为降雨强度大，截留量小，一方面由于降雨强度较大时，雨滴动能相应增大，增加的重力作用使林冠截留量减小；另一方面，降雨强度较小但历时较长，或者间歇性降雨，蒸发作用十分明显，因而截留量也大。

历时长的降雨在此阶段中枝叶还将水继续蒸发到大气中去，并由湿变干，又间接增加了截留雨水的潜力，这种因蒸发作用而增加的截留称为"附加截留"。历时长的降水，加上这种"附加截留"后，其总截留量则有可能超过林冠的饱和截留量的极限值。

3. 雨前林冠的湿润程度和林冠截留 要研究一次降雨过程，则需考虑在此次降雨前林冠的含水情况，或与前次降雨相隔的时间，与前次降雨相隔时间越长，则需较长时间蒸发，在雨前林冠越干燥，存留雨水的潜力越大；反之则存留雨水潜力越小。数量相近的降水量，由于雨前的湿润程度不同，截留量也不同。

由于林冠的截留作用，不但在数量上减少了林下降水量，而且在时间上也推迟了林下降雨的时间，即推迟了林下出流的时间，这样便缩短了林地土壤的侵蚀过程，对减轻水土流失有益。这种影响对减少洪水流量也有一定的作用，因为截留减少洪水径流，但是对产生洪水的多数暴雨来说，被截留的只是一小部分。

透流对重新分配地表水和林内下层土壤水是重要的。此外，透流在林冠层和林地之间提供了一个重要渠道，并允许大量的养料从树冠输送到土壤。

以面积为基础时，相对来说干流量是不重要的，但在某种情况下，干流起着重要作用。树木径流也称干流、树木截留或茎流。它是指在降雨时由于林冠截留作用，降雨的一部分从林冠转向树干流向地面而形成的径流。在干旱地区的水土保持林，小降雨情况下，林冠截留较小，大多数转化为干流，雨水顺溜而下被周围土壤吸收，减少了地表径流。这对于林木根系生长是十分有益的。树干流量一般随着降水量、降雨强度的增加而增加。降雨很小时一般不会产生干流。

（二）枯枝落叶层对降雨的截留作用

林地枯枝落叶层是由落地的茎叶、枝条、花、果实、树皮和植物残体所形成的一层地面覆盖层，是森林生态系统的特有层次，可为森林土壤提供机械保护作用，以免除下层土壤受雨滴的直接打击，降低冲蚀作用，增加土壤的透水率。降雨首先被林冠截留，然后下层的枯枝落叶层减缓了雨滴溅蚀作用。枯枝落叶层像绒毯一样，不但能防止土壤强烈冻结，改善土壤温度，减少蒸发，同时又起着海绵和过滤器的作用，吸收、减缓地表径流，对于保持水土、防止土壤冲刷具有十分重要的水文意义。

1. 防止雨滴击溅土壤，维持其结构性和抗蚀力 引起土壤水蚀的能量有两种：一种是雨滴的击溅，另一种是径流的冲力。欧美各国根据大量试验研究得出结论，雨滴动能是土壤水蚀最重要的因素，雨滴动能决定降雨对地表土壤的冲蚀力。因此，在暴雨雨滴的击溅和浸润下，裸露土壤的结构破坏，抗蚀力急剧降低，为水分所饱和的表层土壤很快呈泥浆状态，堵塞土壤孔隙，影响降水入渗，流水将其携持，形成径流。

林草能防止雨滴直接击溅土壤，首先是林冠的截持作用。在完全郁闭的森林中，林冠可以使雨滴击溅土壤的能量减少 95%。但是，林草很少能完全郁闭，陡坡林分郁闭度更小，即便有郁闭度较好的林分，也存在大大小小的孔隙，这样必须有完全掩盖地表的枯枝落叶层和林下植物才能绝对有效地防止雨滴击溅土壤。因而，林地枯枝落叶层对维持土壤结构和增加抗蚀力，保护土壤最为有效。

2. 拦蓄和渗透降雨，减少地表径流 森林每年产生的枯落物数量很大，影响枯落物数量的因素较多，其中主要由树木、林分年龄和生长情况决定。枯枝落叶层中数量最多、作用最大的是树木的落叶，凋落物各组分所占比例不同，落叶所占比例最大（32.9%~44.4%），枝次之（15.2%~17.2%），花果所占比例最小（2.4%~10.8%）。森林枯枝落叶层分为三层：上层为未分解的枯枝落叶层（外表完整，颜色黄色至棕黄色，干时质地坚脆，不易破碎成粉末），中层为半分解状态的枯枝落叶层（有机残体已被分解，但原形仍然可见，颜色呈褐色至黑褐色，易成粉末，其中有机体被白色菌丝体网结），下层则属于分解层粗腐殖质的疏松物质层（粉末状，黑褐色，被白色菌丝体网结，有时看不到菌丝体），这一层的通气和水分条件良好，是低等动物和微生物活动最活跃的场所。

超过枯枝落叶层最大持水量的水分才穿流至其下的土壤，由于枯枝落叶层疏松多孔，水分下渗是相当惊人的，枯枝落叶层厚度为 5cm 的蒙古栎天然林，其入渗率为 379mm/h。这种强大的透水性，可把大量的地表径流转变为土内径流，因此暴雨时，就不致形成强烈的地表径流而造成水土流失或洪水灾害。

枯枝落叶层的持水量和土壤的透水率越大，能产生的地表径流就越小。不少试验说明，林下只要有 1cm 以上厚度的枯枝落叶层，就能使地表径流减少到只相当于裸地的 1/6

以下。因此在选择水源涵养林或水土保持林树种时，都把能产生大量枯枝落叶作为重要的条件。

3. 分散、滞延地表径流，起到调节河川流量和削弱洪峰的作用 粗糙度是反映坡面薄层水流在流动过程中受到的阻力的指标。枯枝落叶层覆盖地表，具有增加阻力的作用。当降水量超过枯枝落叶层的持水量和土壤的透水率产生地表径流时，流水只能在枯枝落叶层和土层表面顺坡流动。由于反复受枯枝落叶和土粒阻拦，径流受到分散，流速相对缓慢。在有枯落物的坡面，坡面流阻力增大，水流流速减小，较黄土母质减少了66.78%。由于径流不能在短时间过量集中，因而能减少江河洪水量或洪峰流量，削弱洪水之害，并能以丰补歉，增加枯水期流量。

4. 过滤地表径流，避免土沙流入河川和水库 林地在枯枝落叶层的保护下，一般不会发生土壤侵蚀，这是由于它一方面能减弱雨滴对地表的直接打击，另一方面使地表粗糙度增加。当小股集中的径流遇到枯枝落叶层时，则小股径流就沿叶缘移动，从而改变流动方向，而由于枯枝落叶层是纵横交错，就使得小股径流多次改变方向而曲折前进，这就大大减低了流速。据观测，在10°的坡地上15年生左右的阔叶林枯枝落叶层内的水流速度仅为裸地的1/40，可使森林上方流下的固体物质或林内进入径流的土沙石砾及半分解物质沉积，这就是枯枝落叶层过滤地表径流的作用。

山西省吉县蔡家川流域1985—2003年9个径流小区的降雨产流产沙的定位观测资料，分析了植被对流域坡面尺度降雨产流产沙的影响。结果表明，坡面自然更新的次生林有良好的涵养水源和保持水土功能，产沙量分别减少23%~92%。我国各地近年有大量关于森林减少径流含沙量的材料，枯枝落叶层越厚，分解得越好，叠积得越疏松，此种作用越突出。由于从林内流出的是潺潺清流，泥沙含量少，大大减少了河床、水库的淤积速度和洪水泛滥的可能性。

二、森林植被对土壤水文性质的改良作用

（一）水分在森林土壤内渗透、储存和移动

渗透是水向下穿过土壤表面的运动，土壤对水分的渗透性是森林水文特性的重要反映，土壤透水能力主要决定于非毛管孔隙度，通常与非毛管孔隙度呈显著线性关系。土壤透水率取决于土壤表层的情况，粗质地的土壤或由细小的颗粒胶结成稳定的大团粒结构的土壤时，其土壤透水率高。在裸地，因为雨滴的打击力量和流水作用打碎了团粒，把细小的颗粒堵塞在孔隙中。而林下的枯枝落叶层则有效地保护下面的土壤不受雨滴的冲击，而且把细小的颗粒都过滤出来，防止了大孔隙遭到堵塞。由于林地每年可形成大量的枯枝落叶，增加有机质，有机质经微生物分解，形成黑色腐殖质，与矿物养料结合，形成良好的团粒结构，增加了土壤孔隙度。枯枝落叶层也为昆虫动物提供食物和活动场所，动物的生理活动也相应改善土壤的透水性，有利于形成良好的水稳性结构。这些动物的种类和数量，取决于枯枝落叶层和腐殖质的性质和数量。有材料报道，在肥沃的橡胶林中，每公顷土壤中有500万~700万条蚯蚓，而贫瘠的无林土壤中只有5万~10万条，甚至不足1万条，所以，我们说一个良好森林土壤，多为疏松多孔，并具有大量非毛管孔隙。

林地土壤之所以维持了较高的入渗能力，主要是因为森林植被改良土壤的作用而改善了

影响入渗能力的土壤物理性质，总的来说可以归于以下几个方面：林地枯枝落叶层的存在以及分解转化是林地维持高的入渗能力的重要原因之一，枯枝落叶层的积累和分解为土壤提供了大量的有机质，从而改变了土壤结构，促进根系发育，增加了土壤中的粗、细孔隙；枯枝落叶层对地表的覆盖，减轻了雨滴的冲击，使土粒不被分散，孔隙不被堵塞。

（二）消减洪水的作用

在我国降雨多集中，尤其在北方，加之山丘地区地形险峻、河道狭窄，河川流量季节性变化大。因此，解决水源的根本是如何缓和洪水与枯水这一矛盾。

森林水文过程十分复杂，许多因素牵涉其中。但森林在防止土壤侵蚀方面的积极作用是众所周知的，根据中国科学院地理研究所在西北黄土地区的观测，黄土地区的森林有减少年径流的作用，在减洪方面的作用是非常明显的。黄土地区的森林对降雨的年截留率大致是12%～30%，对年降雨的截留量大约为100mm。这部分被截留的降雨在林区上空形成补充性的蒸发量，使林区上空的湿度增加。林冠层和地面的枯枝落叶层对暴雨时雨滴冲击土壤有极大的缓冲作用。人工模拟降雨入渗试验表明，在生长良好的林分中，在降水量为100mm，历时为1小时的情况下，可以不产生地表径流。在一个完整的水土保持林体系中，大量的下渗雨水在土层薄的地方可以形成地下水的补给。这种补给使地下径流显著增多。相对而言，地表径流将大大减少。这就是说，林草对水源有一定的补偿作用。中国科学院地理研究所几年的观测表明，林区河流地下径流的比重可以达到年径流量的85%，而无林区河流地下径流的比重仅为年径流的30%～40%，可见林区的地下水比重比无林区多2～3倍。如果把林区常见的壤中流作为地下径流来计算，则这种比重将可达到95%左右。林草的这种补偿作用，使得林区河流的水情变得比较稳定，具有一定的调节洪水的能力。森林覆盖的流域，洪水总历时延长，这对洪水径流有很大拦蓄作用且削弱洪峰。

林草措施在减低洪水水流方面起到的作用是：留住土壤中的水分；保持或增加土壤的透水能力和土壤中的大孔隙；减少侵蚀，从而减少因冲击物造成的大量的洪水水流；在第一次暴雨过去第二次暴雨来临之前，可将水分从土壤储存处较快地移走。

调节洪水的根本措施是减少涨水期的水量和速度，因此，在山丘地区，合理配置和营造水土保持林，可以减少降水时的地表径流量，抑制地表径流速度，具有良好的防洪能力。

（三）固持土壤的作用

植物根系具有改善土壤结构和固持土壤的功能，植物通过根系在土体中穿插、缠绕、网格，使土体抵抗风化吹蚀、流水冲刷和重力侵蚀的能力增强，从而有效地提高了土壤的抗蚀性能，其固持力强弱与土壤结构、根量和根抗力的大小有关。各种植物都有固持土壤的作用，但不同植被类型其根系固持能力不同，乔木林＞灌木林＞草本植被。心状根以及树与树之间的根系纵横交错都能够固持土壤。根系对土体抗剪强度的影响，主要决定于土壤中根表面积和根抗拉力的大小，前者在移动时会增加与土体间的摩擦力，后者因不易被拉断，而使根表面与土体间产生的摩擦阻力得到充分发挥，从而对土体产生较大的固持力，使斜坡保持稳定。利用植物地上与地下部分可以加固斜坡，根系的发达，大大增强土体的抗冲防蚀能力。根系固土可用于水库以及河流因冲淘引起的塌岸。

（四）防风固沙，保护农田

我国沙漠和沙化土地面积共计 7 067 万 hm^2（10.6 亿亩），再加上干旱地区的戈壁面积 5 667 万 hm^2（8.5 亿亩），共计 1.273 亿 hm^2（19.1 亿亩），约占国土面积的 13.3%。在这些地区，大风一起沙粒飞扬，沙丘移动，压埋农田、牧场、房舍，堵塞沟渠，阻碍交通，给工农业生产和人民生活造成很大灾害。

大自然早就给人类显示了控制流沙的有效而持久的植被固沙方式。当植被覆盖率大于 40% 时，沙丘完全被固定；植被覆盖率 15%～40%，沙丘处于半固定状态。这是由于大大增加的地表粗糙度和植物枝叶摩阻风的动能，使风力减弱到起沙风速以下，不能吹蚀搬运沙粒或使气流中携带的沙粒沉降下来，从而使流沙堆积和固定。根据新疆林业科学院的资料，高 48.3cm，覆盖率 60.7%，以骆驼刺为主的草带，当风越过草带 244m 后，地表风速可降低 45.4%。至于高达 2m 左右的灌木和高达 10m 左右的乔木林，其消减地表风速作用就更为显著。因此，通过在沙丘上营造固沙抗蚀的灌草丛带，在灌草丛带之后的绿洲边缘建立防沙林带，在绿洲内部建立护田林网，形成片、网、带相结合的防风固沙林带仍是控制风蚀沙流、调节沙区气候、改善生态平衡和保障农业稳定高产的根本措施。

（五）改良土壤，增加地力

农作物从土壤中吸收有机质和无机物生长，成熟后被人们收割掉，仅有一小部分有机质留在土壤中，因此，复种率很高的耕地如果不继续施肥，会产生地力衰退现象。林木虽不断从土壤中吸收有机质但比农作物少得多，而且通过枯枝落叶等归还给土壤的有机质也很多。林木每年从土壤中吸收有机质约为同等面积农作物的 1/10～1/15，这些物质只有 30%～40% 用来生长木材，而 60%～70% 以枯枝落叶形式归还土壤，这些有机质经微生物分解变成腐殖质，从而改善土壤理化性质和结构状况，形成具有良好团粒结构的土壤。

（六）调节气候，改善环境

林冠活动层能反射和吸收大量的太阳辐射，森林本身具有蒸发和蒸腾的作用，因此林草措施郁闭后，能有效地改善林地及其周围地区的热量状况、水分条件和局部大气组成，因而可以起到调节小地域气候、保护和改造环境的作用。森林对于气候的调节功能有：温度调节、提高湿度、增加雨量、降低风速，减少蒸发、减少泥沙，净化水质。

第二节 水土保持造林技术

水土流失地区，自然环境条件一般都比较恶劣，植被恢复困难，必须进行人工造林，以促进植被恢复。造林过程中，应把自然环境、树种特性、人为作用结合起来，采取符合树种生物学特性和生态学特性的造林技术措施，力求做到适地、适树、适法、适种源、适类型，以达到预期的造林目的。这些技术措施概括起来就是：良种壮苗，进行整地，适地适树，合理配置，认真种植，加强管理。这些技术措施的有机配合，是造林成功并实现造林目的的技术保证。

一、森林立地

1. 立地质量与立地条件 立地是指对林木生长发育起重要作用的环境条件的总和。立地质量指某一立地上既定森林或其他植被类型的生产潜力，立地质量与树种相关联，有高低之分。立地条件则指在造林地上所有与森林生长发育有关的自然环境因子（如地形、土壤、水分等）。在一定程度上立地质量和立地条件可通用。

2. 立地类型的划分 在造林与森林经营中，必须把立地条件及生长效果相近似的地段归并成类型，以按不同的类型设计，采用不同的造林技术与采用不同的森林经营措施，这样的类型称立地条件类型。国内外立地条件类型的划分方法有三种：

（1）按主导环境因子的分级与组合 该法简单明了，在实际工作中应用较普遍，但较粗放、刻板。

（2）按生活因子的分级组合 主要按林木需要的水分和养分（肥力）在不同地段的等级划分。此法反映的因子比较全面，但不易直接测定，复杂地形的小气候差异在类型中难以全面表达。为此，有学者试用主导环境因子和生活因子相结合的办法划分立地类型。

（3）用立地指数代替立地类型 此法在北美应用较普遍。它是将树高生长与许多立地因子联系起来，通过多元回归分析编制立地指数表与划分立地类型，能综合反映立地质量的高低与森林生长的效果。但不同的树种难以套用，且方法本身只能说明效果，不能说明原因。

二、造林树种选择

树种的选择是造林成败的关键之一，任何树种都具有一定的生物学特性，要求一定的生态条件。选择能满足其生物学特性的立地条件，或是根据立地条件选择适宜的树种，才能达到成活成林和具有成效的目的。

选择造林树种，应本着生物与经济兼顾的原则慎重进行。首先，应考虑造林树种的生物学特性及其对环境条件的要求。同时，考虑经济建设、人民生产及生活对造林树种的要求，两者兼顾，不能顾此失彼。

三、水土保持林树种的选择

1. 水保林、水源林的树种选择 水保林、水源林的主要任务是减少、阻拦及吸收地表径流涵蓄水分，固定土壤免受各种侵蚀，因此，对水保林、水源林树种有如下要求：

①适应性强，能适应不同防护类型的特殊环境，如护坡林的树种要能耐干旱瘠薄（如麻栎、刺槐、马桑等），沟底防冲林及护岸林的树种要能耐水湿（如柳、杨、柽柳、沙棘等），抗冲淘等。

②生长迅速，郁闭紧密，避免雨点直接冲击地表；能在树下形成良好的枯枝落叶层，涵蓄水分，保护土壤。

③根系发达，能网络土壤。在表土疏松、侵蚀作用强烈的地区采用根蘖性强树种（如刺槐、旱冬瓜）或蔓生树种（如葛藤）。

④树冠浓密，落叶丰富，且易分解，具有改良土壤的性能（如桤木、刺槐、紫穗槐、胡颓子等），能提高土壤的保水保肥能力。

2. 农田防护林的树种选择 农田防护林的主要防治对象为害风及平流霜冻，它的主要使命是保证农田高产稳产，同时生产各种林产品和美化环境。因此，对农田防护林的树种有如下要求：

①防风力强，不宜风倒、风折及风干枯梢，在次生盐碱化地区还要有较强的生物排水能力。

②生长迅速，树形高大、枝叶繁茂（如杨、桉等），以更快更好地起到防护作用，在以冬季起防护作用为主的林带还应配有常绿树种。

③寿命相对较长，生长稳定，能长期具有防护作用。

④树冠以窄冠形的为好，如箭杆杨等，根系不伸展过远，或具有深根性，如泡桐，不妨碍邻近农作物的生长或影响的距离较小，没有和农作物共同的病害。

⑤本身具有较高的经济价值，能充分利用造林地的好条件，生产大量木材和其他林产品。

3. 海岸防护林的树种选择 沿海地区常遭遇台风、暴雨袭击，高盐分的海水、海雾还造成了海岸、滩涂的盐碱化，因此，对海岸防护林的树种有如下要求：

①枝繁叶茂，抗风力强，能抗强风暴雨的袭击。

②根系发达，落叶丰富，能笼络、改良土壤。

③能忍受海雾、卤风的侵蚀，耐干旱，耐盐碱化，有些树种还能耐海水浸泡，具有生物排盐作用。

④有较高的经济价值，能提供用材和薪材。

4. 护路林的树种选择 护路林植于地面交通道路或路坡下，保障地面交通安全、畅通。营造护路林时，一般都要选择根系发达，适应性强，能固持土壤、沙石，生长迅速，抗风倒、风折，树形端正，寿命较长，耐修剪，抗灰尘的树种。在南方可选择的树种比较多，主要有樟树、桤木、法国梧桐、枫杨、千年桐、广玉兰、桂花等。

四、适地适树

适地适树就是使林木生长的造林地环境条件同林木具有的生物学特性和生态学特性相一致，以发挥土地和树木的最大生产潜力，达到该立地在当前技术经济条件下可能达到的高产水平。

实现适地适树有三种途径：一是选树适地和选地适树，即根据某造林地来选择最适树种或根据造林树种来选择最适生长地；二是改树适地，如通过选种、新种驯化、育种等方法改变树种的某些特性，使其适应当前环境条件；三是改地适树，如通过整地、施肥、灌溉、混交、土壤管理等措施改变土壤条件来适应本不适应该地生长的树种。三种途径相互补充、相辅相成。但在当前技术、经济条件下，改树和改地的程度均有限。在造林时，应认真分析立地条件，对照树种的生态特征，抓住主要矛盾，结合经济要求，经过比较分析，从中选出最适生长、防护效果或经济价值最大的树种作为主要造林树种，较适生长、效益或价值较大的树种，作为次要树种。选择造林树种还应考虑种源是否充足，造林技术上的难易程度，当地群众的造林习惯和经验，以及造林成本与当地经济条件等。

五、造林密度和种植点配置

1. 造林密度对林分的影响 造林密度是指单位面积造林地上栽植点或播种穴的数量，

也叫初植密度。合理的造林密度能使整个林分在生长发育过程中，始终形成一个合理的群体结构。合理的群体结构能保证林分内的各个体能得到充分的生长发育，还能最大限度地利用空间，使林分具有较大的生长量。

密度对林分有如下影响：

（1）对林分郁闭时间长短的影响　密度大，郁闭则早，反之则迟。如在一般立地条件下，马尾松造林密度每公顷6 000~7 500株，大约5年郁闭；若为3 000~3 600株，则要7年才能郁闭。

（2）对林分生长的影响　幼林阶段，林分密度对蓄积量起主导作用，即单位面积蓄积量随林分面积的增加而增加；林分过密，单位面积蓄积量反而下降。一般来说，幼体阶段林分密度大，树木的高生长大，而径生长小，进而影响林分蓄积。

（3）对木材质量的影响　适当密度，树干通直"饱满"，疤结少材质好。过密树干纤细。稀植幼年材比例增加，降低材质。如柳杉生长快，材质松泡，日本采用加大密度的办法控制年轮宽度，以生产建设用材。

2. 造林密度的确定　以密度的作用规律为基础，以林种、造林树种、立地条件为主要考虑因子，使林木个体之间对生活因子的竞争抑制作用达到最小，个体得到最充分的发育并在最短的时间内使林分生物量达到最大。

3. 种植点的配置和计算　同一造林密度下，可以有不同的种植点配置。种植点配置对林分的产量也有一定的影响，分为行状配置和群状配置。

行状配置也叫均匀配置，可以使林木分布均匀，有利于树木生长，便于抚育管理。行状配置的方式有：

（1）正方形　株行距相等，树冠发育均匀。

（2）长方形　行距大于株距，行内早郁闭。

（3）正三角形　行距小于株距，相邻的种植点相互错开，树冠发育均匀。

（4）品字形　相邻行的各株相对错开位置，树冠发育均匀。

群状配置也叫植生组配置、簇式配置，其特点是种植点集中，植株在造林地上呈不均匀的群状配置，群内植株密集，群间的距离较大。有利于迅速形成郁闭，提高对干旱、日灼、杂草等不良环境因子的抵抗力，适用于营造防护林、低产林改造。但是群状配置在光能利用和树干发育方面不如行状配置。

六、树种组成

人工林按构成林分的树种及其所占的比例，可以分为纯林和混交林两大类。

1. 纯林　纯林即由一个树种组成的林分。其特点是：树木个体间的关系简单，种群与个体之间关系复杂。一般纯林多是单层林，林分结构易于调整，造林设计简单，施工容易，管理方便，在某些特殊环境条件下生长稳定，产量高。但对环境条件的利用不够充分，对外界不良环境的抵抗力弱，在改良土壤和发挥防护效益上不如混交林的效果好。

2. 混交林　混交林是由两种或两种以上的树种所组成的林分。与纯林相比有以下特点：

①充分利用营养空间。不同生物学特性的树种混交，可以充分利用空间、土地。

②改良土壤、提高土壤肥力。冠层厚，枯枝落叶多且易分解，有利于土壤中微生物、动物生存繁衍，增加土壤有机质，改变土壤理化性质，提高土壤肥力。

③促进目的树种生长。

④防护效益好。树冠多层分布，林密根多，枯枝落叶量大，能较多地截持大气降水，减少地表径流，防治水土流失；同时还较好地防风固沙、调节气候。

⑤对外界不良环境的抵抗力强。因树种间各类作用，害虫的天敌较多，可以减少病虫害、火灾、冻害、日灼等的发生和蔓延。

(1) 混交树种的选择　根据树种在混交林中的地位和作用，一般分为主要树种、伴生树种和灌木树种。混交林的营造，关键在于树种搭配合理。在选择混交林树种时需深入了解各树种的生物学、生态学特征，及它们之间的相互关系。

在确定树种配置时，必须首先针对造林地的环境条件和造林目的选择主要树种，按培育目标结构模式要求选择混交树种。伴生树种和灌木应与主要树种有不同的生态要求、生长特点、根系类型和病虫害，同时与主要树种的矛盾不能太大。理想的伴生树种和灌木是生长较慢、较耐阴，有较高的经济价值，具有较强的耐火和抗病虫害特性，并与主要树种大体在相同的轮伐期内同时成熟，最好是萌芽力强、繁殖容易的树种。

(2) 混交类型

①主要树种与主要树种混交，又称为乔木混交型。两种或两种以上主要树种混交。其特点是可以充分利用地力，防护效益较高，能获得较多的林产品，但要求较好的立地条件。

②主要树种与伴生树种混交。林分稳定性强，生产率高防护性能好，多为复层林。主要树种居第一层，伴生树种居第二层。伴生树种多选用耐阴的中等乔木树种。这种类型也需要很好的立地条件。

③主要树种与灌木混交，又叫乔灌混交。林分稳定，矛盾不尖锐；幼林阶段，灌木为乔木侧方庇荫、护土、改良土壤；乔木成林后，灌木渐渐退出，有利乔木生长。多用于立地条件相对较差的地方。

④主要树种、伴生树种与灌木混交，又称综合性混交。兼有上述三种类型的特点。

(3) 混交方法　混交方法是指混交林中各树种的栽植位置在林地上排列或配置方式。

①株间混交，又称行内混交。在同一种植行上隔株种两个以上的树种。树种选择时应以种间互利为主。若树种配搭不当，会使种间矛盾尖锐，故一般用于乔灌混交。

②行间混交，又称隔行混交。隔行种植不同树种。这种混交的中间关系容易调整，一般用于主伴混交和乔灌混交。

③带状混交。一个树种连续种三行以上构成一带与另一个树种的带依次配置的混交方式。种间关系缓和，通常在后期产生良好的混交效果，多用于主主混交。

④块状混交。一树种或规则或不规则的块状与另一树种的块状依次配置的混交方式。种间关系缓和，成林后产生良好效果。多用于主主混交，不同树种块状面积不宜过大，可依地形灵活掌握。

⑤植生组混交。在小块地上密集种植同一树种，与相邻小块地密集种植的另一树种交错配置的混交方法。

七、造林整地

造林地的整理是造林前改善环境条件的一道主要工序。整地方法可以分为全面整地和局部整地两种，其中局部整地又可以分为带状整地和块状整地。目前的技术经济条件下，造林整地是被经常采用的营林技术措施。

1. 造林整地的特点　与农业整地相比，造林整地其自身的特点，主要包括以下几个方面：

（1）整地方法的多样性和艰巨性　造林立地类型多、条件差、地域广、面积大、而且多处在人烟稀少、交通不便的区域。

（2）整地深度大　这是由林木树体高大、根系深广等特点所决定的。

（3）整地周期长　这是由林木生产周期长所决定的，往往一个培育时代只进行一次。

（4）整地效果的双重性　不仅要起到改善土壤条件的作用，还要达到改变小地形、小气候和水土保持的作用。

2. 造林地的整地

（1）整地季节　一般来说，除了冬季外，春、夏、秋三季均可整地。合理的季节选择应该结合立地条件（土壤质地、杂灌情况）、气候条件（雨季在整地与造林之间，以利于土壤墒情）、劳动力、整地效果（提前1~2个季节）及土壤水分情况进行安排。

（2）整地方法　整地方法包括全面整地和局部整地两种。造林整地时，应根据造林树种、造林方式和地形地势条件选择整地方式和整地规格，整地时应尽可能地保留造林地上的原有植被。局部整地改善立地作用强，预防水土流失效果好，在水保林中较常使用。局部整地又可分为带状整地和块状整地。

一般局部整地不改变小地形，但在某些条件下需要改变局部地形。如平地可采用高垄整地，山地可采用水平阶、水平沟整地、撩壕、反坡梯田等整地方式，下面分别介绍这些整地方式。

水平带状：带面与坡面基本持平，此法适用于植被茂密、土层较深厚、肥沃、湿润的土地或荒山，坡度比较平缓的地段。南方也可用于坡度较大的山地。

水平阶整地：又称水平条，连续带状，阶面水平或稍向内倾；阶宽随立地条件而异，阶外缘一般培修土埂。

水平沟整地：断续或连续带状，沟面低于坡面且水平；沟的横断面为矩形或梯形，外缘有埂。水平沟容积大，能够截获降水，且沟内遮阴挡风，能够减少地表蒸发。对于干旱地区控制水土流失和保水保墒有良好的效果，但用工量大、成本高。

撩壕整地：连续带状，壕沟的沟面水平，宽度和深度根据不同的要求有大撩和小撩之分。

反坡梯田整地：田面向内倾斜成3°~15°反坡；面宽1~3m；每隔一定距离修筑土埂，以防汇集水流；深度40cm以上。此法适用于坡度不大，土层比较深厚的地段。整地投入的劳力多，成本高，但抗旱保墒和保肥的效果好。

高垄：为连续长条状。垄宽30~70cm，垄面高于地表20~30cm。垄向应有利于垄沟的排水。适用于水分过剩的采伐迹地和水湿地。

以定植点为中心进行的圆形或方形整地为块状整地。块状整地灵活性大，适用于各种立地条件，尤其是地形破碎、坡度较大的地段，以及岩石裸露但局部土层尚厚的石质山地、伐根较多的迹地、植被比较茂盛的山地等。比较省工，成本低。引起水土流失的可能性小，但改善立地条件的作用也小。块状整地适用于山地和平原。山地应用的块状整地有穴状、块状和鱼鳞坑；平原应用的块状整地有块状、坑状、高台等。

穴状整地：即圆形坑穴，穴面与原坡面基本持平或水平，是最基本的整地方法。

鱼鳞坑整地：为近于半月形的坑穴。坑面水平或稍向内侧倾斜。在坑的内侧可开出一条小沟，沟的两端与斜向的引水沟相通。鱼鳞坑主要适用于坡度比较大、土层较薄或地形比较破碎的丘陵地区，水土保持功能强，是水土流失地区造林常用的整地方法，也是坡面治理的重要措施。

高台：为正方形、矩形或圆形平台，台面外侧开挖排水沟。高台整地一般用于土壤水分过多的迹地或低湿地，排水作用较好，但是比较费工，整地成本高。

八、造林方法

（一）造林季节

依据气候、土壤及树种特性确定造林时间。选择温湿度适宜，符合苗木生长发育规律的季节，以节省工力，提高成功率。一般来说，一年四季都可以进行造林活动。

1. 春季造林　开春后，气温回升，土壤湿润，宜于种子发芽和苗木的生长。此法川、滇部分地区不宜。就造林顺序来说，一般是先落叶，后常绿；先阔叶，后针叶；先栽木，后栽竹；先平原，后山区；先低山，后高山；先阳坡，后阴坡；先轻壤，后重壤；等等。

2. 夏季造林　在春季干旱的西南地区，应考虑夏季造林。其优点是高温高湿天气或低温高湿天气，树木生长旺盛，土壤吸水松软，整地栽植省工省力；但夏季造林时间短，天气变化较大，苗木蒸腾量大，伤根多成活率较低。适用于萌芽能力强、蒸腾强度小的针叶树种。宜百日苗、半年生苗或一年半生苗在一两次透雨后栽植（连阴天最佳）。

3. 秋季造林　秋季气温渐低、土壤湿润，水分状态稳定。此时苗木进入休眠期，水分蒸腾量达到极低的程度，只有地下部分有活动，根系可迅速恢复，利于苗木生长。四川盆地大部分地区多秋雨，湿度大，气温高，且冬季少严寒，适合秋季造林。

4. 冬季造林　在土壤不冻结的华南和西南各省、自治区，冬季气温低，但不严寒，天气晴朗，雨水较少，树木经过短暂休眠即开始活动，可考虑冬季造林。

（二）种苗要求

良种壮苗是实现造林计划的物质基础。所谓良种，就是遗传品质和播种品质好的种子。遗传品质好可使后代保持优良习性，播种品质好指种子的物理特性和发芽能力好。

壮苗，即茎干通直粗壮，高粗匀称，具有坚实饱满的顶芽，枝梢充分木质化，根系发达，主根短而粗，侧根和须根多，无病虫害和机械损伤。

造林用苗，起苗时应尽量避免机械损伤，保持苗木根系完整。起苗后，按苗高、粗、根系及病虫害、机械损伤的有无、木质化程度等分级。

造林用扦插苗应选择生长迅速、树干通直、材质优良、无病虫害的母树采条。插穗要侧芽饱满，年龄1～3年枝条的中下部。

（三）种苗选择

1. 植苗造林　植苗造林的优点是少用种苗、造林成效好。其优点是郁闭早、初期生长快，用种量小，在水土流失严重、干旱的地方造林成功率高。适用于绝大多数树种，特别是珍贵树种。一般针叶树用一年的苗，四旁树用大苗，果树用嫁接苗。

2. 播种造林 播种造林，即将林木的种子直接播种在造林地上进行造林。其优点是，幼树有较强的环境适应能力，种苗成群，可淘劣留优，成本低。但此法在气候极端地区不易成功，且用种量大，抚育费用高。常应用于种粒比较大、易发芽、种源充足的树种；适于立地条件良好及劳动力缺乏的偏远山区。播种方法有：

（1）撒播 均匀地撒播种子（中小粒树种）到造林地。一般不整地、播种后不覆土，种子在裸露条件下发芽。工效高，成本低。作业粗放，种子易被植物截留、风吹或水流冲走、鸟兽吃掉，且幼苗根系很难穿透地被层。适于劳力缺乏的偏僻地区，皆伐迹地、火烧迹地及急需绿化的地方。

（2）条播 按一定的行距播种（灌木或个别乔木树种），可播种成单行或双行，连续或间断。播后要覆土镇压，可进行机械化作业。种子消耗量比较大。适于迹地更新，次生林改造。

（3）穴播 按一定的行、穴距播种的方法。根据树种的种粒大小，每穴均匀地播入数粒到数十粒种子。播后覆土镇压，覆土厚为种子大小的3～5倍。操作简单、灵活、用工量少。适用于各种立地条件，大、中、小粒径的种子都适用。

（4）缝播 在未整地的造林地上，挖窄缝、小穴播入种子，或选择石块、灌丛、草丛下方开缝播种，不宜被鸟兽发现。

（5）块播 在大块状整地上，密集或分散地播种大量种子的方法。块状面积一般在$1m^2$以上，可形成植生组，施工比较复杂。

3. 分殖造林 分殖造林是利用树木的营养器官作为造林材料直接造林的方法。能保持母本的遗传特性，造林初期生长速度快，造林技术简单、省工省力，能够迅速产生大量不定根。但分殖造林受立地条件限制较大，且林分生长衰退较早，因此不如植苗造林应用广泛。适合水分充足的地方，如河滩低地、沟渠两边等。选用无性繁殖力较强的树种，如杨、泡桐、漆树等。

九、林地抚育管理

幼林抚育是指造林后郁闭前所采取的一切措施，其根本任务是解决林木生长与外界环境条件的矛盾，满足幼树对水、肥、光、气、热的要求，以保持其良好生长结构，提高林地经济效益。管理方法有：

1. 补植 造林后往往有部分幼树死亡，当死亡株数超过一定界限，影响幼林及时郁闭时，应进行补植。树苗成活率低于85%或分布不均地区都要进行补植，而成活率低于40%的则需重造。

补植苗木应与幼林苗龄一致，如用专门培养的容器苗补植，效果更佳。也可在造林同时留出一定数量的苗木假植于造林地附近，以备补植之用。

2. 松土和除草 松土除草是幼林抚育技术措施中最重要的一项措施。松土使板结的地表破碎，保蓄水分，增强土壤的通透性。除草可除掉幼树的竞争植物，使苗木顺利成活；适当保留植穴周围的植被，为苗木适度庇荫，减少水分蒸发，降低地温。

从造林后开始，连续进行数年，直到幼林郁闭为止。造林地区越干旱，植被越茂密，抚育的年限应越长。土壤条件良好的地方，当幼树高度越过草层高不再受压抑时，抚育即可停止，不必强求达到郁闭。根据造林地区的气候条件和造林树种确定每年松土除草次数。湿润、半湿润地区用初期速生的树种造林，松土除草可连续进行3年；半干旱地区及湿润半湿润地区用初期缓生的树种造林，松土除草可连续4～5年，第1～3年每年2～3次，第4年1～2次，第5年1次。

松土应遵循"里浅外深；树小浅松、树大深松；沙土浅松，黏土深松；土湿浅松，土干深松"的原则。提倡化学除草，与人工、机械除草相比，化学除草具有除草及时、效果好、成本低的优点。此外，应充分考虑影响化学除草剂效率的各种因素，以期除草效益最大化。

3. 施肥和灌溉 施肥可以缩短成材年限，促进林木结实，是改善林地肥力状况的重要措施。多在造林前后、全面郁闭后、主伐前数年施肥。

林木施肥应以长效肥为主，主要是氮肥。施肥时以钙质肥料为主，结合使用除莠剂，配施少量锌、硼、铜。林木施肥分为施基肥和追肥。基肥在造林前结合整地施用，主要是有机肥料，可辅之以化学肥料。施肥量和类型应根据树种、苗龄以及土壤性质决定。追肥一般用化学肥料，追肥时要注意氮、磷、钾的搭配。

在整地时可结合施基肥采用撒施或穴施，直播造林时可用肥料拌种或结合拌菌根土后播种，实生苗造林时间可使用蘸根肥，造林后施肥时多结合幼林抚育在松土后开沟施，但也可以全面播施。在幼林地上大量间种绿肥，利于增加林地有机质。

灌溉是人为补充林地土壤水分的措施。目前主要用于干旱地区造林及培育速生丰产林，大面积造林基本上都不灌溉。灌溉量要依据树种、林龄、气候状况和土壤湿度而定，以保证林木根系层处于湿润状态。主要灌溉方法：漫灌、畦灌、沟灌、滴灌、喷灌等。以土壤含水量保持在田间持水量的60%～70%时生长最佳，干旱区灌溉次数力争多灌，半干旱半湿润区每年2～3次。两次灌溉间隔以使土壤含水量接近田间持水量的60%～70%为理想。灌溉时间应该与林木的生长发育节奏相协调。

4. 幼林管理

（1）间苗 播种造林或丛状植苗造林后，由于苗木分化或密度过大等原因，应及时间苗。雨后或结合松土除草进行间苗为佳，总的原则是去劣留优、去大留小。立地条件好，速生、阳性树种，在造林后2～3年开始间苗；立地条件差，慢生、阴性树种，在造林后4～5年开始。需要注意的是，间苗无严格的时间限制，同时应不影响其他苗木的生长，间苗后及时灌水。

（2）平茬、除蘖 平茬就是阔叶树、萌蘖力强的针叶树，在其生长不良影响成活率时，取掉地上部分，促使长出新干或新茎。仅适用于萌蘖力强的树种，如泡桐、杨树、紫穗槐等。主要应用于自然或人为损伤的林木更新或在造林初期水分失衡的苗木，在树木休眠季节，于地表5～10cm处截断。平茬后从多数萌条中选一健壮枝条作为培育对象。

除蘖就是除去苗木基部的萌蘖条，以促进主干生长的一项抚育措施。根系萌芽力强的树种，萌条影响顶端优势，消耗大量能量。因此，应尽早选择出生长健壮、干型通直的主干继续培育，尽除蘖条。截干造林1～2年必须除蘖，并持续多次。除蘖后要培土，抑制萌条再发生。

（3）抹芽 抹芽是促进幼树生长，培育良好干形的抚育措施。具体做法是，当幼树的树干上萌发的嫩芽尚未木质化时，把树干2/3以下的嫩芽抹掉。利于幼树养分集中及生长，避免幼树过早修枝，培养无节良材。

（4）修枝　修枝是根据不同的林种要求，人为地修除枯枝或部分活叶的抚育措施，是调节林木内部营养的重要手段。及时适当的修枝，可促进主干生长，培养良好干形，提高干材质量。

修枝强度应当以不破坏林地郁闭和不降低林木生长量为原则。一般耐阴、常绿、慢生树种修枝强度宜小，否则应增大强度。树种相同，立地条件好、树龄大、树冠发育好，修枝可稍多，否则修枝宜少。对直干性强的树种如杉木、落叶松等，只宜在林分充分郁闭，林冠下部出现枯枝时开始修枝。而对于分枝过多或直干性差的树种，如樟树、刺槐、白榆等，必须及时适当修枝。修枝强度在幼林郁闭前后，约为幼林高度的 1/3～2/3，随着树龄的增加，修枝强度可达到 2/3。

经果林树种，修枝是为了促进开花结果。一般应减去过密枝、徒长枝和受病虫害的枝条，并在 2～3 年内定点修剪，减去顶梢以促进树冠发育均衡、减少病虫危害。

修枝应在林木生命活动最弱的时间进行为宜。一般落叶树应在落叶期间，而常绿树则应在早春、晚秋。但萌发强的树种如刺槐、杨树、白榆等，也可在夏季生长旺盛期修枝，这时伤口容易愈合，修枝后也能抑制萌生丛枝。修枝主要影响节疤而影响材质，要防止修枝过度，避免影响树木正常生长。

5. 林地间作　林地间作又称林农间作，在幼林郁闭前，利用幼林行间的空隙间作粮食及经济作物，合理利用土地，发挥林地经济效益，提高水土保持能力，提高土壤肥力。

作物的选择对林地生长影响很大。林龄大或者生长快、树冠稠密的树种，可选择低矮耐阴作物；林龄较小或生长慢、需庇荫的树种，可选用高秆作物。根系深、根幅窄的树种，可选用较喜水喜肥的作物。间作方式主要有两种：一种是用材林或经济林与农作物的长期间作（一般为农耕地）；另一种是用材林、防护林与农作物的短期间作。

十、幼林保护

1. 封山育林　对贫瘠的次生林，通过划界封禁，依据天然植被演替规律，利用原有树木天然下种或根株萌蘖等繁殖方法，促进林草生长，自然培育成林。封山育林多用于森林破坏不久的疏林地和偏僻、急需营造人工林的地方。为形成结构良好的林分，需辅助一些人为措施，如抚育管理、培育目的树种等。

封山育林须制定可行的经营管理办法及相关政策，以解决当地农民生产、生活中需要的樵采、放牧、采药及经营其他林副产品的问题。要求当地政府组织农民对计划封育的地方进行规划，分区划片，制定管理办法。封山育林一般有三种形式：①全封，即禁止一切人为活动，使封禁地块在一定时间内不受破坏。②半封，即使封禁地块不受人为破坏，组织村民有计划地进入林地采集林副产品。③轮封，即将计划封育的地域分成若干片，规定封禁年限（如 3～5 年），实行轮封轮开。

在造林后 2～3 年内幼林平均高在 1.5m 以前，应该对幼林进行封山育林。并加强宣传教育，依靠群众订立护林公约，把育林和护林结合起来，促进林木迅速生长。

2. 预防火灾　火灾对林木危害极大，在人工幼林，特别是针叶树中频繁发生。除建立健全护林防火组织，订立各种防火制度，严格控制火源外，在造林时应尽量营造阔叶混交林和针阔混交林，开好防火线和营造防火林带，设置瞭望台。加强巡逻，配置专职护林人员，做好护林防火工作。

3. 防治病、虫、鸟、兽害 坚持贯彻"预防为主，积极消灭"防治方针，建立健全森林病虫害防治机构，认真做好检测工作。以生物防治为主，辅以药剂和人工捕杀等综合措施防治林木病虫害；营造混交林；加强抚育管理，改善幼林生长的环境条件和卫生状况，促进幼苗健壮生长。

4. 防除寒害、冻拔、雪折和日灼等危害 冬春寒风严重，造林后容易遭受寒害的树种，可在秋末冬初进行覆土防寒。在排水较差或土壤黏重地区，容易遭受冻拔危害，可采取高台整地，降低地下水位，幼林地覆草，以减免冻拔害的发生。在容易发生雪折的地区，应注意选择树种或用不同树种合理搭配，成林后注意适当修枝和抚育间伐。对容易遭受日灼危害的树种，除注意树种组成外，还应避免在盛夏高温季节松土除草。

第三节 水土保持林造林规划设计

森林营造是一项系统工程，为了有计划地扩大森林资源，更好地发挥森林的生态效益、社会效益和经济效益，在造林前必须进行造林规划设计。

一、水土保持林造林规划设计概述

造林规划设计是一项综合性的工作，它包括造林规划和造林设计，而造林设计又可分为造林调查设计和造林施工（作业）设计。这种划分是按照造林工作所要求的详细程度和控制顺序而进行的，三者之间既有联系，又相对独立。

1. 造林规划 造林规划是在相应的或者上一级的林业区划的指导下，根据本地区具体的自然条件和社会经济条件，对造林工作进行粗线条的安排，主要内容包括该地区的发展方向、林种比例、生产布局、发展规模、完成的进度、主要技术措施保障、投资和效益估算等。制定造林规划的目的在于，为各级领导部门对一个地区（单位、项目）的造林工作发展进行决策和全面安排提供科学依据；为制订造林计划和指导造林施工提供依据。

造林规划的任务有两方面：一是制定造林规划，为各级领导部门制订林业发展计划和林业发展决策提供科学依据；二是提供造林设计，指导造林施工，提高造林成效，以满足国民经济建设对森林培育的需要。

造林规划的任务通过3项工作完成：第一，查清规划设计区域内的土地资源和森林资源，森林生长的自然条件和发展林业的社会经济状况；第二，分析规划设计地区影响森林生长和发展造林事业的自然环境和社会经济条件，根据国民经济建设和人民生活的需求，提出造林规划方案，并计算投资、劳力和效益；第三，根据实际需要，对造林工程的有关附属项目（如排灌工程、防火设施、道路、通信设备等）进行规划设计。

造林规划的内容以造林和现有林经营有关的林业项目为主，包括土地利用规划，林种、树种规划，现有林经营规划，必要时可包括与造林有关的其他专项规划，如林场场址、苗圃、道路、组织机构、科学研究、教育等规划。造林规划的范围可大可小，从全国、省（自治区、直辖市）、地区，到县（林业局）、乡村（林场）、单位或项目等。造林规划有时间的限定和安排，但技术措施不落实到地块。

2. 造林调查设计 造林调查设计是在造林规划的原则指导下和宏观控制下，对一个较小的地域进行与造林有关的各项因子，特别是对宜林地资源的详细调查，并进行具体的造林设计。造林技术措施要落实到山头地块。造林调查设计还要对调查设计项目所需的种苗、劳力及物资需求、投资数量和效益做出更为精确的测算。它是林业基层单位制订生产计划、申请项目经费及指导造林施工的基本依据。

3. 造林施工设计 造林施工（作业）设计是在造林调查设计或森林经营规划方案的指导下，针对一个基层单位，为确定下一年度的造林任务所进行的按地块（小班）实施的设计工作，设计的主要内容包括林种、树种、整地、造林方法、造林密度、苗木、抚育管理、机械工具、施工顺序、时间、劳力安排、病虫兽害防治、经费预算等。面积较大的，还应做出林道、封禁保护、防火设施的设计。造林施工设计应由调查设计单位或县乡林业部门在施工单位的配合下进行，国有林场造林可自行施工设计。施工设计经批准后实施。施工设计主要是作为制订年度造林计划及指导造林施工的基本依据，也应作为完成年度造林计划的必要步骤。

三种类别中，造林调查设计是核心。造林规划设计实质上是一种简化了的造林调查设计，造林技术措施不需落实到山头地块。下面主要介绍造林调查设计的工作程序和技术要求。

二、水土保持林造林调查设计

造林调查设计，即在调查自然条件和经济条件的基础上，根据造林目的对预定造林的土地提出适宜的林种、树种和各项造林技术措施及其实施方案。造林调查设计通常由专业调查设计队伍组织，由专业调查设计人员与基层生产单位的技术人员结合来完成。此项工作主要依据中华人民共和国国家林业局颁布的《造林技术规程》《造林作业设计规程》以及各省（自治区、直辖市）林业厅（局）制定的有关造林调查设计的实施细则或技术规定进行。

全部工作可分为准备工作、外业工作和内业工作3个阶段进行。其主要工作程序和内容如下：

1. 准备工作 准备工作是极其细致、繁杂和琐碎的，关系到调查设计任务完成的进度乃至质量，因此必须认真对待。

（1）建立专门组织 确定领导机构、技术人员，进行技术培训等。

（2）明确任务，制定技术标准 明确造林调查设计的地点、范围、方针和期限等要求，规定或制定地类、林种、坡度划分、森林覆盖率指标等项技术的调查标准。

（3）进行完成设计任务的可行性论证 验证原立项文件和设计任务书中规定内容的现实可行性，必要时可进行踏查及典型调查。论证结论与原立项文件或设计任务书有原则冲突时，需报主管部门审批，得到认可后，制定该调查设计实施细则。

（4）收集资料 包括与设计地区造林有关的图面资料（地形图、卫星遥感像片、航空摄影像片等）；书面资料（土地利用规划、林业区划、农林牧业发展区划、造林技术经验等相关资料；气象、地貌、水文、植被等自然条件；人口、劳力、交通、耕地、粮食产量、工农业产值等社会经济条件；各种技术经济定额等）收集。

（5）物资准备 包括仪器设备、调查用图、表格、生活用品等的准备。

2. 外业工作 在搜集和利用现有资料的基础上，开展外业调查工作。外业调查工作是造林调查设计的中心工作，包括补充测绘工作、区划、专业调查和专项工程规划设计等4项内容。

(1) 补充测绘工作　造林调查设计使用的地形图以 1∶10 000 比例尺为好，至少也要 1∶25 000 的地形图，配以类似比例尺的航片。

(2) 区划　为了便于管理并把造林设计的技术措施落实到地块，对设计地区要进行区划。对于一个县来说，造林区划系统为乡—村—林班—小班。一个林场的造林区划系统为工区（或分场）—林班—小班。乡和村按现行的行政界线，现场调绘到图上；工区是组织经营活动的单位，一般以大的地形地场（分水岭、河流、公路）等为界，最好能与行政区划的边界相一致，其面积的大小以便于管理为原则。

小班是调查设计和经营活动的基本单位，应以小班为单位调查、统计计算面积，且按小班规划设计、造林以及按小班建立经营档案和实施经营管理。为便于造林和经营，宜林地和有林地小班面积最大不宜超过 20hm²。小班调查设计卡片见表 4-1。

表 4-1　小班调查设计卡片（重庆市森林资源二类调查卡片）

县　　总体号　　乡镇（林场）　　村（工区、林班村）　　社（林班）　　小班号　　小班照片号：　　小地名　　面积　　hm²
工程类型：□无　□天保　□退耕　□森林工程　森林工程子项目：　　□其他：
林地所有权：□国有　□集体　□纠纷　　　　**林地使用权**：□国有　□集体　□个体　□其他　□纠纷 **林木所有权**：□国有　□集体　□个体　□其他　□纠纷　　**林木使用权**：□国有　□集体　□个体　□其他　□纠纷 **纠纷类型**：□国有与国有　□国有与集体　□国有与个体　□集体与集体　□集体与个体　□个体与个体 **林权证**　□已发　□未发　　**地权或林权纠纷原因**：
经营类型：□商品林　□公益林　**公益林事权**：□国家　□市级　□县级　**保护等级**：□1 级　□2 级　□3 级 □重要　□一般
地类：□针叶林　□阔叶林　□针阔混交林　□针叶混交林　□阔叶混交林　□大径竹　□小径竹　□疏林地　□国家特灌林地　□其他灌木地　□未成造　□未成封　□宜林荒山荒地　□宜林沙荒地　□其他宜林地　□采伐迹地　□火烧迹地　□其他无立木林地　□辅助生产林地　□苗圃地　□旱地　□水田　□草地　□其他农用地　□建设用地　□水域　□难利用地　□城乡居民点　□工矿用地　□交通用地　□其他： **造林前地类**：□林地　□耕地　　**林地保护级别**：□Ⅰ　□Ⅱ　□Ⅲ　□Ⅳ
林种：□短期工业原料林　□速丰林　□一般用材林　□干果林　□水果林　□油料林　□饮料林　□调料林　□香料林　□化工原料林　□药用林　□其他经济　□薪炭林　□水涵林　□水保林　□护岸林　□护路林　□防风固沙林　□农田防护林　□其他防护林　□国防林　□实验林　□母树林　□环保林　□风景林　□名胜古迹和革命纪念林　□自然保护区林
优势树种：□马尾松　□杉木　□柏木　□柳杉　□慈竹　□楠竹　□柑橘　□板栗　□梨　□其他：　　**造林更新时间**：　年　**年龄**：　年　**郁闭度**：　**起源**：□人工实生　□人工扦插　□天然实生　□天然萌生　□飞播　**可及度**：□即可及　□将可及　□小可及　**材质**：□商品用材树　□半商品用材树　□薪材树　　**出材率**：　%　**出材率等级**：　**造林类型**：　**林层**：□Ⅰ　□Ⅱ　□Ⅲ　**优势木**：　**平均胸径**　　cm　**平均树高**　　m　**年龄**　年 **立地类型**：　**立地等级（立地指数）**：　**地位级**：　**天然林自然度**□Ⅰ　□Ⅱ　□Ⅲ　□Ⅳ　□Ⅴ **天然更新等级**：□良好　□中等　□不良　**森林经营措施**：□人工促进更新　□人工更新　□封山育林　□天然更新　□透光伐　□除伐　□疏伐　□卫生伐　□皆伐　□择伐　□渐伐　□林分改造 **生态区位**：□江河两岸　□水库周围　□水土流失严重区　□石漠化地区　□保护区　□其他：　**区位名称**： **水土流失**：□无　□轻　□中度　□重度　□剧烈 **坡位**：□脊　□上　□中　□下　□谷　□平地　**坡度**：　**海拔幅度**　　～　　m **坡向**：□东　□南　□西　□北　□东南　□东北　□西南　□西北　□无　**土壤名称**：□山地黄壤　□黄棕壤　□紫色土　□钙质土　□其他　**土层厚度**　　cm
调查员　　调查日期：　年　月　日　　质检员　　　　　　　　　　质检日期：　年　月　日

(3) 专业调查　通过当地地貌、土壤（包括地质、地下水位）、植被、人工林等调查，掌握造林地区自然条件及其在地域上的分布规律，研究它们之间的相互关系，用于划分立地

条件类型，作为划分宜林地小班和进行造林设计的依据。根据专业调查编写专业调查报告，除给造林规划设计提供依据外，还要编写"三表"，即立地类型表、造林典型设计表或造林类型表和林分经营措施类型表。

立地类型表编制是造林调查设计的基本工作。在编写之前，应进行立地调查（气象、水文、地质、地貌、土壤、植被调查）和其他专业调查（树种和林况、苗圃地、病虫鸟兽害调查），然后进行相应的立地分类工作并归纳整理资料，编写立地类型表（表4-2）。

表4-2 立地类型表

立地类型组	立地类型		立地条件				林木生长状况				适生树种	典型设计或造林类型号	备注
	编号	名称	地形	地貌	植被	地质	树种	年龄	树高	胸径	蓄积量			
1	2	3	4	5	6	7	9	10	11	12	13	14	15	16

根据立地相关调查结果对该立地条件类型进行造林树种、造林密度、配置方式、混交、整地、造林方法及作业方式等的设计，形成造林类型表（表4-3）。

表4-3 造林类型表

造林树种	混交		种植点配置	株行距(m)	密度（株/hm^2）		种苗		苗木类别及规格			
	比例	方式			初植	补植	种子(kg/hm^2)	苗木(株/hm^2)	类别	苗龄(年)	苗高(cm)	地径(cm)
乔木层												
灌木层												
地被层												

在造林规划设计区，若已存在部分人工林或天然林（一般为次生林），此时在进行宜林地造林设计的同时，应为现有林地进行经营措施的设计。不同类型林分所采取的经营措施各异（表4-4）。

表4-4 林分经营措施类型表

林分类型	编号	林分状况								经营措施设计	立地类型号	备注
		林种	树种组成	林龄	平均树高	平均胸径	郁闭度	每公顷株数	生长状况			
1	2	3	4	5	6	7	8	9	10	11	12	13

（4）专项调查 主要内容包括道路调查、林场、营林区址调查，通信、供电、给水调查，水土保持、防火设施、机械检修等调查。这些调查设计一般只要求达到规划的深度，如需要深化，可组织专门人员进行。

（5）社会经济调查 主要了解调查地区居民点的分布、人口，可能投入林业的劳力与土地；交通运输，能源状况；社会发展规划，农林牧副业生产现状与发展规划等。

外业工作基本完成后，要对该项工作完成的质量进行现场抽查，并对外业调查材料进行全面检查和初步整理，以便发现漏、缺、错项，及时采取相应的弥补措施。

3. 内业工作

（1）面积计算与统计 根据外业区划调绘结果，在清绘的地形图上以小班为单位计算面积。仔细核对计算结果并按小班号将小班面积填入野外调查表一栏。

（2）内业设计　在全面审查外业调查材料的基础上，根据任务书的要求进行林种和树种选择、树种混交、造林密度、整地、造林方法、灌溉与排水、幼林抚育等设计，必要时还要进行苗圃、种子园、母树林、病虫害防治以及森林防火等设计。在设计中，需要平衡林种、树种比例，进行造林任务量计算、种苗需要量计算及其他各项规定的统计计算，做出造林的时间顺序及劳力安排，完成切合实际的投资概算和效益估算。

（3）编制造林调查设计文件　调查设计文件应以原则方案为基础，根据详细调查和规划设计的结果来编制。该文件主要由调查设计方案、图面资料、表格以及附件组成。

造林规划方案的内容包括：前言（简述规划设计的原则、依据、方法等）；基本情况（设计区地理位置、面积、自然条件、社会经济条件、林业生产情况等）；经营方向（林业发展的方针及远景）等；经营区划（各级经营区划的原则、方法、依据及区划情况）；造林规划设计（林种、树种选择的原则，各项造林技术措施的要求和指标）；生产建设顺序（生产建设顺序安排的原则、依据及各阶段计划完成项目的任务量）；其他单项及附属工程规划设计；用工量、机构编制和人员设置的原则和数量；投资概算和效益概算。

图面资料包括：现状图；造林调查设计图：以县（或林场）为单位的调查设计总图等；其他单项规划设计图。

各种统计表和有关规划设计表。

附件包括：小班调查簿（或卡片簿）；各项专业调查报告；批准的计划任务书；规划设计原则方案；有关文件和技术论证说明材料等。

（4）审批程序　在调查设计全部内业成果初稿完成后，由上级主管部门召集有关部门和人员参加的会议，对设计成果进行全面审查，审查得到原则通过后，下达终审纪要。设计单位根据终审意见，对设计进行修改后上报。设计成果材料要由设计单位负责人及总工程师签章，成果由主管部门批准后送施工单位执行。

第四节　水土保持种草技术

水土保持种草技术多为沙漠化严重、干旱半干旱地区用于防治风沙的草业恢复措施。在广大的南方湿润区域，并不广泛存在沙漠化现象，因而水土保持种草技术应用并不特别具有规模。我国南方畜牧业不发达，水土保持种草技术的应用领域，主要表现在边坡的修复、田坎的生物措施以及马尾松林地表植被恢复。

一、草种选择与配置

1. 草种分类　总的来说，草种分为豆科草类和禾本科草类。豆科草类，生育期130~150d，有根瘤，直根系，主根深长，一般入土1~2m，深的可达4~5m，最深有10m以上。豆科植物的这些生理特点，使得其保土蓄水效益的时间有4个月左右并且能够固氮，改良土壤。由于根系深长，有利于吸收土壤深层的钙质，与表层的腐殖质结合，形成稳定的团粒，增强土壤的透水性、蓄水性和抗冲性。禾本科草类，生育期100~120d，须根系，入土一般有0.2~1m，最深有1~2m。禾本科植物的特点，使得其保土蓄水效益的时间有3个月左右。由于须根系分蘖能力强，须根发达，因而密集根茎对土壤表层的庇护作用大。

2. 草种选择

(1) 根据地面水分情况，分别选种以下草类　干旱、半干旱地区选种旱生草类，其特点是根系发达，抗旱耐干，如沙蒿、冰草等。一般地区选种中生草类，其特点是对水分要求中等，草质较好，如苜蓿、鸭茅等。水域岸边、沟底等低湿地选种湿生草类，其特点是需水量大，不耐干旱，如田菁、芦苇等。水面、浅滩地选种水生草类，其特点是能在静水中生长繁殖，如水浮莲、茭白等。

(2) 根据地面温度情况，分别选种以下草类　低温地区选种喜温凉草类，如披碱草等，其特点是耐寒、怕热，高温则停止生长，甚至死亡。高温地区选种喜温热草类，如象草等，其特点是在高温下能生长繁茂，低温下停止生长，甚至死亡。

(3) 根据土壤酸碱度，分别选种以下草类　酸性土壤，pH 在 6.5 以下，选种耐酸草类，如百喜草、糖蜜草等。碱性土壤，pH 在 7.5 以上，选种耐碱草类，如芦苇等。中性土壤，pH 在 6.5～7.5，选种中性草类，如小冠花等。

(4) 根据其他生态环境，分别选种不同的适应草类　在林地、果园内荫蔽地面，选种耐阴草类，如三叶草等。不同气候、不同生态环境主要水土保持草种见表 4-5。

表 4-5　不同生态环境主要水土保持草种

（王冬梅，2002）

生态环境	气候带	
	热带、南亚热带	中亚热带、北亚热带
荒山、牧坡	香根草、大绿豆、印尼豇豆、中巴豇豆、大翼豆、仙人掌、蝴蝶豆	龙须草、弯叶画眉草、葛藤、坚尼草、知风草、菅草、芭茅、毛花雀稗
退耕地、轮歇地	柱花草、香茅草、无刺含羞草、山毛豆、宽叶雀稗、印尼豇豆、紫花扁豆、百喜草、大翼豆	苇状羊茅、牛尾草、鸡脚草、象草、三叶草、无芒雀麦、印尼豇豆
堤防坝坡、梯田坎、路肩	百喜草、香根草、凤梨、葛藤、柱花草、黄花菜、紫薇、非洲狗尾草、岸杂狗牙根	岸杂狗牙根、串叶松香草、弯叶画眉草、黄花菜、芒竹、香根草、药菊白三叶草、牛尾、小冠花、细叶结缕草
低湿地、河滩、库区	香根草、双穗雀稗、杂交狼尾草、小米草、稗草、毛花雀稗、非洲狗尾草	小米草、稗草、五节芒、杂交狼尾草、双穗雀稗、香根草、水烛、芦竹、杂三叶草
幼林间作	鸡脚草、柱花草、大绿豆、糖蜜草、山毛豆、木豆、印尼豇豆、无刺含羞草、猪屎豆、竹豆	鸡脚草、三叶草、印尼豇豆、大绿豆、龙须草、弯叶画眉草、黑麦草
果园间作	印尼豇豆、紫花扁豆、山毛豆、百喜草、竹豆、猪屎豆、大翼豆	猪屎豆、黑麦草、大绿豆、印尼豇豆、中巴豇豆、鸡脚草、白三叶草
饲料基地	象草、菊苣、岸杂狗牙根、宽叶雀稗、墨西哥玉米、籽粒苋、非洲狗尾草	墨西哥玉米、象草、菊苣、杂交狼尾草、瑞蕾苜蓿、苏丹草、苦菜、籽粒苋、黑麦草、红胡萝卜
绿化、草坪	百喜草、地毯草、台湾草、黄花菜、岸杂狗牙根	岸杂狗牙根、黄花菜、早熟禾、小冠花、白三叶草、翦股颖、结缕草
沙荒、沙地	香根草、大绿豆、印尼豇豆、中巴豇豆、大翼豆、仙人掌、蝴蝶豆	香根草、印尼豇豆、瑞蕾苜蓿、沙引草、蔓荆、大绿豆、黄花菜
盐碱地（含盐量，%）0.1～0.2	盖氏虎尾草、葛藤、俯仰马唐	无芒雀麦、冬牧 70 黑麦、黄花菜、葛藤、野大豆
0.2～0.4	苏丹草	茵陈蒿、杂交狼尾草、五节芒、苇状羊茅草
0.4～0.8	大米草	芦苇、大米草、田菁、芦竹、碱茅

草种讲究适应性原则，选用本地草种，引种要经过严格评估，避免造成减少了水土流失反而引起生物入侵的生态危害。对于西南的紫色土地区，种草时应选用禾本科为主，须根系的单子叶植物根系浅且萌蘖力强，适合在土层薄的土壤中生长。南方红壤区马尾松林的地表改造，应选用耐贫瘠抗性强的先锋型草种。选用草种同样要考虑到生物的多样性，架构合理的群落关系，保证草地的多样性，减少单种草遭受病虫害时引起水土流失。

二、草类种植技术

1. 播种方式 分直播、栽植和埋植。

(1) 直播 水土保持的草类一般种子发芽力强，适应性广，适宜直接播种。在播种季节上，春播、秋播或雨季播种都应抢在雨天下种。一般以春播为好，播种方法有撒播、点播、条播和飞机播种。草木樨、苜蓿、毛苕子等草种，可将种子均匀撒播在整好的地上，用碾压方法进行覆土。在陡坡上种草，宜采用点播。油莎草、沙打旺等草种适于用条播的方法。大面积种草，飞机播种是最行之有效的方法。

① 条播：每隔一定距离将草种播种成行，随播覆土的播种方式。优点是植株分布均匀，覆土深浅一致，出苗整齐，通风透光好，便于田间管理。水平梯田、水平阶地和反坡梯田整地后适于这种播种方法。

② 撒播：用人工或撒播机把草种尽可能均匀地撒在土表，然后轻耙覆土。优点是单位面积内的草种容纳量大，土地利用率较高，省工和可以抢时播种。但种子分布稠稀不匀，深浅不一，出苗率低，幼苗生长不整齐，田间管理不方便，杂草多。所以撒播要求精细整地，提高播种质量才能落籽均匀和深浅均一，出苗整齐。上述各种整地方法都可采用撒播，但一般适用于降水量较充足的地区。

③ 点播：也叫穴播，是按一定的株行距开穴播种。种子播在穴内，深浅一致，出苗整齐，便于增加播种密度，集中用肥和田间管理，鱼鳞坑整地多用点播。在丘陵陡坡地水平沟整地、反坡梯田也可采用点播。尤其在气候干旱、降水量少、土壤瘠薄的地区点播更为普遍。

(2) 栽植 有些草类因受气候、土壤、水分等自然因素限制，直播不易成活，可以采用栽植的方法。栽植要经过育苗、移栽两个程序。

(3) 埋植 芦苇、芭茅等草类，可以采用地上茎或地下茎埋压繁殖。地下茎埋植，是先在地上开沟，沟深30cm左右，沟距50～70cm，将种茎平置沟中，覆土踩紧。地上茎埋植，在夏秋季进行，开沟规格如地下茎埋植，将已长成的地上茎平埋在沟中，梢部露出30cm，覆土踩实。不久地上茎就会变成地下茎，每节发芽长出新的植株。

2. 播种量

(1) 理论播种量设计 当种子的纯净度和发芽率都是100%时，所需的播种量为理论播种量，以kg/hm²计。

理论播种量按式（4-1）进行计算

$$R = (N \times Z)/10^6 \qquad (4-1)$$

式中：R 为理论播种量（kg/hm²）；N 为单位面积播种子数（粒/hm²）；Z 为种子千粒重（g）。

种子千粒重的确定：取有代表性的种子1 000粒，称其重量测定。

如是大粒种子，可改为百粒重，并将计算公式做相应的修改。

$$R = (N \times Z')/10^5 \tag{4-2}$$

式中：Z' 为种子百粒重（g）。

(2) 实际播种量的设计　实际播种量按式（4-3）进行计算。

$$A = R/CF \tag{4-3}$$

式中：A 为实际播种量（kg/hm²）；R 为理论播种量（kg/hm²）；C 为种子的纯净度（%）；F 为种子的发芽率（%）。

种子纯净度的测定：取有代表性的种子样品，在除去杂质和其他种子前后分别称重，并用式（4-4）计算其纯净度。

$$C = (W_C/W_Y) \times 100 \tag{4-4}$$

式中：C 为种子纯净度（%）；W_C 为纯净种子重量（g）；W_Y 为样品重量（g）。

种子发芽率的测定。取100粒种子，放在有滤纸或沙的培养皿中，加少许清水，保持20~25℃温度和充足的光照，进行发芽试验，在规定时间内检查发芽子数，并用式（4-5）计算其发芽率。

$$F = (Q_F/Q_X) \times 100 \tag{4-5}$$

式中：F 为种子发芽率（%）；Q_F 为发芽种子数（粒）；Q_X 为试验种子数（100粒）。

3. 播种技术

(1) 精细整地　播种前需进行耕翻，深20cm左右，坡地沿等高线，并按条播的行距，做成水平犁沟，有利于保水保土。干旱、半干旱地区，翻耕后应及时耙糖保墒。有条件的可采取与造林相似的工程整地。前一年先修水平阶（反坡梯田）等工程，秋冬容蓄雨雪，第二年种草。

(2) 种子处理　去杂，精选。保证播下的是优质种子。浸种、消毒、去芒、摩擦（轻度擦破种皮），有利种子出苗，防止病虫害和鼠害。有条件的，播种时可采适量肥料拌种，有利幼苗生长。

(3) 选好播期　不同草类在不同立地条件下，各有不同的最佳播种期。一般可根据当地实践经验确定。在干旱、半干旱地区应通过试验（在春夏之间2~3个月时期内，每5~10d播种一次），分别观察出苗和生长情况，确定最佳播期。春播需地面温度回升到12℃以上，土壤墒情较好时进行。地下根茎埋植应在春季解冻后、植物萌芽前进行。春旱不宜播种的地方，可以夏播；选在雨季来临和透雨后进行。地下根茎插播应在抽穗以前进行。秋播不宜太晚，要求出苗后能有一个月左右的生长期，以利越冬。

(4) 播种深度　大粒种子要深些（3~4cm），小粒种子可浅些（1~2cm）。禾本科草类种子要深些，豆科草类种子可浅些。土壤墒情差的要深些，土壤墒情好的可浅些。土质沙性大的可深些，土质黏重的可浅些。无论哪种情况，播后都需镇压。

三、草地管理

1. 田间管理　播种后和幼苗期间以及二龄以上草地，需进行以下田间管理工作：

松土、补种：播种后地面板结的，应及时松土，以利出苗。齐苗后，对缺苗断垄地方应及时补种或移栽。

中耕除草：齐苗后一月左右，中耕松土，抗旱保墒，结合除去杂草，以利主苗生长。二龄以上草地，每年春季萌生前，要清理田间留茬，进行耙地保墒；秋季最后一次性茬割后，要进行中耕松土。种子田和经济价值高的草类，有条件的可适时灌水、施肥，促快生长。

专人看管：防止人畜践踏。发现病虫兽害，及时进行防治，勿使蔓延。每年汛后和每次较大暴雨后，应派专人检查，发现整地工程损毁或其他问题，应及时采取补救措施。根据不同多年生草类的生理特点，每4～5年或7～8年，需进行草地更新，重新翻耕。

2. 南方地区草地管理 南方地区用于水土保持的种草，以保持水土为主要目的。草地在播种后，应及时覆盖防护网，减少鸟兽对草种的食用，使得草种减少，草地出苗不齐。草地幼苗长出后，应及时插补空余地表，真正起到防护水土流失作用。草地大面积草成活后，尽量避免人工干扰。南方降水相对充沛，仅需要在干旱季节注意草地的灌溉。在草地经过几年的自然化，草地的群落逐渐成熟后，就不需要过多的人工养护。

复习思考题

1. 水土保持林草措施的作用包括哪些？
2. 水保林树种选择的原则有哪些？
3. 造林整地方法有哪些？在水保林设计中常用什么方法？
4. 造林规划设计中"三表"的具体内容包括哪些？
5. 侵蚀林地有哪些？举例说明具体抚育模式。
6. 结合本章学习内容，阐述提高水保林造林成活率的技术措施。

主要参考文献

刘洪生，2005. 生态修复在长汀水土流失治理的几种应用模式分析［J］. 亚热带水土保持，17（1）：31-33.

马雪华，1987. 四川米亚罗地区高山冷杉林水文作用的研究［J］. 林业科学，23（3）：253-264.

马志阳，查轩，2008. 南方红壤区侵蚀退化马尾松林地生态恢复研究［J］. 水土保持研究，15（3）：188-193.

潘紫文，刘强，佟德海，等，2002. 黑龙江省东部山区主要森林类型土壤水分的入渗速率［J］. 东北林业大学学报，30（5）：24-26.

秦越，程金花，张洪江，等，2014. 雨滴对击溅侵蚀的影响研究［J］. 水土保持报，28（2）：74-78.

沈国舫，2001. 森林培育学［M］. 北京：中国林业出版社.

王礼先，2004. 中国水利百科全书：水土保持分册［M］. 北京：中国水利水电出版社.

王礼先，朱金兆，2005. 水土保持学［M］. 2版. 北京：中国林业出版社.

王礼先，王斌瑞，朱金兆，等，2000. 林业生态工程学［M］. 2版. 北京：中国林业出版社.

吴钦孝，等，2005. 森林保持水土机理及功能调控技术［M］. 北京：科学出版社.

薛建辉，2006. 森林生态学：修订版［M］. 北京：中国林业出版社.

姚延涛，2008. 林学概论［M］. 北京：中国农业科学技术出版社.

易婷，张光辉，王兵，等，2015. 退耕草地近地表层特征对坡面流流速的影响［J］. 山地学报（4）：434-440.

曾河水，彭绍云，陈志彪，等，2007. 长汀县运用"反弹琵琶"理论指导水土保持的实践［J］. 中国水土保持（4）：53-55.

曾河水，岳辉，2007. 长汀县侵蚀红壤区"老头松"施肥改造探析 [J]. 亚热带水土保持（1）：40-42.

张洪江，2003. 土壤侵蚀原理 [M]. 北京：中国林业出版社.

张晓明，余新晓，武思宏，等，2005. 黄土区森林植被对坡面径流和侵蚀产沙的影响 [J]. 应用生态学报，16（9）：1613-1617.

张学伍，陈云明，王铁梅，等，2012. 黄土丘陵区中龄至成熟油松人工林的水文效应动态 [J]. 西北农林科技大学学报，40（1）：93-99.

周丽丽，2014. 不同发育阶段杉木人工林养分内循环与周转利用效率的研究 [D]. 福州：福建农林大学.

陈志彪，陈志强，岳辉，2013. 花岗岩红壤侵蚀区水土保持综合研究 [M]. 北京：科学出版社.

陈宏荣，岳辉，彭绍云，等，2007. 侵蚀地劣质马尾松林改造效果分析 [J]. 中国水土保持科学，5（4）：62-65.

第五章 水土保持农业技术措施

重点提示 本章主要在介绍坡耕地水土流失现状及危害的基础上,阐述水土保持农业技术措施的类型和作用,以及主要的水土保持农业技术措施。

第一节 水土保持农业技术措施概述

一、南方坡耕地水土流失现状

坡耕地是我国耕地资源的重要组成部分。在中国坡耕地约有 21.2 万 km^2,仅南方地区就有 13.3 万 km^2,约占坡耕地总量的 62.7%。我国南方红壤丘陵区旱地农业以坡耕地居多。人口的迅速增长,加上坡耕地长期不合理利用,导致坡耕地已成为水土流失的主要策源地之一。坡耕地的水土流失不仅是造成河流水库泥沙淤积的一个重要原因,更重要的是每年要丧失大量的肥沃表土,导致农业减产和土壤退化,成为全世界共同关注的问题。

据统计资料,截至 2003 年年底,长江流域是我国坡耕地最为集中的分布区,特别是大于 25°坡耕地分布更为集中。表 5-1 是以长江流域上游部分省(直辖市)为例说明坡耕地的分布情况。

表 5-1 长江上游部分省(直辖市)坡耕地面积分布

(水利部等,2010)

省(直辖市)	5°~15°		15°~25°		>25°		合 计	
	面积(万 hm^2)	占全省比例(%)	面积(万 hm^2)	占全省比例(%)	面积(万 hm^2)	占全省比例(%)	面积(万 hm^2)	占全国比例(%)
湖北省	25.38	36.26	22.68	32.40	21.93	31.34	69.99	3.30
重庆市	52.15	37.04	58.18	41.32	30.46	21.64	140.79	6.65
四川省	135.37	50.92	97.87	36.82	32.58	12.26	265.82	12.55
贵州省	42.59	29.15	67.81	46.41	35.70	24.44	146.10	6.90
云南省	12.86	32.80	12.53	31.95	13.82	35.25	39.21	1.85

1999 年数据显示,四川盆地水土流失泥沙总量中有 2/3 来自坡耕地;张展羽等对江西省 4~6 月坡耕地水土流失量进行统计,发现该时段的流失量占全年的 80%。研究表明,川江流域 15°的坡耕地年土壤侵蚀量为 110.4t/hm^2,20°坡耕地为 145.5t/hm^2,25°坡耕地达 197.25t/hm^2。研究资料显示,三峡地区山地占 74.0%,丘陵占 21.7%,河谷、平坝仅占 4.3%,人口密度平均达 251 人/km^2,部分库区人口密度高达 1 060 人/km^2,人均耕地极少,而且坡耕地占 60%以上。由于山高坡陡、地形破碎,加之人多地少,复种指数高,土地得不到休养,致使坡耕地松散表土长期处于裸露状态,极易产生水土流失。长江上游地区大部分坡耕地年土壤侵蚀量占 5 000t/km^2 以上,属强度以上流失区。三峡库区不同土地利用土壤侵蚀量调查研究资料表明,占库区面积 22.6%的坡耕地,年侵蚀量达 9 450 万 t,占库区年总侵蚀量的 60%,来自

坡耕地的入江泥沙量占三峡库区入江泥沙总量的46.16%。重庆市坡耕地年土壤侵蚀量为1.92亿t，占总侵蚀量3.42亿t的56.14%，入江泥沙0.56万t，占入江泥沙总量的79.32%。据对川江流域研究，川江流域坡耕地侵蚀总量为1.75亿t，占全区侵蚀总量的53.87%，坡耕地平均侵蚀模数为6 699t/（km²·a），是全流域侵蚀面积平均侵蚀模数的1.56倍。乌江流域坡耕地面积占流域面积的22.25%，侵蚀总量高达1.22亿t，占全流域的62.11%，其中大于25°的陡坡耕地面积仅占流域总面积的6.96%，侵蚀量达0.51亿t，占流域侵蚀总量的25.82%，8°~25°的坡耕地侵蚀量占侵蚀总量的36.29%。研究结果还表明，在我国南方紫色土区坡耕地土壤面积高达767万hm²，其土壤侵蚀模数高达5 897t/（km²·a）以上，仅次于黄土，比非坡耕地土壤侵蚀模数3 750t/（km²·a）高57%。

二、坡耕地水土流失危害

（一）坡耕地水土流失对土地资源的影响

坡耕地水土流失对土地资源产生极大的破坏。由于严重的水土流失，长江流域耕地面积每年减少1 300~2 000km²，2001年数据显示，贵州省毕节地区坡耕地裸岩和沙砾化土地面积平均每年增加15~20km²，重庆市南川区现有石漠化土地面积186.52km²，潜在石漠化土地面积139.65km²。重庆市万县自20世纪50年代以来，裸岩面积平均每年扩大25km²；湖北省秭归县砾石含量超过30%的坡耕地占总坡耕地面积的36%。

（二）坡耕地水土流失对土壤肥力的影响

坡耕地严重的水土流失，导致土层减薄、肥力下降。重庆市巫山县坡耕地因水土流失导致土壤薄层化，据史德明1999年统计分析，现有耕地中土层厚度小于30cm的占31.5%，30~100cm的占36.5%，100cm以上的仅占12.4%。云南省巧家县540km²坡耕地中，耕层小于20cm的达316km²，占58.8%。贵州省毕节地区耕层小于15cm的坡耕地占总耕地面积的49.3%。由于水土流失，川江流域的坡耕地每年流失的土壤厚度10.6mm，而形成1mm厚的土壤平均需要20~40年，土壤破坏的速度数百倍于成土速度。

南方花岗岩侵蚀区的研究结果表明，在严重流失地区，坡耕地A层已全部流失的土壤面积已达20%~40%；无明显侵蚀土壤的有机质含量分别为强度和剧烈侵蚀地段的4倍和8倍，全氮含量分别为3.9倍和40倍，全磷含量分别为4.6倍和16.7倍；强度侵蚀和剧烈侵蚀地段的有机质含量分别为0.57%和0.16%~0.25%，沙土层和碎石层则为0.08%~0.17%。据统计，长江流域因水土流失每年损失氮、磷、钾就达2 500万t。

（三）坡耕地水土流失对土壤生产力的影响

严重的水土流失，导致坡耕地生产力下降、群众生活贫困。据调查，绝大多数坡耕地广种薄收，只用不养，产量仅为1 500~2 250kg/hm²，如遇到洪涝或干旱等灾害，种子都难以收回，甚至颗粒无收。据统计，全国200多个贫困县中，87%分布在水土流失严重的区域，其中，西南石漠化地区贫困人口占到全国贫困人口的50%；三峡库区所辖19个县，大部分为扶贫对象，有的甚至没有解决温饱问题。坡耕地的水土流失，导致土壤资源日益枯竭，耕地质量下降，农业生态环境恶化，延缓山区脱贫的步伐。

以川中丘陵区为例，该区是四川乃至长江上游最重要的农业生产区。区内农耕发达，四川省75％的人口集中于川中丘陵，人地矛盾突出，土地垦殖率高；同时，区内紫色土风化剥蚀强烈，致使该区水土流失十分严重，多数地区土壤侵蚀模数为4 000～7 000t/（km² · a）。严重的水土流失导致坡耕地土层变薄，土壤保水、保肥能力差，抗旱力弱，生产力下降。据中国科学院盐亭紫色土农业生态试验站多年观测资料，川中丘陵区梯地土壤侵蚀模数为坡耕地的1/8、径流量为1/2.4，坡耕地每损失1mm厚的土层，土壤储水力下降0.4mm，坡耕地每年干旱天数比梯地约多57d，区域内坡耕地春旱、夏旱、伏旱发生频率分别高达55％、68％和73％，坡耕地年均产量仅为梯地的80％，土壤生产力下降幅度约为20％。

（四）坡耕地水土流失对于江河湖库泥沙的影响

坡耕地严重的水土流失不仅造成土地退化、沙砾化、石漠化面积逐年增大，而且还威胁着人类的生存环境，每年大量的泥沙淹埋农田、阻滞交通、抬高河床，加速水库塘堰等水利工程的淤积，加剧下游的洪涝灾害。研究结果表明，1956—2012年洞庭湖湖区年均泥沙淤积量为9 230万t，1957—2012年鄱阳湖湖区年均淤积泥沙量为1 210万t。据胡海波等对1998年长江洪灾的成因及对策分析，长江流域6 709座各型水库的总库容为260.62亿m³，淤积量为13.78亿m³，占总库容5.29％，塘堰淤积率为55.90％，中型水库为9.39％，大型水库为5.04％。近20年来，金沙江支流小江河床普遍淤高3～5m。三峡库区每年大量泥沙汇入长江，使长江的重庆至宜昌段每年输沙量从原来的4.65亿t增大到5.35亿t，居世界大河泥沙量第四位。1998年长江发生全流域性的特大洪水，其重要原因之一就是中上游地区水土流失严重，加速了暴雨径流的汇集过程，而且每年约3.5亿t粗沙、石砾淤积在支流水库和中小河道内，降低了水库调蓄和河道行洪能力。

三、水土保持农业技术措施防治水土流失的原理

水土保持农业技术措施包括耕作措施和栽培措施，其防治水土流失的关键在于，增加地表的粗糙度或覆盖度，或两者兼而有之。

实施适当的水土保持耕作措施，可以使表层土壤的物理性状得到一定程度的改善，尤其是在表土层较紧实、通气孔隙度较低的土壤上，可以减小表层土壤容重，增大通气孔隙度和地面粗糙度，增加水分入渗量，提高土壤抗冲性。春季进行适当的耕作，有利于雨水渗透进入土层。在表面易于结皮的土壤上，适时中耕破坏结皮，有利于降雨渗入土壤中。在底土层较紧实、透水性差、剖面中有障碍层的土壤上，深松耕可破碎下部紧实的土层，使土壤剖面的透水性得到改善，从而加强土壤的抗蚀能力。因此，在有机质贫乏、物理性状差的土壤上，掌握适宜的耕作时间和强度，可降低土壤的侵蚀风险性。但是，在土壤含有一定量的有机质，土壤的孔隙性和透水性较好的情况下，频繁耕作扰动土层，倾向于增加土壤的侵蚀风险。因此，土壤的有机质、孔隙度和渗透率，可以作为判断土壤耕作强度与次数的参数。

地面覆盖被广泛运用以增加土壤有机质，改善土壤的团聚体结构和孔隙度，调节土温及水分状况，从而提高土壤肥力和改善土壤耕性。覆盖层还作为土壤表面的缓冲层，可以降低环境对土壤的直接影响，如覆盖层可防止雨滴的溅蚀作用，使土壤颗粒不至于被打击而分散；可以将由于土粒分散造成的地表结皮减轻到最低限度，并降低径流的流速。因此，覆盖耕作技术能有效地保护水土资源。

实施适当的水土保持栽培措施，能增加地面的覆盖度，延长地面覆盖时间，减轻雨滴直接击溅地表，减少地表径流，从而减轻耕地的面蚀和沟蚀。栽培措施还能增加土壤层根系量，提高固持耕层能力的同时，增加土壤有机质含量，改善土壤理化性质，有利于形成和恢复土壤团粒结构，增强透水性能，提高土壤抗冲（蚀）能力，最终有利于保持水土。

四、水土保持农业技术措施的类型

为了作物的稳产和高产，采用适宜的水土保持农业技术措施，可创造一定的土壤表面状态和耕层结构，以调节气候、作物、土壤之间的关系和统一土壤库中部分物质积累和释放的矛盾。

水土保持农业技术措施的类型很多，其中耕作措施有横坡耕作（等高耕作）、秸秆覆盖、留茬或残茬覆盖、免耕及少耕等，栽培措施有间作、轮作、套种和混播等。

所有好的水土保持农业技术措施，必须有保水、保土、保肥的明显效果，并能有效地提高作物产量。依据对现有耕作措施的分析，凡是改变了微地形（或小地形），增加了地面粗糙度，或增加了地面覆盖度（覆盖面积），或改变了土壤物理性状，均可达到上述目的。现按耕作措施作用的性质，分类如下：

①以改变微地形为主的耕作措施，如横坡耕作。四川紫色土区改顺坡耕作为横坡耕作，可减少土壤冲刷30%左右，玉米、红薯、甘蔗等作物产量提高10%～15%。

②以增加地面覆盖为主的耕作措施，如秸秆覆盖、留茬或残茬覆盖、地膜覆盖等。增加地面覆盖和提高地面糙率，能够增加坡耕地储蓄水分的能力，减缓坡面径流的流速，削弱其侵蚀冲刷能力，同时也增加了入渗，减少了地表径流，进一步起到防治水土流失的作用。研究结果表明，在紫色土坡耕地上覆盖3 000kg/hm^{2}秸秆，土壤抗冲能力比未覆盖提高4～7倍。秸秆覆盖能显著提高土壤抗冲能力，主要是因为秸秆使土壤避免或减轻雨滴的击溅作用，保持土壤的通透性和增加对降雨的入渗功能，发挥了对径流泥沙的拦截作用。因此，秸秆覆盖是治理坡耕地水土流失的一项重要措施。

③以改变土壤物理性状为主的耕作措施，如免耕及少耕等。研究表明，留茬覆盖可以显著提高0～10cm土层有机质、全量养分、速效养分含量及土壤水解酶和氧化还原酶的活性。

五、水土保持农业技术措施的作用

水土保持农业技术措施的独特作用是调节土壤物理性状，从而达到蓄水保水、促进土内营养物质的有效化，为农作物生育创造较适宜的土壤环境条件，尽量减少土壤中水分、养分的非生产性消耗，提高降水的利用率。

在坡耕地上，水土保持农业技术措施必须充分发挥"土壤水库"的作用，尽最大可能地把天然降水蓄存于"土壤水库"之中，以满足作物生长发育对水分的需要，来调节天然降水季节与作物生长季节不相吻合的矛盾。因此，水土保持农业技术措施的主要作用可归纳为以下三方面：

①根据天然降水的季节分布，及时采取适宜的措施，最大限度地把宝贵的天然降水蓄纳于"土壤水库"之中，尽量减少坡耕地上各种形式径流的产生。

②根据水分在土壤中运动的规律，及时采取适宜的措施，减少已蓄纳于"土壤水库"中水分的各种非生产性消耗，如地表蒸发、渗漏等，使土壤内所储蓄的水分尽最大可能地及时

地为农作物生长发育所利用，调节天然降水季节分配与作物生长季节不协调的矛盾。

③根据生态学原理，及时采取适宜的措施，促进肥效的提高，防止倒伏、消灭杂草及病虫害，以提高有效土壤水分对农产品的转化效率，即提高水分的生产效率。

总之，在现有的生产条件下，天然降水是否能较充分地被土壤所蓄纳，并有效地用于农业生产，是农业生产成功的关键所在。简而言之，水土保持农业技术措施的主要作用就是蓄水保墒，提高天然降水的生产效率，给作物生产创造一个良好的土壤环境条件。

第二节 主要水土保持农业技术措施

一、水土保持耕作措施

水土保持耕作措施是以保水、保土、保肥为主要目的的提高农业生产的耕作方法。实践证明，水土保持耕作是迅速减少坡耕地土壤侵蚀，有效利用自然资源，提高坡耕地生产力，实现大面积水土流失治理的经济有效的措施。水土保持耕作的中心任务就是蓄水保土，提高天然降水的生产效率，给作物生产创造一个良好的土壤环境。

下面介绍几种南方常用的水土保持耕作措施：

（一）等高耕作

等高耕作也称横坡耕作，是在坡面上沿等高线方向所实施的耕犁、作畦及栽培等作业。这种横坡耕作可以拦蓄大量的地表径流，减少水土流失的发生和增加土壤的蓄水量。

1. 等高植物篱 等高植物篱又称生物篱，是农林复合经营的重要形式之一，其主要形式是在坡面沿等高线布设密植灌木或灌化乔木以及灌草结合的植物篱带，带间布置作物。合理科学的植物篱结构能有效过滤地表径流、拦蓄泥沙且保护植物篱形成的土坎，并获得最大的坡面利用空间。植物篱空间结构包括水平结构和垂直结构，国内外主要对其带间距、带内结构和株距进行了研究。

等高植物篱技术可取得较好的生态、经济和社会效益。

（1）可改善土壤理化性质，提高土壤肥力 资料显示，金沙江河谷海拔高度1 000～1 400m内在坡耕地上相隔4～6m种植双行固氮植物篱，6年后与对照相比土壤有机质含量提高19.8%～32%，全氮量提高74.9%～133.9%，使极为退化的土地得到改善。

（2）可阻滞地表径流 坡面布设植物篱使地表径流携带的泥沙淤积于篱前，随着篱间耕作的逐年进行，篱间坡度减缓，篱坎淤高形成淤积层，最终形成植物坎梯田。表5-2为秭归县等高植物篱3年试验的研究结果。

表5-2 三种等高植物篱成篱状况与挡土效果
(刘学军等，1997)

品种	篱墙可见度	篱坎平均高度（cm）	篱间坡面坡度减小
新银合欢	很明显	40～60	4°
黄荆	很明显	>55	>6°
马桑	明显	20～25	2°～5°

（3）可控制面源污染 研究表明，地表径流通过等高植物篱过滤后，75%的全氮、全

磷、悬移质特别是磷被吸附，大肠杆菌被完全过滤，径流 pH 基本恢复中性（pH 7.89）。此外，等高植物篱可有效吸附径流中有毒氰化物、氯化物、苯等有机物，在坡耕地布设 4m×2m 植物篱后，施用除草剂的径流通过时 85% 有机物质被吸附，减少了有毒物质对土壤及下游河流的污染。

（4）植物篱自身效益显著　由于植物篱多选择豆科植物，具有固氮作用，可增加土壤氮素。同时，植物篱多具有根系深的特点，可直接从母质层吸收养分，同时植物篱修剪下的枝叶进入土壤，又增加了土壤养分含量。土壤生物活动的增强，可促进土壤养分的分解，利于作物吸收。

（5）可改善农田生态环境，提高系统抵抗害虫能力　绿篱-农作物复合经营方式可增加农田生态系统内植物多样性，由单一农作物变为几种植物共生群落，植物多样性导致昆虫多样性，多种天敌昆虫增加，使昆虫群落食物链网络结构趋于复杂，生态系统内能量流动途径增多，昆虫间相互制约能力增强，提高了农田生态系统功能。

等高植物篱存在问题及发展趋势：构建植物篱占用 10%～20% 的坡耕地，篱笆根系与农作物存在争水、争肥现象且篱笆遮阴降低了农作物对光的利用率，影响农作物产量。为广泛推广该项技术，首先应正确选择植物篱种类，注重选择与作物争水、争肥较弱，并能为作物提供养分，经济价值高的植物；进一步提高管理技术如施肥、整地和耕作措施，减少植物篱对农作物的负面影响。

等高植物篱的研究未来将呈多元化趋势，应进一步加强植物篱系统的能流、物流和经济流的功能研究，时空结构的优化模式及其调控机理和方法研究，完善植物篱体系；建立完善的评价方法和可持续发展指标体系，对植物篱进行定量评价；建立试验示范点和示范区，为进一步推广该技术提供科学依据。

2. 水平沟耕作　水平沟耕作是等高耕作的一种形式，其结合带状间作、套种或轮作、免耕留茬覆盖等技术，可以更有效地防治水土流失。实践证明水平沟耕作是一种省工、省时、有效的水土保持耕作技术。

水平沟耕作是沿坡地等高线进行的耕作，它可改变坡面微地形，增加坡面粗糙度和降水入渗率，从而达到拦截降水、减缓地表径流、减轻土壤侵蚀、培肥地力和提高土地生产力的目的。研究资料表明，与普通等高耕作相比，水平沟耕作减少径流量 25.7%～40.5%，减少土壤侵蚀量 33.7%～56.1%。随着坡度的增大，水平沟拦蓄径流、泥沙的效果呈减小趋势，当坡度由 10°增加到 25°时，水平沟耕作拦蓄径流效果由 62.09% 降到 38.25%，拦蓄泥沙效果则由 87.17% 降到 55.86%。

水平沟耕作可以提高土壤水分利用率，在降水相同条件下，较普通等高耕作可多接纳降水，减少土壤水分的无效消耗。土壤水分利用率高低是衡量土壤水土保持耕作措施优劣的一个重要指标。试验资料显示，水平沟耕作可以提高土壤水分利用率 25.2%～92.2%。随着坡度的增大，水平沟耕作提高水分利用率的作用有所下降。表明在一定的坡度范围内，坡度越小，水平沟耕作提高土壤水分利用率也越显著，反之亦然。

当然，等高耕作的应用有一定的条件限制，即在地形、土壤性质、种植制度适宜的条件下，运用等高耕作才能取得预期的效果。等高耕作在坡度 15°以下的坡面上实施，才有较好的水土保持效果，并且坡度越小，效果越好。如果坡度超过 15°，等高耕作必须与覆盖或沟垄等结合，或采用其他防护措施，才能有效防治水土流失。

(二) 秸秆覆盖、留茬或残茬覆盖

覆盖耕作法是将草类、作物残茬或其他材料覆盖在作物株行间或裸露的地表上，以达到减少径流及土壤流失，增加土壤水分含量，抑制杂草生长，减少中耕除草，调节土温，增加土壤有机质，减少土壤水分蒸发的目的。

1. 秸秆覆盖 秸秆覆盖指将作物残茬秸秆、粪草、树叶等覆盖于土壤表面，可以起到蓄水、保水、保土、培肥、抑草、调温等多种功效的一种耕作技术。秸秆覆盖一方面改变地表下垫面性质，形成缓冲层，避免雨滴直接打击土壤，延缓水分入渗时间，阻滞地表径流，调节土壤水分，秸秆覆盖还可以调节土壤容重和孔隙状况；另一方面秸秆覆盖的农田太阳光对地表的辐射以间接辐射为主，是良好的隔热层，进而调节土壤与大气之间热量交换。土壤水、气、热状况发生变化，土壤生物活性、土壤养分物质的分解、释放和转化随之改变，最终影响着土壤的肥力水平，以影响作物的生长及产量。在我国，1988 年秸秆覆盖面积超过 6.6 万 hm^2，1991 年达到 350 多万 hm^2，2001 年达到 600 多万 hm^2，2011 年机械化秸秆还田面积已达 1 500 万 hm^2。

秸秆覆盖在我国的推广和应用取得了一定效益。近年来，保护性耕作技术研究和应用步伐加快，并出现由北方干旱半干旱地区向南方季节性干旱地区逐步扩展的趋势。四川巴中地区 1998 年推广聚土改土垄作覆盖栽培面积 1.33 万 hm^2，重庆开县 2004 年也开始推行以秸秆覆盖为主的农田保护性耕作新技术。

研究结果表明，秸秆覆盖是一种具有显著水土保持效果和提高农作物产量双重作用的耕作措施。在 8°的坡耕地上，全年覆盖处理比对照减少地表径流和土壤侵蚀量分别达 67.3% 和 29.3%，同时使作物产量提高 14.9%，土壤抗冲能力提高 4~7 倍。秸秆覆盖处理降雨前后不同土层（0~20cm、20~40cm 和 40~60cm）土壤含水量变化的研究结果表明，秸秆覆盖不仅增加了降水的入渗量，而且有利于降水向深层土壤下渗，这对增加深层土壤贮水容量、提高土壤抗旱能力具有重要的意义。研究结果还显示，秸秆覆盖使 0~200cm 土层储水量增加 30.7~78.4mm，降水利用率提高 45.5%。与对照相比，7 500kg/hm^2 玉米秸秆、水稻秸秆覆盖时，产量分别增加 21.13% 和 0.97%。

国内外学者对秸秆覆盖已做了大量的科学研究，也取得了一系列指导农业生产的研究成果。目前，秸秆覆盖对作物根系活性和功能维持的效应、不同秸秆类型覆盖改善农田微气候的差异研究、秸秆覆盖对作物生理生化机制的变化研究等是今后的重要研究方向。

2. 留茬或残茬覆盖 留茬或残茬覆盖是利用部分或全部作物残茬覆盖地表进行保护性耕作的方法。残茬覆盖应用于农业生产已有悠久的历史，系统研究始于 20 世纪 30 年代，并成为当时水土保持的重要措施。残茬覆盖是一项有效的防治土壤面蚀和浅沟侵蚀的措施。作物残茬覆盖于地表，形成一个缓冲层，雨滴的击溅作用因被覆盖层阻挡而减轻，径流因被阻滞而降低了流速；同时，残茬可以增加有机质，改善土壤结构与孔隙度，减少地表结皮，提高土壤的渗透率，使土壤蓄积水分的容量增加，从而减少地表径流量。而径流流速和流量的减小，使其冲刷力大为减弱，也极大地减少了土壤流失。因此，残茬覆盖不仅是培肥土壤、减少土壤表面无效蒸发、增强土壤抗旱能力、提高作物产量的有效措施，而且是防治水土流失的重要水土保持耕作技术。研究结果表明，与无留茬相比，30cm 高留茬、15cm 低留茬分别滞后初始产流时间 107%、76%，土壤侵蚀量分别减少 62.9%、25.6%。

试验结果还显示（表5-3），与无覆盖相比，2000年处理A与B的产流次数都减少1次，地表径流量分别减少47.8%、52.9%，土壤侵蚀量分别减少67.7%、76.6%。2001年处理A与B产流次数分别减少3次、4次，地表径流量分别减少84.8%、93.2%，土壤侵蚀量分别减少92.0%、96.1%。总之覆盖减少了产流次数、地表径流量、土壤侵蚀量，且随着覆盖年限与覆盖量的增加，保水保土效果更明显。

表5-3 残茬覆盖对水土流失的影响

（王育红等，2002）

年份	处理	产流次数	地表径流量 (L/hm^2)	比对照减少 (%)	土壤侵蚀量 (kg/km^2)	比对照减少 (%)
2000	A	2	1 249.6	47.8	169.5	67.7
	B	2	1 126.7	52.9	123.0	76.6
	C	3	2 393.3	—	525.0	—
2001	A	2	835.6	84.8	97.1	92.0
	B	1	372.8	93.2	46.6	96.1
	C	5	5 487.3	—	1 208.2	—

注：A表示麦收后高留茬25～30cm，折盖草量2 545.5kg/hm^2；B表示麦收后高留茬35～40cm，折盖草量3 261.0 kg/hm^2；C表示对照，无覆盖。小区面积3m×10m，3次重复。

研究结果还显示，在坡度14°，覆盖量1 kg/m^2，在降水强度80 mm/h和100 mm/h下，与无覆盖相比，残茬覆盖的入渗速率分别提高2.12与1.87倍。泥沙侵蚀速率分别减少97.8%、98.8%。

（三）免耕和少耕

1. 免耕 免耕的出现应是在原始农业的时代，当时还没有金属生产农具，人们的耕种主要靠木质工具，用简单的木棍掘土凿穴，播种在处女地上。所以免耕是原始农业的主要技术措施，支撑了很长一段历史时期的农业生产。自现代化农业机具出现以后，耕作技术有了很大改进，深耕翻土有效地消灭了杂草，创造了较深的、疏松通透的土壤耕作层，使其更能满足播种和栽种作物的需要。被翻松的土壤，其中有机质很快氧化分解，为作物提供了丰富的矿质养分，改善作物的生长环境，提高产量。但是，长期强度耕翻土壤，在有机物补充不足的情况下，土壤有机质大量分解，结构的稳定性遭到破坏，同时由于作物残茬被清除，土壤直接受降雨的击溅，导致水土流失，使土壤肥力下降、作物产量降低。尤其是在坡耕地上，更会发生严重的土壤侵蚀。耕作强度越大，对土壤的破坏就越严重，土壤偏离自然状态就越远，土壤自身的保护功能、营养恢复功能就丧失越多。而免耕不会破坏土壤的结构，使得土壤有效持水孔隙比例增加，有利于改善土壤物理性状，增加降雨的入渗，对减少地表径流和土壤侵蚀等具有一定的作用。所以，免耕措施又重新得到重视，成为一项重要的水土保持耕作技术。

免耕是指不进行耕作整地，把土壤翻动减少到最低限度，将幼苗或种子直接栽或播于前茬土壤上。残茬腐烂后，增加了土壤有机质含量，从而改善作物生长的土壤环境，通过不耕作达到耕作土壤的目的。免耕之所以能有效地防治水土流失，是因为免耕不翻动土层，保留残茬覆盖于地面，可以增加进入土壤的有机物质，改善土壤的结构和孔隙状况，特别是增加土壤的大孔隙度，促使土层疏松多孔，提高土壤的透水率，增加降雨入渗和减少地表径流。覆盖层可以使雨滴的击溅作用减至最低限度，并滞缓径流。免耕减少径流和土壤流失的程度，主要取决于覆盖物的数量。

研究结果表明，以免耕为主的保护性耕作比传统耕作径流减少60%，土壤水分蒸发减少11.2%，水分利用率提高17%～25%，土壤有机质平均每年增加0.03%，速效氮每年提高1.2%，速效钾每年提高0.8%，还增加了土壤中生物数量和土壤团粒结构，土壤质量明显改善。四川省试验及推广应用的聚土免耕法结果表明，旱地聚土免耕在10°坡耕地上比顺坡种植减少土壤流失量75%～87.5%，地表径流减少41.2%～71.4%。比等高带状种植减少侵蚀量33.3%～71.4%，减少地表径流28.6%～60%，大大提高水土保持效益，增产效益一般可达17%，个别地块高达80%。聚土免耕3年，垄沟耕作层与垄厢耕作层下的心土层，有机质含量提高0.21%和0.30%，全氮含量增加0.02%和0.01%。熟土层增厚，改善了坡耕地土壤结构，提高了地力。

2. 少耕　少耕是指在一定生产周期内，尽量减少耕翻次数，以保持土壤通透性，有利于水分下渗。通常是在耕作层土壤比较紧实板结，或表层在雨后易于结皮，形成封闭表面的土壤上进行。少耕的目的是破坏土壤表层结皮，使紧实的表土层疏松，改善土壤对水分的渗透性，并尽可能地保留较多的残茬覆盖，达到防治水土流失的目的。因此，少耕所使用的农具，主要是在表土层耕作且不翻耕土壤，不使土壤有大的扰动。少耕的另一层意义，是与传统耕作法相比较，减少耕作的频率和强度。减少的耕作环节，主要是春秋两季的翻耕倒茬，以保留较多的残茬覆盖，并在一定程度上改善表层土壤的通透性，以达到保持水土和创造作物良好生长环境的目的。

20世纪70年代以来，少耕技术在世界范围内得到了长足的发展，其各种耕法也得到了不断完善。在美国和加拿大等国家，少耕技术已取代翻耕成为主体耕法。一般少耕可比常规耕作降低作业成本40%～80%。科学的少耕还可以使土地得到持续利用，产量稳步提高。试验结果表明，少耕法使小麦增产22%，降水利用效益提高11%，经济效益提高40%。在坡度11°的坡耕地上进行少耕防止水土流失的研究结果表明，留茬覆盖物腐烂后，使土壤有机质从0.93%增加到1.03%，土壤容重由$1.29g/cm^3$降低到$1.134g/cm^3$，土壤含水率由13.3%提高到14.9%，提高了土壤的入渗率和保墒率，减少了径流的产生，达到了就地拦蓄入渗、就地利用的蓄水保墒的目的，把提高产量和保持水土有机地结合了起来，为作物持续生产和增产创造了有利条件。

以上介绍的等高耕作、秸秆覆盖、留茬或残茬覆盖、免耕及少耕等，均可根据农业生产的实际条件，两种或几种耕作措施组合使用，以求达到最佳的水土保持效果。

二、水土保持栽培措施

栽培措施具有因地制宜，充分有效地利用当地自然条件的特点。在不同的环境条件下，实行不同的轮作、间作、套种、混播等，可以综合发挥多种作物的优势，扬长避短，相互促进，减少水土流失，培肥地力，是取得稳产高产和省工经营的一条重要途径。

水土保持栽培措施和水土保持耕作措施是密切相关的，二者必须紧密结合才能起到事半功倍的效益。

（一）间作

间作是指两种作物同时在一块地上间隔种植的一种栽培方法。间作是增加土壤表层覆盖面积，提高单位面积作物产量和保持水土、改良土壤的一项有效的农业技术措施，极为省工、简单易行、行之有效。作物实行间作能够减少水土流失，主要在于作物对土壤层增加了覆盖面积和覆盖度，经常使地表具有两层的作物覆盖。间作也使土壤中的根系增加，俗话说："根不离土，土不离根"。它对固持土壤和改良土壤有很大的作用。

林粮间作是一种传统的复合农林形式，在中国有着悠久的历史。一是在幼树或幼年果树行间种植粮食作物或绿肥，便于在人多地少的情况下充分利用有限的土地；二是在农田周围或农田内种植一些树木，以改善农田小气候，促进农作物生长。不同的复合经营模式主要有林农模式、林草模式等。

我国南方红壤丘陵区坡地利用极为普遍，发展复合农业种植，均收到林茂、果盛、粮丰的良好效果。研究结果表明，赤红壤缓坡梯田地幼龄果园里没有植被覆盖的果树之间的裸地（对照），地表径流系数为0.83，年土壤侵蚀模数达52.41t/hm²，几乎是同类型地区林地土壤侵蚀模数的10倍。幼龄果园间作牧草比裸露地表减少径流49.11%~65.62%，减少土壤侵蚀量81.31%~82.51%。说明果树本身抵御水土流失的作用是十分有限的，特别是新开垦种植的幼龄果园，地表几乎全部疏松裸露，水土流失尤为严重。因此，在果园及其他人工林地建植初期，间作草本植物保护地表免受侵蚀是尤其必要的。

在坡地资源的利用模式中，坡地果园实施果草间作可以取得果草双丰收的效果。在果园间种牧草，一方面可以缓解人多地少、果草争地的矛盾，拓宽种植牧草的土地面积，另一方面牧草可以改善果园小气候，提高土壤肥力，抑制病、虫、杂草危害。例如，桂花草与荔枝间作，夏季种草区比无种草区温度降低2.9~4.0℃，种草3年后土壤有机质增加77.27%，全氮提高25.53%，全磷提高30.0%，全钾提高25.53%，土壤pH由4.8变为5.2。同时，果树一般3~4年后才能投产，投资效益返还慢，而果园实施果草间作当年就可获得收益，实现以短养长、以草促果，在短期内提高果园的生态、经济效益。另外，在果园间作牧草可以有效抑制杂草生长，减少大量清除杂草的工时费用，降低果园生产管理成本。如利用牧草覆盖果园每年大约可节省除杂草工日255个/hm²，同时果树的溃疡、红蜘蛛等病害明显减少，大大节约农药费用，提高综合经济效益。

值得一提的是，豆科牧草在果草模式中有着不可替代的独特作用。在新植或幼龄果园间种豆科牧草之所以重要，第一，因为豆科牧草的根瘤具有独特的固氮作用，在牧草生长过程中可使土壤氮素肥力提高，牧草地上部分直接压青或饲喂畜禽后的粪便回田，都会提高土壤有机质含量，促进缓坡地利用的良性循环；第二，豆科牧草根系庞大、枝繁叶茂，播种出苗后很快形成地被将土壤严密地覆盖，是最理想的水土保持植物；第三，豆科牧草为多年生宿根性植物，播种当年即可形成较高的生物产量，使得果园真正实现免耕或少耕，从耕作方式上控制了水土流失的发生；第四，豆科牧草富含粗蛋白质，营养价值高，特别是地上部分收获加工可作为牲畜、食草鱼等动物的优质粗饲料，可以获得很好的经济利益；第五，豆科牧草不仅为良好的显花蜜源植物，而且也是众多有益昆虫生存繁衍的良好隐蔽和栖息场所，这些有益昆虫能有效地抑制果树害虫的爆发，避免使用化学杀虫剂造成果品污染和环境危害。

(二) 轮作

人们在农业生产实践中，认识到同一种作物在同一块土壤上连续种植，会出现作物发育不良、减产、病虫害严重现象。而大量试验证明，轮作不仅可以协调不同作物之间养分吸收的局限性，增加土壤中养分的有效性，还可以通过根系分泌的变化，减少自毒作用，改善根围微生物群落结构，减少土传病虫害的发生，提高土壤酶的活性。轮作可以提高经济效益和作物产量，改善作物残茬管理并减少土壤侵蚀，有利于杂草控制和防治病虫害，提高土壤肥力，增加土壤有机质以及提高氮利用效率。因此，轮作是增加作物产量的一项重要农业技术措施。合理轮作能使农作物产量不断增加，土壤肥力不断提高，能做到用地和养地相结合。

轮作是一项很古老的农业技术，一直被认为是改善土壤肥力状况的有效手段。轮作是在一定的周期之内（一般是一年、两年或几年），两种以上的农作物，本着依据持续增产和满足植物生长的要求，按照一定次序，一轮一轮地倒种。轮作与保护性耕作相结合，能够改善土壤的物理特性，有豆科作物参与轮作时还能通过共生固氮作用增加土壤中的氮素，一般而言，禾本科与豆科轮作的单产常常较其连作的单产高10%~30%。与连作玉米相比，在玉米—紫花苜蓿轮作中，氮利用效率要高出35%，而在玉米—大豆轮作中，氮利用效率要高出25%。

在水土流失地区，合理而科学地实行农作物之间或牧草与农作物之间的轮作制度，对防治水土流失，提高农牧业生产和改善土壤水分、物理化学性质具有深远和现实的意义。研究结果表明（表5-4），有三季黑豆参与轮作的处理Ⅰ，平均径流量比CK小麦连作减少幅度达44.0%。有一季黄豆参与轮作的处理Ⅱ，年平均径流量比CK小麦连作减少幅度达14.8%。处理Ⅰ、处理Ⅱ的土壤侵蚀模数分别比CK小麦连作减少63.8%和增加32.3%。与连作小麦（CK）相比，处理Ⅰ、处理Ⅱ分别增产2 970kg/hm²、2 625kg/hm²。

表5-4 不同轮作方式对径流量、土壤侵蚀量和产量的影响

（张兴昌等，1993）

处理	径流量 [m³/(km²·a)]	比CK减少 (%)	土壤侵蚀模数 [t/(km²·a)]	比CK减少 (%)	产量 (kg/hm²)
Ⅰ	21 125	44.0	718	63.8	3 975
Ⅱ	32 134	14.8	2 624	−32.3	3 630
Ⅲ	37 718	—	1 983	—	1 005

注：试验小区水平投影面积20m×5m，坡度为23°。处理Ⅰ表示黑豆—春播荞麦—黑豆—谷子—黑豆；处理Ⅱ表示糜子—洋芋—黄豆—春播荞麦—糜子；处理Ⅲ表示小麦—小麦—小麦—小麦—小麦（CK）。

(三) 套种和混播

套种是指在同一块地上，不同时间播种两种以上的不同作物，当前作物未成熟收获时，就把后作物播种在前作物的行间，如水稻套种紫云英。

混播是指两种作物均匀的撒播，或混播在同一播种行内，或在同一播种行内进行间隔种。

作物实行套种、混播能够减少水土流失，主要在于增加了土壤层的覆盖面积和覆盖度，同时，增加的土壤层作物根系，对固持土壤和改良土壤有很大的作用。

决定作物套种与混播的形式时，首先应考虑的是使田地上农作物的覆盖度增加和减少水土流失，其次要考虑农作物的生物学特性，它们之间的种间关系，以及延长地面的覆盖时间。所以应该选择高秆与矮秆、疏生与密生、浅根与深根、早熟与晚熟、禾本科与豆科等农作物相配合。这样，既能充分利用阳光和地力，又能增加地面覆盖和防治水土流失。

应该指出，在进行农作物的套种、混播时，如能结合水土保持耕作措施，将会发挥更大的蓄水保土和提高作物产量的作用。

复习思考题

1. 南方坡耕地水土流失将导致哪些危害？
2. 详细阐述水土保持农业技术措施防治水土流失的机理。
3. 结合我国国情，论述实施免耕、少耕技术的重要意义。

主要参考文献

陈国阶, 1995. 三峡工程对生态环境的影响及对策研究 [M]. 北京：科学出版社.
陈廉, 2001. 生命河的忧思与期待 [J]. 中国林业 (10)：9-13.
陈素英, 张喜英, 2002. 秸秆覆盖对夏玉米生长过程及水分利用的影响 [J]. 干旱地区农业研究, 20 (4)：55-57.
邓宏兵, 2000. 长江中上游地区生态环境建设初步研究 [J]. 地理科学进展, 19 (2)：173-180.
邓宁, 谭爱华, 1997. 三峡库区生态环境保护的关键发展生态农业 [J]. 生态学杂志, 16 (3)：76-78.
段舜山, 林秋奇, 章家恩, 等, 2000. 广东缓丘坡地牧草果树间作模式的水土保持效应 [J]. 中国草地 (5)：35-40.
高焕文, 李问盈, 李洪文, 2003. 中国特色保护性耕作技术 [J]. 农业工程学报, 19 (3)：1-4.
郭厚祯, 万彩兵, 1998. "长治"工程与长江流域跨世纪持续发展 [J]. 人民长江, 29 (2)：38-48.
呼有贤, 李立科, 1998. 小麦高留茬少耕全程覆盖防止水土流失的效果 [J]. 麦类作物, 18 (4)：57-58.
胡芬, 陈尚模, 2000. 寿县试验区玉米地农田水分平衡及其覆盖调控试验 [J]. 农业工程学报, 16 (4)：146-148.
胡海波, 张金池, 阮宏华, 1999. 98 长江洪灾的成因及对策分析 [J]. 福建林学院学报, 19 (4)：303-306.
李玉霞, 马保罗, 2006. 轮作在保护性耕作中的作用 [J]. 中国农技推广 (5)：20-21.
林和平, 1993. 水平沟耕作在不同坡度上的水土保持效应 [J]. 水土保持学报, 7 (2)：63-69.
刘学军, 李秀彬, 1997. 等高线植物篱提高坡地持续生产力研究进展 [J]. 地理科学进展, 16 (3)：69-78.
彭珂珊, 1999. 黄土高原粮食生产中的水土保持耕作技术 [J]. 云南地理环境研究, 11 (2)：68-75.
彭镇华, 1999. 长江流域水患的思考与对策 [J]. 应用生态学报, 10 (1)：104-108.
史德明, 1996. 浅谈我国农地水土保持方法 [J]. 福建水土保持 (2)：12-14.
史德明, 1999. 长江流域水土流失与洪涝灾害剖析 [J]. 土壤侵蚀与水土保持学报, 5 (1)：1-7.
史立人, 1998. 长江流域水土流失特征、防治对策及实施成效 [J]. 人民长江, 29 (1)：41-43.
水利部, 中国科学院, 中国工程院, 2010. 中国水土流失防治与生态安全：长江上游及西南诸河区卷 [M]. 北京：科学出版社.

孙辉，唐亚，陈克明，1999. 固氮植物篱改善退化坡耕地土壤养分状况的效果 [J]. 应用与环境生物学报，5（5）：473-477.

唐亚，陈克明，1999. 论固氮植物在山区农业持续发展中的应用 [J]. 地理研究，18（1）：73-78.

王安，郝明德，王莢文，2012. 人工降雨条件下秸秆覆盖及留茬的水土保持效应 [J]. 水土保持通报，32（2）：26-28.

王冬梅，2002. 农地水土保持 [M]. 北京：中国林业出版社.

王玲玲，何丙辉，李贞霞，2003. 等高植物篱技术研究进展 [J]. 中国生态农业学报，11（3）：131-133.

王育红，姚宇卿，吕军杰，2002. 残茬和秸秆覆盖对黄土坡耕地水土流失的影响 [J]. 干旱地区农业研究，20（4）：109-111.

谢影，张金池，2002. 黄河、长江流域水土流失现状及森林植被保护对策 [J]. 南京林业大学学报（自然科学版），26（6）：88-92.

熊铁，廖纯艳，1999. 长江中上游水土保持建设在防洪中的作用 [J]. 水土保持研究，6（2）：8-12.

薛兰兰，2011. 秸秆覆盖保护性种植的土壤养分效应和作物生理生化响应机制研究 [D]. 重庆：西南大学.

杨定国，陈国阶，2003. 长江上游生态重建与可持续发展 [M]. 成都：四川大学出版社.

张兴昌，卢宗凡，苏敏，1993，等. 陕北坡耕地轮作方式对水保效应的影响 [J]. 西北农业学报，2（2）：81-84.

张怡，何丙辉，王仁新，等，2013. 横坡和顺坡耕作对紫色土土壤团聚体稳定性的影响 [J]. 中国生态农业学报，21（2）：192-198.

张展羽，吴云聪，杨洁，等，2013. 红壤坡耕地不同耕作方式径流及养分流失研究 [J]. 河海大学学报（自然科学版），41（3）：241-246.

钟祥浩，何敏成，刘淑珍，等，1992. 长江上游环境特征与防护林体系建设：川江流域部分 [M]. 北京：科学出版社.

朱玲玲，陈剑池，袁晶，等，2014. 洞庭湖和鄱阳湖泥沙冲淤特征及三峡水库对其影响 [J]. 水科学进展，25（3）：348-357.

第六章　南方主要水土流失治理模式

重点提示　本章主要阐述南方常见的水土流失治理模式，对各种模式的作用原理、应用以及治理效果进行了详细阐述。

第一节　崩岗综合治理模式

一、传统崩岗治理模式

（一）传统崩岗治理模式主要技术

传统崩岗治理模式是以林（竹）草种植措施为主的治理模式，概括为"上拦、下堵、中绿化"（图6-1）或者"上拦、下堵、中削、中绿化"。该模式主要适用于崩岗区条形、弧形、小型瓢形崩岗以及规模较小的崩岗，或者在交通不便，劳动力缺乏或者立地条件不适合进行经济开发型治理的各类型规模较大的崩岗，也可以根据土地利用规划和经济社会条件选择使用。其具体做法为：

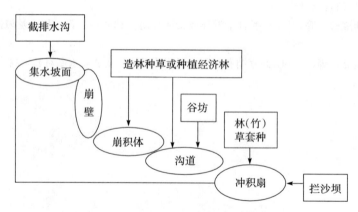

图6-1　"上拦、下堵、中绿化"崩岗治理模式
（李旭义等，2009）

（1）上拦　上拦即在崩岗上游集雨区布设截排水措施。在崩岗顶部修建截水沟（天沟）及竹节水平沟等沟头防护工程，把坡面集中注入崩口的径流泥沙拦蓄并引排到安全的地方，防止径流冲入崩口、冲刷崩壁，扩大崩塌范围，控制崩岗溯源侵蚀。在崩壁两侧同时布设排水设施，选择适当沟道比降，排水沟口要布设跌水工程，沟底采用埋上柴草、芒萁、草皮等措施，以防止冲刷，排水沟接入附近的溪河。

（2）下堵　下堵即在崩岗下游布设谷坊、拦沙坝拦挡泥沙。在崩岗沟及出口处修建谷坊，并配置溢洪倒流工程，拦蓄泥沙、抬高侵蚀基准面，稳定崩脚。谷坊要选择在沟底比较平直、谷口狭窄、基础良好的地方修建；崩沟较长时，应修建梯级谷坊群；修建谷坊要坚持自下而上的原则，先修下游后修上游，分级控制。在崩岗面积较大或崩岗较集中的地方，因下泄泥沙量大，可在崩岗出口处或崩岗区下游修建拦沙坝拦挡泥沙。

（3）中绿化/中削　中绿化/中削即在崩积体及冲积扇上造林、种草或种经济林（竹）或种农经作物等，以稳定崩积堆的措施。水土保持林按乔、灌、草结构配置，选择适应性强、生长快速、根系发达的林草，采取高层次、高密度种植，快速恢复和重建植被；对于水土条件较好的地方种植生长速度快、经济价值高的经济果林木，增加崩岗治理经济效益。对较陡坡的崩壁，在条件许可时实施削坡开级，即"中削"，从上到下修成反坡台地（外高里低）或修筑等高条带，减缓纵坡，减少崩塌，并为崩岗的绿化创造条件。

如福建省安溪长垄崩岗按照"上拦、下堵、中绿化"的原则，在沟谷布设必要的谷坊工程，选用抗性强、耐旱耐瘠的树、竹、草种，采用高密度混交方式，在崩岗侵蚀坡面、崩塌轻微又相对稳定的沟谷及其冲积扇造林种竹，快速恢复植被，改善治理区的生态。福建省永春县根据"上拦、下堵、中削、内外绿化"的原则把崩岗变为麻竹区。主要措施为：上拦，在崩岗顶部外沿5m处修筑截水沟，防止坡面径流流入崩岗内；下堵，在崩岗沟及崩岗出口处修筑土石谷坊，拦截下泄泥沙；中削坡，逐级降坡，整成台阶或台地，增强崩壁的稳定性，也便于种植；内外绿化，在崩岗塘口内外挖大穴或鱼鳞坑，种植大麻竹。大麻竹苗大，生长快，不易受泥沙淹埋，树冠大、根系发达，截水固土能力强。同时，大麻竹全身都是宝，竹笋、竹竿、竹叶价值高，经济效益好。

（二）传统崩岗治理模式的不足

1. 传统治理技术上存在缺陷　"上拦、下堵、中绿化"的防治思路未能把崩岗作为一个整体进行系统整治，难以彻底根治崩岗侵蚀的危害。在各项措施的配置上存在缺陷。如"上拦"只强调开沟排水，忽视了植物措施的合理配置，以控制集水坡面水土流失；未对崩岗侵蚀的主要泥沙来源地——崩壁的整治予以重视；在沟壁边缘植物措施的配置上，忽视了因沟壁边缘乔木树种的存在而给沟壁稳定带来的威胁。

2. 整治理念上缺乏资源化的思想　崩岗是一种自然灾害。传统的治理方法往往只把崩岗作为灾害来看，缺少从资源的视角来考虑崩岗治理。传统的崩岗治理方式多以工程和生物措施为主，重视生态效益，而忽视了合理开发利用崩岗侵蚀区土地资源带来的经济效益。固然，生态脆弱区的生态效益是经济效益的基础，但从长远考虑来看，经济效益是维持生态效益的重要保障。应将崩岗侵蚀区土地资源的整治与开发利用有机结合起来，更新治理理念，兼顾、平衡生态效益与经济效益，采用崩岗资源化的理念，实现崩岗整治生态、社会和经济三大效益的"共赢"。

3. 行动上缺少社会公众参与　目前，崩岗整治多属政府行为，政府出资、政府组织、政府实施，缺少社会公众的主动参与。究其原因，主要是传统的崩岗治理没有与农民的生产和经济发展联系在一起，公众缺少参与的动力。因此，崩岗治理需要寻找一条农民大众主动参与的治理路线，经济开发型治理模式就是一种能推动公众主动参与治理的有益探索。社会公众主动参与崩岗治理，可以降低政府成本，增加农民收入，保护治理成果的持续性。

二、生态经济开发型崩岗综合治理模式

（一）崩岗综合防治新理念

1. 区划优先　崩岗防治区划是在崩岗综合调查的基础上，根据崩岗侵蚀的发育状况、

侵蚀特点、形成过程以及侵蚀地貌等，并考虑崩岗防治现状与社会经济发展对生态环境的需求，在相应的区域划定有利于崩岗侵蚀治理与水土资源合理利用的单元，为崩岗治理措施的布设提供重要依据。对崩岗防治进行区划是为了确定崩岗防治重点，根据不同区域的侵蚀现状，合理布局治理措施，实施分区治理。根据崩岗的侵蚀特点、发展规律和侵蚀地貌，可以将崩岗防治区划分为沟头集水区、崩塌冲刷区和沟口冲积区。三区自上而下依次排列，共同组成崩岗侵蚀系统，各区规模随原始地貌条件、发育阶段的不同而有所差异。区域之间存有复杂的物质输入和输出过程，并且互有能量转化。沟头集水区地表径流和泥沙向崩岗沟汇集，产生跌水，加速沟底侵蚀和边坡失稳。沟头或沟壁崩塌下来的泥沙或土体堆积在崖脚。由于径流的冲刷，崩塌疏松的物质很快被带到沟口堆积而形成冲积扇，部分随洪流带到下游（图 6-2）。

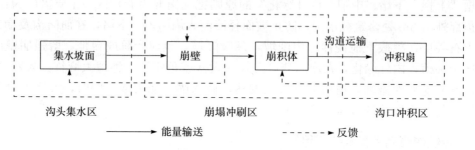

图 6-2 崩岗系统物质能量输送及其反馈机制模式
(孙波等，2011)

2. 以崩岗口为单元的"三位一体"综合治理 针对传统崩岗治理方法的不足，提出"治坡、降坡、稳坡"的崩岗侵蚀综合治理新思路。即在崩岗治理的过程中，根据崩岗的侵蚀形成发展过程、形成的特点、发生发展规律以及各子系统之间的物质输入和输出过程关系，将崩岗作为一个系统整体，以崩岗口为单元，采取生物、工程等措施分区综合治理沟头集水区、崩塌冲刷区、沟口冲积区等各个子系统，疏导外部能量，治理集水坡面，通过"开坡削梯"降低崩塌冲刷区临空面，稳定崩壁，固定崩积体，同时在沟道修筑谷坊与拦沙坝，抬高侵蚀基准面，稳定坡脚，全面控制崩岗侵蚀。

沟头集水区主要包括集水坡面和崩岗沟头。该区的侵蚀主要是集水坡面的面蚀、沟蚀以及沟头溯源侵蚀。集水坡面汇集径流流向崩壁，形成跌水，加速崩岗沟底侵蚀与崩壁失稳。该区的防治要点是有效地拦截降雨，增加土壤入渗，减小崩岗上方坡面的径流，防止径流流入崩塌冲刷区，控制集水坡面的跌水动力条件。

崩塌冲刷区包括崩壁和崩积体。崩壁地形陡峻，坡度大，土壤异常干旱，养分极端贫乏，植物难以生长，是崩岗侵蚀治理难度最大的部位。崩积体是集水坡面径流冲刷和崩壁崩塌下来的物质，利于崩壁稳定。但崩积体土体疏松，抗侵蚀力较弱，一旦受到侵蚀，将增加集水坡面与崩壁的不稳定性。该区的侵蚀主要是崩壁的下切侵蚀、崩积体的重力坍塌和径流冲刷侵蚀。该区的防治要点是结合削坡开级，快速绿化崩壁，减少径流对崩壁的冲刷，防止其重力坍塌，同时用植物措施固定崩积体，减少崩积体的再侵蚀过程。

沟口冲积区包括沟道和冲积扇两部分地貌单元。崩岗沟道是崩岗侵蚀的径流和泥沙的通道，位于崩积体与冲积扇之间，该部位水分条件较好，大部分沟底下切已逐渐趋缓。冲积扇是由集水坡面和崩积体侵蚀的泥沙，经崩岗沟道输送，堆积在地势相对较平缓开阔的地方而形成。该区的侵蚀主要是沟道的下切侵蚀和径流对冲积扇的冲刷。防治要点是通过修筑植物谷坊、土谷坊、石谷坊等各类谷坊和拦沙坝，提高侵蚀基准面，降低溯源侵蚀，阻止泥沙向下游移动并汇入河流；同时，用生物措施固定冲积扇，有效减少径流侵蚀，减少向下游河道的泥沙输送。

（二）经济开发型崩岗综合治理

1. 经济开发型崩岗综合治理定义 经济开发型崩岗治理即用系统论原理、系统工程的方法，把崩岗分成沟头集水区、崩塌冲刷区、沟口冲积区，分别采取治坡、降坡、稳坡三位一体的措施，用合理、经济、有效的方法与技术，分区实施治理，全面控制崩岗侵蚀，达到转危为安、化害为利的目的。通过工程措施与植物措施相结合，坡面治理与沟底治理相结合，局部与整体相协调的治理方法，配置经济类作物（如果、茶、竹，经济林、用材林、农作物等），在产生生态效益的同时形成经济效益，并具一定规模，从而实现崩岗规模经济（图6-3）。

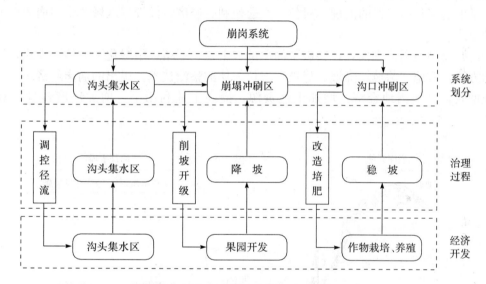

图6-3 经济开发型崩岗综合治理总体思路
(孙波等，2011)

2. 经济开发型崩岗综合治理技术

（1）沟头集水区治理——治坡 治坡就是对沟头集水坡面进行开发性治理，以生物措施为主，辅之必要的工程措施。首先，应结合工程整地，运用径流调控理论，在沟头集水坡面开挖水平竹节沟、鱼鳞坑或大穴整地等，排除和拦蓄地表径流，科学调控和合理利用地表径流，控制水土流失，做到水不进沟。其次，由于沟头集水区表土剥蚀严重，心土十分贫瘠，工程整地时，在立地条件较好的地方，还应回填表土或施放基肥，实施土壤改良措施，以快速恢复植被；或种植水土保持效果好、抗逆性强的经济林果木，高效利用水土资源。对于那些处于发育晚期，沟头已溯源侵蚀至分水岭的崩岗，可根据当地的地形特点，因地制宜地进行削坡开级或就地平整，然后，再合理开发利用土地资源，达到生态效益和经济效益双丰收的目标。

（2）崩塌冲刷区治理——降坡 降坡就是采用机械或人工的方法，对地形破碎的崩岗群的坡地，进行削坡降级并修整成平台。一般自上而下开挖，分级筑成阶梯式水平台地，即削去上部失稳的土体，逐级开成水平台地，俗称削坡开级。这样，不仅可降低原有临空面的高度，促进沟头和沟壁的稳定，防止沟头溯源侵蚀，而且可为生物措施的实施创造有利条件。另外，在水平台地上，还可种植经济林、茶叶或果树。

（3）沟口冲积区治理——稳坡　稳坡就是在沟底平缓、基础较实、口小肚大的地方，因地制宜地选择植物、土地、石块、水泥等修建各类谷坊和拦沙坝等工程措施，以拦蓄泥沙，滞缓山洪，抬高侵蚀基准面，稳定坡脚，降低崩塌的危险，做到沙不出沟。在冲积扇下游，可改良土壤，培肥地力，种植经济作物，增加经济收入。

（4）培育崩岗经济　通过实施治坡、降坡和稳坡三位一体的整治技术，把难利用的崩岗侵蚀劣地改造成农业用地和经济果木园地，既治理了水土流失，改善了生态环境，又增加了群众的经济收入，提高了人口环境容量（图6-4）。这种崩岗经济治理模式，集成了各种崩岗最佳治理技术要素，使崩岗治理的生态和经济效益得以充分发挥，是促进农民增收和建设新农村奔小康的重要途径，群众也容易接受。但投入较大，多用于混合型崩岗、大型的瓢形崩岗、爪形崩岗和崩岗群的治理。对位于交通便利、经济条件较好区域的中型崩岗也可以采用这种模式。

经济开发型崩岗治理模式，突破了简单的"上拦、下堵、中绿化"的传统模式，用系统工程的方法，实施"治坡、降坡、稳坡"三位一体的整治技术。提出的崩岗经济理念，对促进群众增收，发展当地经济，增加土地资源，提高土地利用率，增加环境容量具有重要意义。

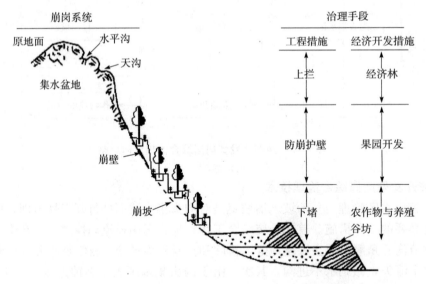

图6-4　基于系统工程的经济开发型崩岗治理模式
（孙波等，2011）

（三）生态恢复型崩岗治理技术

1. 生态恢复型崩岗治理定义　由于崩岗侵蚀造成区域地形破碎、地力衰退和生物多样性缺失，导致生态系统的结构和功能退化，所以崩岗生态恢复型治理的主要目标是以恢复崩岗区内林（竹）、草为主，突出对周边影响区的保护，注重生态效益。因此，生态恢复型崩岗侵蚀治理的思路和目标就是发挥生态自我修复能力，配合人为的预防监督、强化保护，使生产建设与防治水土流失同步，使受损的生态系统恢复或接近被损害前的自然状况，恢复和重新建立一个具有良好结构和功能且具有自我恢复能力的健康的生态系统。

生态恢复型主要适用于崩岗区条形、弧形、小型瓢形崩岗以及规模较小的崩岗，或者在交通不便，劳动力缺乏或者立地条件不适合进行经济开发型治理的各类型规模较大的崩岗，也可以根据土地利用规划和经济社会条件选择使用。生态恢复治理措施分为轻微人工干预治理和强度人为干预治理。治理过程需要考虑崩岗的规模、类型、集水坡面面积大小等因素，一般面积小于 $60m^2$ 的小型崩岗适用轻微人工干预治理，面积在 $60～100m^2$ 的可根据崩岗的形状、植被覆盖情况有选择性的选取相应治理方式；面积大于 $100m^2$ 的崩岗应采用强度人工干预治理。

2. 生态型崩岗综合治理技术

（1）沟头集水区治理　沟头集水区的治理主要包括截、排水沟工程和集水区植被生态恢复工程两部分。其中截、排水沟是集水区重要的防护工程之一，其作用在于拦截坡面径流，防止坡面径流进入崩岗口造成侵蚀。而沟头集水区的生态恢复工程则是对崩岗集水区进行生态恢复治理，通过恢复集水区的生态系统功能，增大集水区土壤、植被对水分的吸收，从而减缓集水区径流的产生而加剧崩岗侵蚀。

截、排水沟工程的设计原则是把径流导出崩岗体外围，其断面大小按坡面汇水径流量设计。截、排水沟工程能在短期内较好减少集水区的来水对崩口的冲刷，达到延缓崩岗沟头前进的目的。同时根据不同立地条件，筛选合适的草树品种（主要为百喜草、宽叶雀稗、香根草、平托花生、胡枝子等），研发配套的栽培和管理技术，选择有效的坡面水土保持工程措施，构建生物与工程相结合的水土保持技术，有效控制沟头集水区水土流失。

沟头集水区生态恢复治理包括生态自然恢复和人工辅助恢复两种治理方式。对于具备经封育可望成林或增加林草盖度的地块，充分利用南方水热资源丰富的条件，采取长期全封山的方式进行生态自我修复。在不具备实施生态自我修复措施（或自然修复无法满足治理需求）的情况下，选择人工辅助恢复技术进行沟头集水区的治理。辅助恢复生态时应遵循群落演替、群落结构、适地适树、生物多样性、生态沟头集水区人工系统、群落稳定性等原则，筛选合适的草树品种（主要为百喜草、宽叶雀稗、香根草、平托花生等），选择有效的坡面水土保持工程措施，构建生物与工程相结合的水土保持技术，有效控制沟头集水区水土流失。

（2）崩塌冲刷区治理　崩壁侵蚀是崩岗产沙的重要来源。针对不同崩岗类型，需要使用不同的控制技术，对较陡峭的崩壁，在条件许可时削坡开级，从上到下修成反坡台地（外高里低）或修筑成等高条带，使之成为缓坡或台阶地或缓坡地，同时配套排水工程，减少崩塌，为崩岗的绿化创造条件。崩壁修筑成坡地后，根据坡度大小可依次采用草皮护坡、香根草护坡、编栅护坡、轮胎护坡进行治理。

（3）堆积冲积区治理　崩岗的堆积区是崩塌区侵蚀产生的泥沙堆积在崩岗底部的松散土体。控制崩积体的再侵蚀是防止沟壁不断向上坡崩坍的关键。崩积体土体疏松，抗侵蚀力弱，侵蚀沟纵横，立地条件差，特别是土壤养分缺乏且阴湿。一般情况下，对于小崩岗，只要坡面治理得当，崩积体就相对稳定，喜酸性草灌藤类植物如芒萁、野枯草、鹧鸪草、巴戟、酸味子、小叶冬青、野牡丹等能自然恢复植被，但时间较长。对于大面积的崩积体，可对崩积体进行整地，填平侵蚀沟，然后种上深根性的草种（香根草、类芦、巨菌草等），草带间距约2m，草带间种植竹类（绿竹、小径竹、麻竹等）和浅根性草种（宽叶雀稗、百喜草、狗牙根等）。

(4) 沟口泥沙控制工程　于沟底平缓、基础较好、口小肚大的地段修建谷坊，以拦蓄泥沙，节制山洪，改善沟道立地条件。由于修建谷坊工程量大，须动用大型机械，因此只在关键部位修建谷坊，沟底的治理应以生物措施为主。建好谷坊后，可种植香根草、宽叶雀稗、狗牙根等根系较发达的植被，以稳固谷坊。草带间可套种绿竹和麻竹，在沟道较窄且石英砂层较厚的沟段，可改种较耐瘠旱的藤枝竹等。谷坊内侧淤积的泥沙较细，但养分相对缺乏，如有条件改土，则可种植绿竹、麻竹或茶果等。离谷坊较远处，往往为粗砂淤积区，石英砂层厚，立地差，可种藤枝竹。在崩岗沟底种植植物，均需客土，以增加有机质，提高成活率。

三、强度开发型崩岗综合治理模式

对地理位置较好、交通方便的崩岗群或相对集中的崩岗侵蚀区，利用工程机械推平崩岗，配置排水、拦沙和道路设施，整治成为工业园、旅游开发区或者新农村建设用地，这种整治方式称为强度开发型崩岗综合治理模式（图6-5）。如福建省安溪县针对崩岗数量多、分布广、危害大、治理难的特点，对交通方便的崩岗群或相对集中的崩岗侵蚀区采取综合整治，把崩岗侵蚀区变成工业开发区和生态旅游区。至2011年，安溪通过强度开发性治理崩岗增加的可利用工业用地已近330多hm^2，大大缓解了该县工业发展与耕地保护的矛盾。如对龙门镇和官桥镇交界处的崩岗侵蚀集中区整理出工业用地115.6hm^2，建成了福建安溪经济开发区龙桥园，目前园区已投入开发建设资金3.6亿元，入驻企业72家，2011年实现企业产值50多亿元，创税1.8亿元，解决就业人数20 000多人，有力地促进了当地经济的快速发展。

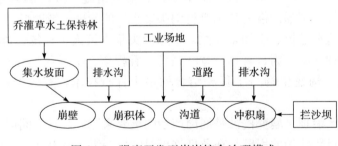

图6-5　强度开发型崩岗综合治理模式
(李旭义等，2009)

第二节　侵蚀退化林地治理模式

一、侵蚀退化林地脆弱性特征

由于南方山地丘陵地区长期受到不合理利用，植被遭受严重破坏，土壤侵蚀严重，生态恶化。南方山地森林生态系统表现出极度不稳定性和脆弱性，出现"红色沙漠""白沙岗"

和"光板地"等景观，表现为：

（一）土壤退化

严重的土壤侵蚀造成表土侵蚀殆尽，基岩裸露，土壤剖面多为B~C型，甚至C层出露。表土砂、砾含量增多，黏粒含量减少，土壤团聚能力下降，土壤蓄水、保水性能变差；容重增加，孔隙度减小，结构性变差，渗透性降低。土壤有机质不断被冲刷流失，土壤极为贫瘠。据调查，福建省长汀县红壤严重侵蚀区的土壤有机质含量仅为3.95g/kg，全氮含量为0.14g/kg，碱解氮为5.53mg/kg，全磷为0.12g/kg，速效磷为1.08mg/kg，全钾为3.09g/kg，速效钾为26.55mg/kg。

（二）生物多样性降低

长期严重的土壤侵蚀使植被退化严重，生物种类减少，特别是严重退化生态系统，植物仅剩余极耐旱耐瘠薄的几个种类，主要是马尾松、鹧鸪草、岗松等植物，野生动物极为少见，微生物数量相当低，生物多样性极低。根据对福建省长汀县河田镇严重侵蚀地植物多样性调查，其4个定量指标均很低：物种丰富度（S）为10；物种辛普森指数（D）为0.548；Shannon-Weiner指数（H）为0.934；物种均匀度（E）为0.405。

（三）生产力下降

由于土壤养分贫瘠，加上土壤蓄水能力低下，无法满足植被生长所需的养分和水分，植被生长缓慢。根据对福建省长汀县河田镇严重侵蚀地的调查，马尾松小"老头松"主根深不足50cm，主根扭曲，只能靠侧根横向生长，造成地上部分生长不良。10多年树龄马尾松平均树高仅为1.5~2.8m，年生长量为0.14~0.15m，冠幅约为$1m^2$，胸径约为2.5cm。

（四）景观破碎化

严重的土壤侵蚀造成山坡坡面沟壑纵横，基岩裸露，景观要素破碎化和岛屿化，浅沟、切沟、崩岗等均有大量发育，出现"侵蚀劣地""红色沙漠""白沙岗""光板地"等景观。以福建省严重侵蚀地长汀县河田镇为例，1985年全镇水土流失面积占该镇土地总面积的44.65%，强度流失面积占流失面积的58.93%。

二、侵蚀退化林地的生态恢复模式

南方侵蚀退化林地植被主要为马尾松纯林。根据退化林地植被生长状况、立地条件以及水土流失状况，并结合考虑其他一些限制性因子，可以将侵蚀退化林地的生态恢复大致分为自然修复模式、地表草被快速恢复治理模式、生态林草复合治理模式和"老头松"改造模式四类。

（一）自然修复模式

自然修复模式也称封育治理模式，是指主要靠大自然的力量，并结合人工措施促进植被的恢复，即采取"大面积封育保护"（简称"大封禁"）和"小面积综合治理"（简称"小治理"）并举的措施。"大封禁"即在水土流失区划定封禁范围，制定乡规民约，雇用管护人员，实行封山禁采禁伐，利用优越的亚热带气候条件，促其自然恢复。"小治理"即对无树木的荒山和疏林地，结合造林或补植林木，以快速增加其覆盖度和提高经济效益。红壤丘陵区地处亚热带气候区，高温多雨无霜期长，林木草类生长速度快，自然恢复植被能力强，封育治理是恢复植被最有效、最经济、最科学的选择。长汀县是福建省最严重的水土流失县，2000—2008 年，采取生态修复模式治理的水土流失区面积达 328.27km^2，占治理总面积的79.26%，取得显著成效。

1. 主要措施　在轻度水土流失地区、立地条件较好的中度水土流失地区及离村庄较远的低山高丘陡坡地区，每公顷有马尾松（或其他乔木、灌丛）2 250 株以上或母树 150 株以上，实行"大封禁，小治理"的生态修复。

"大封禁"方法：一是县政府颁布《封山育林命令》，县委、县政府建立责任追究制度，县、乡、村制定公约。二是对封山育林范围"一刀切"，取消半封山。三是查源头——灶头，组织专业人员进村入户检查灶头，改柴火灶为煤灶或气灶。为解决群众燃料问题，在封育保护治理区内农户全部改灶，烧煤由政府出资，实行煤炭价格补贴；并积极推广沼气建设，引导农民以煤、电、沼代柴，从源头上解决农民烧柴对植被的破坏。

"小治理"方法：针对水土流失区主要是纯马尾松林地"林下流"问题，推广"老头松"抚育施肥，种植草灌植物，促进草灌乔结合，控制水土流失。村户周围的荒山荒沟，则采用"草牧沼果"生态开发治理模式，生态优先，种植果树，把治山与治穷结合起来，防止农民因贫困乱砍滥挖，造成水土流失反弹。配套的管护措施包括深入开展宣传教育，贯彻执行县政府封山令，订立切实可行的乡规民约和村规民约，把封育治理纳入法制轨道；切实解决好群众燃料困难，通过改烧煤、发展沼气等节能措施，彻底解决封而不禁的问题；在划定的封育区竖立明显标志及界碑；组织措施上实行乡村行政一把手签订责任状，乡水保站和林业站具体负责，有 7~9 人护林队伍，村有专职护林员，每个护林员管护 200~300hm^2；结合封禁，对生长较差的林木进行抚育追肥、育苗补植和修枝疏伐等抚育管理，促进林木生长，加快植被恢复。

2. 效果分析　自进行"大封禁，小治理"的生态修复以来，长汀县水土流失治理取得了显著成效。全县水土流失面积减少 1.6 万 hm^2，减幅达 25%；剧烈流失面积减少 0.9 万 hm^2，减幅达 80% 以上；植被覆盖率提高了 30% 以上，幼树年高生长量从 15cm 增至 35cm，中龄树林分蓄积量从 0.45m^3/hm^2 提高到 2.3~3.0m^3/hm^2，径流系数由 0.57 下降到 0.34，河流含沙量由 0.35kg/m^3 下降到 0.17kg/m^3。小气候和环境明显改善，乔灌草多层次的植物群落初步形成，生物多样性明显提高。政府与人民生态修复的认识普遍提高，生态修复的理念已得到社会各界的逐步认同。

（二）地表草被快速恢复治理模式

对水土流失严重的马尾松林区，土壤肥力低下是制约植被生长的主要限制因子。选择草被先行，配以追施肥料和适当的工程措施，符合植被的演替理论，比灌、乔木更容易做到快速覆盖，从而实现地表的快速覆盖，控制水土流失，改善土壤肥力。地表草被快速恢复技术主要包括多草种混播快速覆盖模式、象草快速覆盖模式、香根草快速恢复模式、百喜草快速恢复模式、百喜草+香根草快速覆盖模式等几种模式。

1. 多草种混播快速覆盖模式　该措施采用了生物多样性原理、限制性因子原理、演替理论及水土保持学的坡面与径流的原理。

(1) 具体措施　结合整地与合理施肥，运用多草种混播快速覆盖模式进行治理，选用的草种有20个，如：一年生禾本科有马唐（*Digitaria sanguinalis*）、金色狗尾草（*Setaria lutescens*）、法氏狗尾草（*Setaria faberii*）、糠稷（*Panicum bisulcatum* Thunb.）、千金子（*Leptochloa chinensis*）；多年生禾本科草有圆果雀稗（*Paspalum orbiculare*）、宽叶雀稗（*Paspalum wettsteinii*）、棕叶狗尾草（*Setaria palmifolia*）、弯穗鹅观草（*Roegneria semicostatum*）、卡松古鲁狗尾草（*Setaria sphaelata*）、荻草（*Triarrhena sacchariflora*）、纤毛鸭嘴草（*Ischaemum ciliare*）；多年生豆科有多花木蓝（*Indigofera amblyantha*）、格拉姆柱花草（*Stylosanthes guianensis*）、假地豆（*Desmodium heterocarpon*）、紫花大翼豆（*Macroptilium atropurpureum*）、望江南（*Cassia occidentalis*），以及一年生豆科决明豆（*Cassia tora*）、鸡眼草（*Kummerowia striata*）。以一年生与多年生、豆科与禾本科、上繁草与下繁草等相结合。播种量为37.5kg/hm^2，其中一年生禾本科草马唐、金色狗尾草占50%～60%，多年生禾本科草圆果雀稗（或宽叶雀稗、棕叶狗尾草）占25%～35%，豆科鸡眼草、多花木兰（或胡枝子、格拉姆柱花草）占5%～10%。同时，根据不同的坡度采取适宜的整地方式。15°以下缓坡采用全垦松土，深度为15～20cm；15°～25°斜坡采用等高环山水平带状松土整地，带宽20cm，带间距20cm；25°以上陡坡采用品字形穴状整地，穴长40cm，穴宽20cm，纵横穴间距为20cm。分别在2月中下旬和3月中旬两期播种。播种前，每公顷采用5 250kg垃圾做基肥，之后用112.5kg尿素分三次追肥。

(2) 效果分析　福建省长汀县河田镇的罗地河小流域原有植被稀少，草被覆盖度约5%，植被总盖度10%～20%，山地侵蚀模数为5 158.23t/（km^2·a），土壤肥力低下。应用该模式进行治理后，所选用的草种在该流失山地均能完成全生育期。禾本科草生长量大于豆科草生长量，一年生草生长量大于多年生草。一年生草生长快、产量高，但割后分蘖力比多年生草差，再生力也低；多年生草割后再生力与分蘖力较好，而且结籽较为饱满，自然落籽出苗率高。整个草地建植110d后，牧草基本覆盖地面，覆盖率约75%，当年7月和10月鲜草量分别达8 278.5kg/hm^{2}和14 202kg/hm^2。一年生草播种后生长迅速，3个月能基本覆盖地面，控制了水土流失。在夏季暴雨到来之前基本覆盖地面，使松土整地的土壤及肥料免于流失。同时也起拦蓄地表径流、改变地面小气候的作用。由此可见，一年生禾本科草，在草地建植过程中起重要的先锋作用，它在草种组合中是不可缺少的草种。在建植草被3年后，进行标准样地调查，结果表明：马尾松主根明显下扎，侧根迅速向四周伸长，有效地提高了对土壤水分和养分的吸收能力，叶色也变得浓绿。如今罗地河小流域当初的草种虽已很少见，只可见到一片片生长正常的马尾松及林下的铁芒萁，但当时草种的先锋作用功不可没。

2. 象草快速覆盖模式　象草（*Pennisetum purpureum*）原产于非洲，20世纪30年代引入我国，系禾本科狼尾草属多年生的丛生性植物。象草适应性较强、生长迅速、生物量大、耐刈割、营养价值较高，其作为良种牧草及食用菌栽培原料方面的利用研究成果较多。

(1) 主要措施　通过采用小水平沟整地，面宽0.6m，底宽0.4m，沟长4m，沟水平间距1.5m，上、下行间距2.0m。种植当年，每条沟施水稻田土10kg，并回填表土拌匀后种植。然后按株距50cm规格，在小水平沟内定植单株象草，并定植单株象草，之后不再追肥。

(2) 效果分析　福建省长汀县河田镇窑下村原有植被为稀疏矮小的马尾松林，林下仅有稀少的野枯草和铁芒萁等，植被覆盖度仅为25%。经过治理后，象草迅速覆盖地表，使得侵蚀坡面的径流和泥沙明显减少，适于在冲刷量大的侵蚀坡面种植。象草能够在较大程度上忍受恶劣环境变化的威胁，种植后，由于其根系庞大，对于固持土壤、改善土壤理化性质起到了积极的作用。

3. 百喜草快速恢复模式 百喜草（*Paspalum notatum*）是禾本科雀稗属多年生匍匐型草本植物，适应性较广，抗逆性较强，生长迅速，耐修剪、耐践踏、耐贫瘠、耐渍耐淹，同样具有易种、易管、易覆盖、易繁殖等特点，是热带和亚热带一种良好的水土保持草种。

（1）主要措施　采用隔行种植百喜草，其方法是隔行等高水平松土整地 30cm 宽，作为草苗的种植带，隔 30cm 为不整地，保留原地貌，以减少动土的面积。

（2）效果分析　福建省长汀县河田镇试验区的地表植被覆盖度 25% 以下，表土已流失，土壤肥力低下。种植百喜草后，草被生长速度快，种植当年就可覆盖地表，随后便有铁芒萁等侵入，草本层迅速恢复，群落蓄水减流、保土减沙作用显著提高，土壤肥力随之得到改善，为乔木等植物的生长提供了条件。

4. 百喜草＋香根草快速覆盖模式

（1）主要措施　在红壤坡地上采用条带或草块和全垦种植香根草和百喜草两种方式。即在坡面上采用开条带挖沟，面宽 50cm，沟底宽 20cm，深 30cm，上下沟间距 5m，沟长 5m。沟内移栽直立形的香根草，回填表土 10cm，单排种植，株距为 10cm。条沟之间坡面种植百喜草，百喜草用等高隔行松土的整地方式，即沿着等高线松土 30cm 宽，间隔 30cm 不整地，保持原坡面，以减少对坡面的扰动，百喜草株距为 20cm。使用的基肥以农家肥为主，用量为 15t/hm²，配合钙镁磷肥 75kg/hm²，混入种植带，待草苗还青后进行追肥，使用量为尿素 75kg/hm²。第二次在 8 月，施复合肥 75kg/hm²。连续抚育管理 3 年，第二和第三年各追肥两次，上、下半年各一次即可。

（2）效果分析　福建省长汀县河田镇游坊山坡地上原有马尾松密度在 4 500～7 500 株/hm²，地表裸露，林木覆盖度仅 25%，十几年的马尾松高均在 1.5m 以下，成为"老头松"，表土已流失，只留下心土，肥力低下，有机质含量 2g/kg。因香根草分蘖能力强，种后 4 个月每株的分蘖数都在 10 株以上，很快就形成草带，起到了截断坡面径流的作用。当年 12 月下旬测定，香根草根可拦截泥沙 2cm 厚。条沟之间种植百喜草，1、2、3 个月后草苗的覆盖度分别为 25%、65% 和 75%，当年覆盖度达 85%，草层高 40cm。到当年的 6～9 月百喜草产量分别为 0.65、0.48、0.51、0.45kg/m²。由于香根草和百喜草各具特色，两种草搭配种植，形成优势互补，种植第三个月后，草地覆盖度达 75%，侵蚀坡地的草被能够形成有效覆盖，土壤侵蚀迅速下降。用百喜草＋香根草治理 1 年以后，土壤侵蚀量均在 700t/km² 以下，严重侵蚀区减轻为轻度流失区。治理 3 年后，植被覆盖率由原来的 25% 提高到 95%，草被物种由 6 种发展到 16 种，促进了良性发展。

（三）生态林草复合治理模式

"草-灌-乔"是自然生态系统的一种基本结构，也是生态系统演替到顶级群落的组成方式，其具有结构稳定性最强、生物多样性丰富的特点。长汀县在治理水土流失时模拟自然生态系统植被的生长状况，采用"灌-草""乔-灌""草-灌-乔"等生态林草种植模式治理强度侵蚀山地的水土流失，形成多种具有区域特色的生态林草模式。生态林草复合治理模式适用于中度、强度侵蚀区。由于不同的区域均有其最适宜的植物种类，只有在该区生长旺盛的植物种才能形成生态经济效益最好的植被类型，因此在应用该模式进行水土流失治理时应选择乡土树种，增强树木成活率；在草被植物的选择上宜选择抗逆性强、生命力旺盛、繁殖力强的物种，以增加土壤肥力和加快恢复速度。

1. 灌草快速恢复模式

（1）主要措施　采用以类芦为主栽草种的治理措施，即挖小穴，每公顷种植类芦4 500株（用类芦苗分蔸栽植，割掉尾梢，仅留根蔸），每株放0.15kg磷肥及少量客土做基肥，种后浇足定根水，5～6月追施一次尿素（每株0.1kg）；另外，套种胡枝子1 500穴/hm²（采用种子直播法），挖穴、施肥与类芦相同。

（2）效果分析　福建省长汀县河田镇坡地原有植被为少量马尾松、芒萁，覆盖度8%（其中芒萁覆盖度0.6%）。通过栽植类芦及直播各种草种后，5年时间，林地乔木树种增加了2种、灌木增加了8种、草本增加了14种，总覆盖度从21%提高到96%；种植类芦当年地表径流减幅22.3%，第二年减幅31.2%，第三年减幅69.0%；种植类芦当年土壤侵蚀量减幅23.5%，第二年减幅78.4%，第三年减幅100%。

2. 乔灌混交模式

（1）主要措施　对于原山坡地草被稍好、地表覆盖度在35%以上的中轻度水土流失区，可以采用乔灌混交模式。选用耐瘠耐旱、快速生长的阔叶乔木树种（木荷、杨梅、枫香、闽粤栲等）和灌木树种（胡枝子等），增加阔叶树比例，加快植被的重建步伐，以期达到改造单一的马尾松纯林，形成针阔混交林，形成乔灌草多层次多树种稳定的林分结构的目的。

由于这类水土流失区植被条件较好，宜采用50cm×40cm×30cm穴状整地方法，呈品字形排列。每穴施入有机复混合肥（生物有机肥）0.25kg，与表土拌匀后回填至满穴。春季植苗，对胡枝子截干，1 800株/hm²。枫香、杨梅、木荷、闽粤栲等阔叶乔木树种900株/hm²，乔灌比为2∶1株间混交，严格造林要求，保证苗质，加强抚育。

（2）效果分析　福建省长汀县在侵蚀退化林地开展了乔灌混交模式，治理后的地表草被覆盖率由原来的35%增加到50%。新补植的树种的成活率和生长情况有明显提高，胡枝子当年生长达1.2m，冠幅达1m。闽粤栲年高生长达1m以上，冠幅达0.8m。枫香年高生长达0.5m，木荷和杨梅生长均在10～20cm。多树种混交措施的群落生产力恢复效果良好，系统自我恢复能力逐渐增强，阔叶乔木树种的配置，有助于加快群落演替，缩短群落恢复周期。

3. 乔灌草快速恢复模式　应用生物多样性原理，遵循植被的自然演替规律，建立早期的人工森林生态系统，形成在种类组成和结构特点各异的先锋植被。

（1）治理措施

实例一：福建省长汀县八十里河及水东坊乔灌草混交模式。八十里河流域总面积为4.35km²，山地原有植被为稀疏矮小的马尾松，密度1 500～3 000株/km²，平均树高0.6m，年均长高<0.15m，植被覆盖度小于10%，强度流失面积约占96%。当初采用豆科与非豆科乔灌草混交治理模式，对立地条件最差的地区，在原侵蚀地上采用小水平沟整地，整地时保留原有的马尾松、木荷等乔木，营造以刺槐、合欢、紫穗槐、胡枝子等的乔、灌混交林，播种马唐、棕叶狗尾草、圆果雀稗、金色狗尾草和鸡眼草等。水东坊原有植被为稀疏马尾松"小老头"树，密度小于1 500株/km²，治理主要营造黑荆林、南岭黄檀，及部分刺槐林、马尾松林以及刺槐和紫穗槐，播种了马唐、圆果雀稗、金色狗尾草、日本草、箭舌豌豆、小叶猪屎豆、假地豆、格莱姆柱花草等牧草。

实例二：福建省长汀县根溪河小流域的乔灌草混交模式。对小流域内强度以上水土流失坡地，或每公顷幼树少于1800株不能封育成林的中度流失坡地实行工程＋乔灌草混交模式。采用沿高线品字形挖小水平沟整地，沟行距2m，沟间距3m，沟长4m，沟面宽×深×底宽为0.5m×0.4m×0.3m，挖明沟。每公顷有600条沟，2400m长。挖明穴整地，规格0.5m×0.4m×0.3m。下基肥回填土，水平沟整地种植灌草，施钙镁磷肥300kg/hm^2，生物有机肥150kg/hm^2，均匀撒施于沟底后，从沟上方挖土回填至沟深2/3。挖明穴种植乔灌，穴下复混肥（或生物有机肥）0.25kg，与土拌匀后回填于穴内。乔木以木荷、枫香、杨梅为主；灌木以胡枝子为主；草类以香根草、百喜草、宽叶雀稗为主。胡枝子一年生苗高100cm以上，地径0.4cm以上，枫香等乔木一年生苗高60cm以上，地径在0.7cm以上。栽植木荷、枫香、青栲、杨梅、樟树、胡枝子、香根草等乔灌草。水平沟整地，胡枝子800株/hm^2，每沟植苗8株，要求截干打黄泥浆，栽后踩实盖松土，定植后保留埂高10cm。草籽播于沟埂松土上。宽叶雀稗21cm/hm^2（百喜草9kg/hm^2）。种植灌草的同时，注意适当搭配乔木树种（实生杨梅、木荷、枫香等），做到草、灌、乔结合，每隔10m搭配种植一株乔木。挖穴整地，胡枝子1800株/hm^2，混交枫香600株（或木荷、杨梅）。头3年应进行抚育追肥，每年2次，每次在雨后撒施尿素120kg/hm^2，或复混肥75kg/hm^2。

（2）效果分析　实例一通过治理，八十里河小流域和水东坊黑荆林小区马尾松已经成林，植被覆盖度在90%以上，群落已能进行自然演替，土壤侵蚀强度已由原先的剧烈侵蚀转为现在的微度侵蚀。实例二经过治理，植被覆盖度达80%以上，形成接近自然植被演替的群落特征，大大缩短了生态重建的进程。

值得注意的是，实例一引种较多的外地树种，如刺槐、四川桤木和黑荆树等，在现在的植被群落中已不见踪影，而黑荆也因遭遇数年一遇的强冻害退出生态系统。因此，在植被恢复过程中应考虑植被的地带性规律。

（四）"老头松"改造模式

马尾松作为我国南方红壤水土流失区生态恢复与重建的先锋树种，它具有耐干旱、耐瘠薄的特点。在红壤严重侵蚀区由于多次的植树造林、土地贫瘠和恶劣环境的共同作用，留下众多"老头松"，10余年树龄株高不到60cm、冠幅不到1m^{2}的"老头松"比比皆是。据典型调查，其主根深不足50cm，主根扭曲，只能靠侧根横向生长，地上部分生长不良。在侵蚀劣地留下众多"老头松"，一方面说明马尾松生长受限制性生态因子的严重制约，另一方面也说明马尾松与其他树种相比，具有生态幅相对较宽，耐受力强等特点。"老头松"单一林针叶化明显，树种结构不合理，引发林地生态环境恶化，物种多样性下降，林分抗逆性变差，病虫害易发，林地肥力下降，对其改造势在必行。长汀县自2000年以来，采取施肥抚育措施，对"老头松"林地进行改造，促进了植被的快速恢复。

1. 主要措施　在立地条件较差的强度流失坡地及立地条件相对较好的中度水土流失地，每公顷有马尾松中、幼树1800株以上的"老头松"林地，因土壤贫瘠，马尾松生长不良，但坡地有一定草被覆盖的，一般覆盖率为35%以上，对此类地区，通过抚育施肥进行改造，促进其恢复生长。

（1）穴状施肥改造　每年的2月和6月在"老头松"树冠投影的上坡挖40cm×30cm×30cm的施肥穴，穴间距2.5cm×2.5cm，1500穴/hm^2，每公顷375kg复合肥或生物有机肥料，每穴施入复合肥（或生物有机肥）0.25kg后覆土踩实。抚育追肥共进行3年。

对部分掺杂零星地块，林下草被稀疏，覆盖度小于0.35的地块，在施肥后，每公顷再用宽叶雀稗种子22.5kg，尿素75kg，拌表土100kg，直播于施肥穴上以增加地表草被覆盖度。"松改"施肥每次应变换施肥位置，覆盖度达80%以后，进行封禁管理。

(2) 条沟施肥改造

挖沟整地：沿等高线环山布设挖小水平沟，沟面宽×沟深×沟底宽为50cm×30cm×30cm（沟深为沟下沿原坡面至沟底深度），每公顷750条沟，每沟长1m，上下间距3.6m，左右距离3.6m（以沟的中心点量算），沟内挖方堆放在沟下沿拍（踏）实做埂。

施肥：①每公顷施生物有机肥（或复混肥）375kg，每沟0.5kg均匀撒施；②施肥后从沟上沿挖土覆盖10cm。抚育施肥连续进行3年，每次应变换施肥位置。

2. 效果分析　福建省长汀县河田镇坡地马尾松"小老头"树经过改造，马尾松林的蓄积量、冠幅和高生长均有大幅度的提高，针叶含水量增加，叶色浓绿；经施肥改造的马尾松幼林两次调查其年梢量分别比对照林增幅达64.2cm和66.5cm，冠幅增幅达105cm；植被覆盖度由原来的32%提高到81%。

第三节　坡地果（茶）园综合治理模式

一、果（茶）园生草模式

坡地果（茶）园经营过程中存在两个突出问题：土壤侵蚀和土壤肥力低。为了培育土壤肥力和防止果园的土壤侵蚀和培育土壤肥力，坡地果园多采用生草技术作为主要园面管理措施。果园生草是指果树行间（株间）长期种植多年生草作为土壤覆盖的果园土壤管理方法。它在19世纪末出现于美国纽约，到20世纪40年代得以大力推广。现已成为世界上许多国家和地区广泛采用的果园土壤管理方法之一。但我国生草的果园面积不足10%，生草栽培措施仍处于小面积试验及应用阶段。随着劳动力的日益紧缺，省工经营的生草模式将会逐步推广；随着国家对生态文明建设的重视，公众生态文明意识的提升，果园生草是未来农业发展的趋势。

果（茶）园生草的草种主要为豆科和禾本科植物，豆科植物有平托花生、圆叶决明、柱花草、羽扇豆等，禾本科植物有百喜草、宽叶雀稗、黑麦草、非洲狗尾草、草地羊茅等，还有萱草、油菜、波斯菊等草种。茶果园套种绿肥以避免与茶树或者果树争肥、争水和争光为原则，因地制宜。在绿肥开花初荚时翻埋入茶果园，以提高肥力，同时起到茶果园的蓄水保土、道路护坡及覆盖等作用。

顺坡果园生草方式有全园覆盖、带状覆盖、带状覆盖与敷盖等。带状覆盖与敷盖是指在小区相间种植百喜草和割草敷盖，覆盖和敷盖的带宽均为1m，果树所在位置设为敷盖条带。全园覆盖是指在果园内，果树冠幅以外均种植草本植物。带状覆盖是指在小区隔带种植草本植物，即每隔1m（裸露）种植1m宽的草带，果树所在位置设为裸露条带。梯田果园生草的方式有梯壁+梯面种草、梯面种草等模式。梯壁+梯面种草为梯面和壁均种草；梯面种草为梯面种植草本植物，壁不种草。根据黄炎和等多年观测，果园生草能提高土壤养分含量，防止土壤流失，但对果树生长和果实产量有一定影响，特别是全园覆盖对果树生长和果实产量产生严重影响（表6-1，表6-2，表6-3）。综合果园土壤养分、水土保持、果树生长和果实产量及品质等多方面考虑，带状覆盖与敷盖处理方式效果较好，建议在侵蚀坡地果园以百喜草进行生草栽培时，实施带状覆盖与敷盖。

表 6-1 果园不同生草方式对土样养分的影响
（黄炎和等，2007）

处理	有机质 (g/kg)	全氮 (g/kg)	全磷 (g/kg)	全钾 (g/kg)	碱解氮 (mg/kg)	速效磷 (mg/kg)	速效钾 (mg/kg)
带状覆盖与敷盖	7.40	0.30	0.17	52.90	30.59	6.53	192.32
全园覆盖	9.23	0.38	0.10	51.03	32.34	3.76	189.17
带状覆盖	6.60	0.24	0.13	51.36	25.17	4.25	125.12
净耕	6.35	0.20	0.10	52.04	24.79	2.59	89.80

表 6-2 果园不同生草方式对土壤流失的影响
（黄炎和等，2007）

年份	降水量	土壤流失量 [t/(km²·a)]			
		带状覆盖与敷盖	全园覆盖	带状覆盖	净耕
2000（5月起）	1 438.5	3 869.2	2 504.5	2 998.3	9 311.4
2001	1 418.5	354.7	17.6	433.3	12 751.8
2002	1 423.6	37.4	0	115.5	9 342.6
2003	839.8	0	0	0	5 107.3
2004	1 016	30.2	0	30.7	5 674.8
2005*	1 656	45.6	0	96.3	5 911.5

注：* 由于10月2日"龙王"台风引起小区上方滑坡，土壤流失量不含该次降雨过程引起的流失量。

表 6-3 2005—2006年不同生草方式对果树冠幅及果实产量、品质的影响
（黄炎和等，2007）

处理	年份	冠幅 (m²/株)		产量 (kg/hm²)		总酸 (%)		总糖 (%)		糖/酸	
		数值	平均值	数值	平均值	数值	平均值	数值	平均值	数值	平均值
带状覆盖与敷盖	2005	8.6	9.6	1 540	2 070	0.24	0.26	21.16	16.93	86.5	65.1
	2006	10.6		2 600		0.28		12.70		45.1	
全园覆盖	2005	6.5	6.6	1 170	1 310	0.30	0.38	16.44	13.57	54.7	35.7
	2006	6.7		1 450		0.45		10.70		23.6	
带状覆盖	2005	9.0	10.2	1 460	2 205	0.31	0.34	15.93	13.11	50.3	38.6
	2006	11.4		2 950		0.38		10.29		27.3	
净耕	2005	10.7	11.4	1 850	2 725	0.31	0.27	17.62	14.14	56.8	52.4
	2006	12.1		3 600		0.33		10.66		45.9	

二、生态果（茶）园复合循环模式

南方红壤丘陵区典型果茶园生态种植模式包括"猪-沼-果""草-牧-沼-果""果-草-牧（渔）-沼-菌"等循环农业模式，已在江西、广西、福建、广东等地应用推广20多年，并取得了显著成效。福建省长汀县果茶园水土流失治理主要以"草-牧-沼-果（茶）"循环农业模式为主，其基本思路是：以草为基础，沼气为纽带，果（茶）、牧为主体，形成植物生产、动物生产与土壤三者链接的良性物质循环和优化的能量利用系统,从而达到治理水土流失(种草),抑制农户砍柴割草(改用沼气做饭、照明),增加农户收入(果业、畜牧业)的目的,推动了经济效益与生态效益结合、治理与资源的可持续利用,有利于吸引农民及社会的闲置资金投入到水土流失区资源开发中来,从而推动资源可持续利用的产业化。其技术要点为:Ⅱ系狼尾草为基础,应用水土保持措施(对坡度较小而长的坡地进行削坡、筑梯田,园面实行前埂后沟,埂上种百喜草)改造侵蚀地(侵蚀荒地部分定植牧草,部分开发为果园

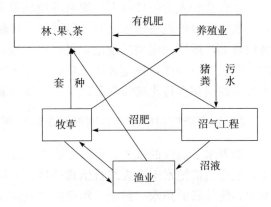

图 6-6 长汀县"草-牧-果-沼"循环农业模式
(翁伯琦等,2014)

并在初期套种牧草和生态草,原有侵蚀地上的老果园和低效林则进行前述水保措施改造)形成侵蚀地林果草子系统;而庭院畜牧子系统发展当地以养猪为主的传统养殖业,并收集牲畜排泄物生产沼气,沼液、沼渣则返回侵蚀地林果(茶)草子系统,部分沼液供鱼塘子系统做饲料。而鱼塘子系统定期清理的塘泥也返回到侵蚀地林果(茶)草子系统。通过治理,示范区内的侵蚀地在1a全部覆盖上植被,径流系数由治理前的0.52降至0.38,侵蚀模数由3 432t/(km²·a)降至1 188t/(km²·a),同时也获得了明显的经济收益和社会效益,公司、专业户和农户三种不同经营规模的经济实体产投比均在300%以上。

第四节 坡耕地水土流失综合治理模式

坡耕地是我国南方地区的主要农业生产用地,但又是水土流失的主要地类和江河泥沙的主要策源地,因此,加快坡耕地治理步伐是促进区域经济社会和谐发展的根本举措。通过坡耕地综合治理,既可以保持我国耕地总量动态平衡,又可以补充社会经济发展所需的建设用地指标,还能够改善农村生产生活条件、农村建设布局以及保护生态环境,对促进我国城乡统筹发展和新农村建设,对实现资源与建设的良性循环具有重要意义,使得坡耕地治理日益成为国家与地区保障"吃饭、建设、环境"耦合下的土地资源可持续利用的有效措施,成为现代坡耕地治理的核心内容。

我国南方坡耕地水土保持措施发展历史悠久,措施种类丰富,尤其是新中国成立以来国家对水土保持投入力度的加大,促进了水土流失调控技术研究。针对不同地区水土流失和耕作特点,提出了具有区域特点的调控措施。1989年经国务院批准在长江上游实施水土保持重点防治工程(简称"长治"工程),20多年来,"长治"工程也将坡耕地治理作为工作的重点,并取得一定的成绩。

一、坡耕地综合治理的必要性

(一)实施坡耕地综合治理是减少水土流失的重要举措

坡耕地是水土流失的主要来源之一,坡耕地自身坡面的不稳定性,加上多年的耕作扰

动，在自然和人为的破坏下，原有的埂坎单薄且低矮（甚至低于迎土面），有的出现滑坡和破碎现象，致使坡耕地水土流失较严重。坡耕地水土流失综合治理项目就是在水力侵蚀区的坡耕地上，运用径流调控理论，采取拦、排、蓄相结合，以道路、水系为主线，修筑土石埂坎，降低地面坡度，稳定坡体土壤，增厚土层，从而增强土壤涵养水分能力，使坡耕地水土流失量控制在允许土壤流失量以下，达到控制坡耕地严重水土流失的目的。

（二）实施坡耕地综合治理是解决耕地质量差和提高土地生产能力的有效途径

随着水土流失的发生，土壤中有机质和氮、磷、钾等养分不断流失，坡耕地地力持续下降。实施坡耕地水土流失综合治理项目，不仅可以增加基本农田，而且增强了耕地保水保土能力，使昔日的跑水、跑土、跑肥的"三跑田"变成了保水、保土、保肥的"三保田"，新建的蓄水池、排灌沟渠和整治塘堰等雨水集蓄工程，增强了抗御自然灾害的能力，使农作物旱涝保收。

（三）实施坡耕地综合治理是促进农村经济发展的重要手段

通过实施坡改梯，保护了基本农田，提高了土地单产能力，粮食作物种植面积减少，经济作物种植面积增加，项目区群众收入增加，农村经济发展步伐加快。

（四）实施坡耕地综合治理对改善生态环境有重要意义

将坡地改成水平梯地、缓坡梯地，既降低了耕地坡度，又使土地平整、土层变厚，也疏松了土地，再配套地埂、灌排水沟、蓄水池、沉沙凼、便民路等小型水利水保设施，大大减少了土壤水土流失，增加了土壤保水保肥能力，可有效实现粮食增产、群众增收，增强了农业发展后劲，实现水土资源可持续开发利用，人与自然和谐共生，生态环境良性循环。

综上所述，实施坡耕地水土流失综合治理十分必要，既可减少水土流失，又可改善项目区农业基础设施条件，提高农业综合生产能力，实现人与自然和谐共生，生态环境良性循环，是深受各级政府及群众欢迎的德政工程、民心工程。

二、坡耕地治理的主要模式

我国以25°作为可开垦的临界坡度，大于25°坡耕地都应退耕还林，小于25°的坡度应根据当地具体情况改革耕作制度，推广普及水土保持耕作法，改造为梯田或栽植经济林木，以减少水土流失。但我国南方部分水土流失地区的经济发展一般较为落后，耕地面积较少，为了保证当地农民基本农田面积，将坡耕地改造为梯田成为区域内25°以下坡耕地水土流失治理的主要措施，也是发展高效生态农业、保护耕地红线的重要保证。

自20世纪90年代以来，以小流域为单元，以坡耕地治理为重点，合理配置工程措施、植物措施和保土耕作措施，不同区域根据其自然条件和社会经济发展要求，形成了各具特色的坡耕地治理模式。在我国南方也成功地探索出了成熟的、有一定地域特色的典型坡耕地治理技术和模式，总结起来该模式主要可以概括为：坡改梯并辅以保土耕作，配套适当的坡面水系工程，农林业分区共同发展。

按地域划分，我国南方典型的坡耕地治理模式可总结归纳为以下几种：

（1）四川盆地　该区的紫色土母质风化迅速、水肥状况较好；深丘地区25°以上坡耕地比例大，浅、中丘地区 10°~20°坡耕地比例大；人地矛盾严重。

对 25°以下的坡耕地修建基本农田（土坎梯田为主），配套坡面水系工程（沟、渠、凼、池等小型蓄排工程）和生产道路；对 25°以上的坡耕地采取水土保持整地措施（水平阶和窄条梯田等）后种植经果林。

（2）三峡库区 该区坡耕地面积约占耕地面积的 70%，且坡度大，土层较薄，土壤养分含量低，土地退化、石化严重，保水保肥能力差。

对集中连片的坡耕地实施坡改梯工程，改造成满足一定人均标准的基本农田和经果林，坡改梯（石坎梯田为主）和经果林中需配套排灌设施（修建排灌沟渠、沉沙池和蓄水池，将田块内径流就地拦蓄利用）、生产道路等，对 25°以上陡坡耕地逐步退耕，种植经济林和水保林。

（3）南方红壤丘陵区 低丘岗地区坡耕地坡度较缓，丘陵低山区坡耕地坡度较大；耕地表土层较薄，质地黏重，土壤养分含量低，土层透水性差，具有较大的开发利用潜力。

主要治理方向为建设基本农田和高效经果林产业基地，治理水土流失、保护和开发利用土地资源、提高效益。将坡耕地改造成梯田（果梯），同时配套坡面排灌工程和生产道路。产业发展也带动养殖业发展，形成了具有该区特色的猪（鱼）-沼-果生态农业模式。

（4）云贵桂岩溶石漠化地区 该区坡度较陡，土质黏重，水土流失严重，土层厚度分布不均，石漠化程度严重，水源涵蓄能力差，易涝易旱。

对 15°以下的缓坡地优先实施坡改梯工程（石坎坡改梯为主），增加基本农田；对 15°~25°的坡耕地，有计划地修造梯田（地），配套建设必要的坡面排、灌、蓄设施，提高梯田抗御暴雨和干旱的能力；对 25°以上的坡耕地采取水土保持整地措施（水平阶、竹节沟、窄条梯田等），种植特色经济果木林，发展畜牧业，建立适合当地条件的高效农业产业基地。

（5）金沙江干热河谷区 该区坡度较大，土层较薄，土壤肥力低，土地退化严重，干旱严重。

坡耕地综合治理的主要方向为坡改梯和解决灌溉用水。充分利用当地的光热优势，对缓坡坡耕地建设高标准基本农田；对坡度较大坡耕地进行坡改梯，配套建设集雨灌溉设施和生产道路，建立高效的经济作物和经果林生产基地，提高粮食产量和群众经济收入；促进 25°以上陡坡耕地退耕，种植水土保持林，保护水土资源。

复习思考题

1. 简述崩岗治理的主要模式及各模式的适用性。
2. 试述侵蚀退化林地的主要特征及其治理的主要模式。
3. 不同地区坡耕地治理的主要模式有哪些？
4. 生态果园复合循环模式有哪些类型？其关键技术是什么？
5. 生态林草复合治理模式的主要类型有哪些？

主要参考文献

陈宏荣，2005. 侵蚀坡地草被快速恢复与控制水土流失技术［J］. 亚热带水土保持，17（4）：14-16.

陈晓安，杨洁，郑太辉，等，2015. 赣北第四纪红壤坡耕地水土及氮磷流失特征 [J]. 农业工程学报 (17): 162-167.

陈志彪，2007. 草-牧-沼-果循环模式与长汀水土保持实践. 亚热带水土保持 [J]. 亚热带水土保持, 19 (1): 27-30.

陈志彪，朱鹤健，刘强，等，2006. 根溪河小流域的崩岗特征及其治理措施 [J]. 自然灾害学报, 15 (5): 83-88.

陈志彪，朱鹤健，肖海燕，等，2005. 水土流失治理后的花岗岩侵蚀地植物群落特征 [J]. 福建师范大学学报（自然科学版），21 (4): 97-102.

陈志明，2007. 安溪县崩岗侵蚀现状分析与治理研究 [D]. 福州：福建农林大学.

程艳辉，2008. 红壤区坡面径流调控关键技术与模式的适用性研究 [D]. 武汉：华中农业大学.

邓嘉农，徐航，郭甜，等，2011. 长江流域坡耕地"坡式梯田＋坡面水系"治理模式及综合效益探讨[J]. 中国水土保持 (10): 4-6.

福建省水土保持学会，2010. 福建省水土保持学科发展报告 [J]. 海峡科学 (1): 36-41.

付振华，曾河水，2007. 小穴播草模式在侵蚀陡坡地治理的应用 [J]. 亚热带水土保持, 19 (3): 40-42.

高宝林，程胜高，2009. 丹江口库区坡耕地水土流失治理模式探讨 [J]. 中国水土保持 (12): 21-23.

胡玉法，2009. 长江流域坡耕地治理探讨 [J]. 人民长江, 40 (8): 72-75.

黄炎和，杨学震，蒋芳市，2007. 侵蚀坡地果园不同生草方式对土壤和果树生长的影响 [J]. 水土保持学报, 21 (2): 111-114.

蒋芳市，黄炎和，林金石，等，2011. 不同植被恢复措施下红壤强度侵蚀区土壤质量的变化 [J]. 福建农林大学学报（自然科学版），40 (3): 290-295.

李旭义，查轩，陈世发，等，2009. 崩岗侵蚀治理范式结构与功能研究 [J]. 水土保持研究, 16 (1): 93-97.

李亚龙，张平仓，程冬兵，等，2012. 坡改梯对水源区坡面产汇流过程的影响研究综述 [J]. 灌溉排水学报, 31 (4): 111-114.

刘洪生，2005. 生态修复在长汀水土流失治理的几种应用模式分析 [J]. 亚热带水土保持, 17 (3): 31-33.

卢程隆，1998. 实用水土保持技术 [M]. 厦门：厦门大学出版社.

鲁耀，胡万里，雷宝坤，等，2012. 云南坡耕地红壤地表径流氮磷流失特征定位监测 [J]. 农业环境科学学报 (8): 1544-1553.

吕联合，2011. 福建省泉州市崩岗侵蚀现状及防治成效 [J]. 亚热带水土保持, 23 (4): 47-49.

苗全安，2011. 丹江口库区坡耕地不同农艺措施水土保持效果的研究 [D]. 武汉：华中农业大学.

彭绍云，2009. 浅谈南方红壤侵蚀区"复合型"植被的重建 [J]. 亚热带水土保持, 21 (1): 49-52.

阮伏水，2003. 福建省崩岗侵蚀与治理模式探讨 [J]. 山地学报, 21 (6): 675-680.

水利部，中国科学院，中国工程院，2010. 中国水土流失防治与生态安全：南方红壤区卷 [M]. 北京：科学出版社.

孙波，等，2011. 红壤退化阻控与生态修复 [M]. 北京：科学出版社.

涂宏章，岳辉，2007. 浅谈施肥在植被恢复中的效应 [J]. 亚热带水土保持, 19 (1): 35-36.

翁伯琦，徐晓俞，罗旭辉，等，2014. 福建省长汀县水土流失治理模式对绿色农业发展的启示 [J]. 山地学报, 32 (2): 141-149.

谢锦升，李春林，陈光水，等，2000. 花岗岩红壤侵蚀生态系统重建的艰巨性探讨 [J]. 福建水土保持, 12 (4): 3-6.

杨学震，钟炳林，谢小东，2005. 丘陵红壤的土壤侵蚀与治理 [M]. 北京：中国农业出版社.

喻定芳，戴全厚，王庆海，等，2010. 北京地区等高草篱防治坡耕地水土流失效果 [J]. 农业工程学报，

26（12）：89-96.

岳辉，陈志彪，黄炎和，2007. 象草在花岗岩侵蚀劣地的适应性及其水土保持效应［J］. 福建农林大学学报（自然科学版），36（2）：186-189.

岳辉，曾河水，陈志彪，2005. 河田侵蚀区崩岗的生物治理研究［J］. 亚热带水土保持，17（1）：13-14.

曾河水，岳辉，2004. 长汀县以河田为中心的花岗岩强度水土流失区植被重建的主要模式［J］. 福建水土保持，16（4）：16-18.

曾河水，岳辉，2007. 长汀县侵蚀红壤区"老头松"施肥改造探析［J］. 亚热带水土保持，19（1）：40-42.

张靖宇，魏伟，张聃，等，2014. 赣北红壤坡地不同类型梯田减流减沙效益研究［J］. 现代农业科技（22）：188-189，191.

张萍，查轩，2007. 崩岗侵蚀研究进展［J］. 水土保持研究，14（1）：170-176.

长汀县水保局，2012. 福建省崩岗治理新思路——治坡、降坡、稳坡［J］. 水土保持应用技术（2）：49.

Faust M，1979. Evolution of fruit nutrition during the 20th century［J］. Horticultural Science，14：321-325.

第七章 水土保持研究方法

重点提示 水土保持研究方法涉及气象、水文、土壤、生态等多个学科的研究方法，本章仅主要阐述常见的水土保持研究方法，同时还介绍了一些最新的水土保持研究方法。

第一节 水土流失野外调查方法

一、水文法

水文法是根据现有水文站、网的实测水文资料，分析计算出某流域在某一时段内的水土流失状况的方法，如根据流量过程及相应时段径流含沙率便可计算出流域总输沙量。

我国各大河流水系均有多级水文站、网，气象、径流和泥沙观测资料较齐全，分布于各级水系上中游。这些水文站、网控制各大江河的主要断面，有些水文资料已编成《水文资料年鉴》可供查找。但是由于有齐全观测资料的一般都是比较大的江河、流域和一些重点研究流域，因此水文法较适合于较大范围的水土流失调查研究。

二、淤积法

淤积法是通过量测各种大小的水库、塘、坝以及谷坊等拦蓄工程的拦淤量和集水区的调查，计算分析土壤侵蚀量或拦泥量的方法。

利用淤积法调查土壤侵蚀，要特别注意拦蓄年限内的情况调查，如拦蓄时间、集流面积、有无分流、有无溢流损失、蒸发、渗透及利用消耗量等。对于水库淤积调查，若有多次溢流，或底孔排水、排沙，就难以取得可靠资料或成果。

（一）有实测资料的水库（坝）

水库（坝）的设计基本资料包括库区大比例尺地形图、库（坝）断面设计图、库容特征曲线，建库、运行管理文件资料和水文、泥沙计算等设计资料。有这些资料的水库（坝）是一理想的水土流失调查对象。

1. 水沙量平衡法 当水库蓄水前库区上、下游均有多年同步水沙量观测资料，且出入库站之间输沙量有较好的相关关系时，则可以利用出、入库站在蓄水前建立的沙量关系，根据水库蓄水后入库水文站逐年输沙量，推求出出库水文站蓄水后逐年假定未受水库蓄水影响的输沙量，并与出库站相应逐年实测输沙量相减，其差值即为逐年淤积量，各年份的淤积量累加即为水库蓄水后某一时段的总淤积量。

2. 地形图法 实测库区的淤积状况的大比例尺地形图，绘制淤积后的高程-库容曲线，用水面高程分别计算出设计时的库容和淤积后的库容，两者之差即为淤积体积，再根据淤积年限可推算出该水库控制流域面积内每年的土壤流失量。

3. 横断面法

（1）断面布设 对确定有调查意义、代表性强的库坝，在库区布设一定数量的观测断面

(图 7-1)。

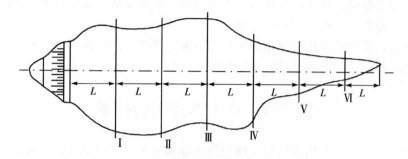

图 7-1 断面布设图

(李智广等，2005)

(2) 断面测量 对每一断面进行多点测量，根据各测点处的水深 h 及水面高程 H_B，由 $H_s = H_B - h$ 计算出各测点的淤积高程。

(3) 淤积计算 首先利用设计资料绘制各断面库区地形断面图，再根据测量结果点绘出淤积断面图，求出各断面淤积面积，用相邻淤积断面面积平均值 $\overline{s}$ 乘以两断面之间距 l，即可得两断面间的部分淤积体积 V_i，再将各部分淤积体积求和，得总的淤积体积 V，即 $V = \sum V_i = \sum \overline{s_i} \cdot l_i$。再根据库坝开始蓄水到施测年的时限（年）、流域面积和淤积泥沙的天然容重，就可计算出该库流域建库以来的平均土壤侵蚀模数。

(二) 无基本资料的库区

小型库（坝）、水土保持拦蓄工程缺乏库（坝）区基本资料，或不完全，对此类工程的调查需要补充基本情况的调查，如集水面积、蓄水年限、原来地形状况、工程规格、标高等。在此基础上确定调查研究方法，然后着手调查。

通常调查的方法有：

1. 断面法 对于较大的中小型库（坝），库内尚存一定容积，仍在发挥蓄水拦泥功能，可采用断面法，方法同有库区资料淤积的调查，只是常把第一次施测的各断面作为调查的基础资料，然后施测各断面，其淤积断面的变化就是前后两次施测期间的淤积量。

2. 测钎法或挖坑法 原理同断面法，不过把测深的方法改成用测钎量测（或挖坑量测）。一般适用于无水蓄积的干库坝，如淤地坝，也可用于蓄水很少的池塘、涝池等。通过量测淤积厚度，计算出某时段集水区的总泥沙量。

三、测针法

测针法是将标有刻度或已知长度的细长金属杆（测针或测钎）插入地面，通过观测测针出露或埋淤的高（深）度来推算出坡面被侵蚀和沟床被淤积情况的方法。

测针法通常用于难以进行定量观测的陡坡或冲淤交替的地区，在不受人为干扰地区且冲淤强度变化不是非常大的地区（如沟头位置、处于活跃期的侵蚀沟底和沟坡）可大范围布设，如沙漠、林区、草原、沟坡等，长时期观测能够得出非常有价值的资料。

使用测针法时要注意，测针对流水或风流态及性质会产生影响，所以测针要尽可能细小光滑，但要有一定强度，不易被弯曲或折损，以减少阻力和避免挂淤污物，也易于插入土中。测针长度视剥蚀（淤积）强度而定，一般为十几厘米到几十厘米，有的长 1m 以上。测针的布设多采用方格网状排列，当在沟谷中布设时，沿纵横断面成排排列，间距视地表变化和量测精度要求而定，一般 5～10m 为宜。

测针布设后，依次编号并记录布设出露的长度，经过一次侵蚀（或淤积）后，重新量测出露长度，就可得到该次侵蚀（或淤积）深度。

第二节　水土保持实验技术

水土保持实验技术主要指在研究土壤侵蚀规律和水土保持措施功效时所采用的技术和方法，基本上包括三个方面：水土保持定位观测实验技术，水土保持模拟实验技术和水土保持专项试验测定方法。

一、水土保持定位观测实验技术

水土保持定位观测实验技术是指通过对野外径流小区、集水区或流域等研究区域的产流及产沙过程进行实地定位观测，研究降雨、地形、土壤、植被及土地利用等因素对水土流失的单因子及复合影响，揭示水土流失规律，或对水土保持单项措施及水土流失综合治理效益进行评价。径流小区观测和流域出口控制断面观测是进行水土保持定位观测的最基本形式。

（一）径流小区布设与观测

1. 径流小区的类型　根据不同地区小区可比性程度的高低，可以将小区划分为标准小区和非标准小区两类。

（1）标准小区　为了便于系统定量化研究各影响因子对水土流失的影响，综合分析观测结果，使不同地区之间的试验结果具有可比性，需要建立标准小区。所谓标准小区，是指对实测资料进行分析对比时所规定的基准平台，可以是实地现设的小区，也可以是计算中虚设的小区。目前我国还没有明确规定标准小区，大家比较认可的标准小区坡度为 15°，宽度为 5m，坡长为 20m（投影长度），直形坡，连续清耕裸露休闲，在观测期内植被覆盖度应小于 5%。标准小区规定后，在进行资料分析时，就可以把所有资料首先订正到标准小区上来，然后再统一分析其规律性。

（2）非标准小区　与标准小区相比，为了满足更多的研究目标（如不同坡长、坡度、措施条件下的土壤侵蚀规律）而设置的其他不同规格、不同管理方式下的小区都为非标准小区，如面积在 1～2m^2 的微型小区、面积达 1hm^2 的大型小区以及布置有各类措施或不同管理方式的径流小区。

2. 径流小区的规划与布设　径流小区试验场一般用来进行水土流失单因子及防治措施单因子的研究，场地宜宽，每个处理要能布设 1～2 个重复，以选择代表自然状态的坡面为宜。

径流小区试验设计中，通常以组为单位，每组根据试验要求布设两个或两个以上小区，每组应设排水沟、保护带、试验小区和集流设施几部分。

排水沟用来排除小区以外的径流，以免对小区造成破坏和对观测结果产生影响；保护带设置于试验区的两边，其宽度不小于 2m，以减少边界效应，在处理上与小区相同；小区边界墙用水泥板或砖砌成，高出地面 15~20cm，入土深 30~50cm，边界墙顶部宜做成向外倾斜的斜面，减少降落在边界墙上的降雨溅入或流入小区的概率。小区下端设集水槽，其断面设计以能通过小区最大来水来沙量为准；集水槽下部修建集流池或放置集流桶，用于收集径流泥沙；如径流量较大，集流池容积不足时可设计一定容积的分水箱与集水槽相连接。

小型的径流小区布设多采用对比排列试验，具体布设时依据实际条件按不同处理顺序排列或随机排列。

3. 径流小区观测项目 径流小区测验的主要内容是降雨、径流和径流测验等。

（1）降雨观测　径流场需要设置一台自记雨量计和一台雨量筒，相互校验，若径流场分散，需要增加雨量筒数量。降雨观测按照气象观测方法进行。

（2）径流观测　野外径流小区试验一般不进行产流产沙过程研究，因此径流观测通常是在产流结束后，通过量测集流池（桶）内的水量得到径流总量，其方法是先测定集流池中的水深，然后根据集流池（桶）的水位-容积曲线推求径流总量。如果量水设备有分流箱，要根据分水系数和分水量换算径流总量。在径流观测时需要注意的是当小区内侵蚀剧烈，集流桶内泥沙淤积厚度较大时，应相应地扣除泥沙所占的体积。

（3）泥沙观测　在径流观测结束后立即进行泥沙测定。其方法是先从集流池（桶）中取一定量（1 000~3 000mL）的径流泥沙样，静置24h后，轻轻倒去上层清水后在105℃下烘干到恒质量，称重，再计算本次径流的侵蚀量。径流泥沙样的获取可用搅拌法或全深剖面采样器采取（图7-2）。

（4）其他项目观测　径流小区观测还包括下垫面土壤性质及地面覆盖情况，如植被覆盖度、土壤含水量、小区冲刷情况等。

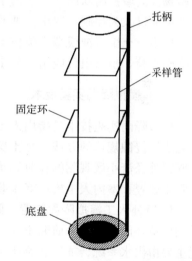

图 7-2　径流泥沙全深剖面采样器
（叶芝函等，2005）

（二）集水区或小流域控制断面布设与观测

径流小区的径流特征及泥沙运移特征与天然状况下的差异很大，其观测结果通常放大了侵蚀泥沙的数量，且当流域内土地利用发生较大变化时，径流小区的代表性将无法保证。因此，为了全面掌握整个流域或某集水区降雨时的产流产沙情况，或者在进行治理流域与非治理流域水土流失特征对比研究时，以流域或集水区为单元，可通过设在流域或集水区出口处的控制断面观测径流和泥沙，来综合评价流域土地利用和水土保持措施对水土流失的影响。其观测项目包括流量、流速、洪峰流量、含沙量等，除此以外，在流域内还必须布设一定数量的雨量观测点，记录降雨过程。

（三）水土流失自动化监测

无论是径流小区，还是集水区或小流域控制断面，原始的人工观测不仅工作难度大，而且观测结果连续性和系统性差，人为误差大，如对产流和产沙进行过程观测还需要在雨天进行，特别是暴雨条件下小流域控制断面的人工观测难度更大。目前自动化的径流泥沙观测技术已比较成熟，我国多个水土保持试验站已安装了水土流失自动化监测系统。自动化监测系统不仅监测结果准确，数据实时储存，更为重要的是能够实现降雨-径流-泥沙变化过程的同步性和数据的连续性，更加利于水土流失规律的研究。

水土流失自动化监测系统一般由数字雨量计、水位记录仪、泥沙自动测量仪或自动采样器等组成，也可以通过通信技术实现观测数据的无线远程传输。除此之外，土壤湿度、温度等观测项目均可以通过相应的自动监测设备与水土流失自动化监测系统实现技术集成，同时监测更多的项目。

二、土壤侵蚀模拟实验技术

由于土壤侵蚀影响因素的多样性和各因子之间相互作用的复杂性，通过野外径流小区、试验场及流域控制断面观测来揭示土壤侵蚀规律具有一定的局限性。模拟实验技术在一定程度上可通过人为控制，忽略一种或几种土壤侵蚀影响因子，有利于研究单因子对土壤侵蚀的影响作用。土壤侵蚀模拟实验技术包括降雨模拟和下垫面模拟，两者可单独应用，如野外模拟降雨实验，也可组合应用，如小流域模拟降雨实验。

（一）模拟降雨实验技术

模拟降雨实验技术是指用人工模拟降雨装置来模拟天然降雨，通过人工控制降雨特征来研究土壤侵蚀规律的方法，是土壤侵蚀研究的重要手段。模拟降雨实验能够加快研究进程，克服野外径流小区观测的耗时和重复性差的弱点。模拟降雨装置根据使用场所分野外人工模拟降雨装置和室内人工模拟降雨装置。

1. 野外人工模拟降雨装置　野外模拟降雨实验一般是利用自然坡面建立径流小区，然后用模拟降雨的方法来研究不同降雨特征及下垫面条件下的土壤侵蚀规律。人工模拟降雨装置主要由供水系统、加压和调压系统、喷洒系统组成（图7-3）。

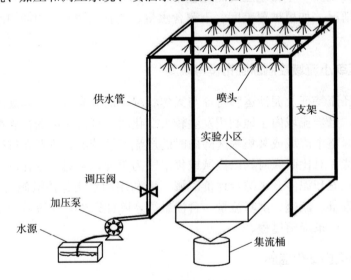

图7-3　野外模拟降雨实验示意图
(李智广等，2005)

(1) 水源　模拟降雨需要大量的水，充足的水源是保障模拟降雨的前提条件。野外模拟实验场地除个别长期试验站设有水源外，一般没有水源，需要用水车或消防车来供水或从附近河流、水库中用水泵抽取，供水水量及流量都应满足降雨需要。模拟降雨所采用的喷头流道很小，一般只有几毫米，极易堵塞，因此所用水源不能含有大量泥沙及漂浮物，必要时加装过滤装置。

(2) 加压和调压系统　模拟降雨实验一般均采用定雨强降雨，且不同降雨雨强是通过改变系统压力来实现，因此降雨过程中需要保持恒定的压力，可用消防车或水泵来加压，系统压力常用调压阀或分流的方法来调节。

(3) 喷洒系统　喷洒系统是将加压以后的水分散成小水滴然后降落到试验小区的装置，主要由支架和喷头组成，支架用于安装喷头，其高度要满足大部分水滴到达地面时达到终点速度，喷头的选择要结合水泵的扬程和流量、喷头数量及设计雨强来确定，其雾化程度应基本符合天然降雨雨滴分布范围，喷头的数量及分布根据实验小区的面积及设计降雨确定，喷头安装方向可为侧喷和下喷。

2. 室内人工模拟降雨装置　野外人工雨模拟实验虽然解决了天然降雨周期长、降雨特征及时空分布不均的缺点，且能够在自然坡面上进行模拟降雨实验，但野外常受到水电交通不便和风的影响较大等不利因素影响，而且降雨强度的可调范围小和可控性也较差，要系统深入研究降雨条件下土壤侵蚀规律还存在较大的困难。为此，有关研究单位建立了模拟降雨大厅进行室内模拟降雨实验，目前我国已有中国科学院水利部水土保持研究所、黄河水利科学研究院和广东省生态环境与土壤研究所等科研单位建立了人工模拟降雨大厅。

降雨大厅一般根据降雨强度、雨滴大小等降雨特性分为若干控制区域，可模拟多种降雨类型，整个降雨装置由喷头、供水管网及控制装置组成，试验时通过计算机自动控制系统实现对各种雨强、雨量、降雨时间及降雨面积的控制。

3. 模拟降雨实验项目　运用模拟降雨技术，便可进行雨滴击溅侵蚀模拟实验、坡面系统（包括细沟侵蚀、浅沟侵蚀）模拟降雨实验、小流域概化模型模拟降雨实验以及各类水土保持措施作用的模拟降雨实验等。随着示踪技术、三维激光扫描技术、近景摄影测量技术等新技术的日渐成熟，模拟降雨实验技术将在土壤侵蚀研究中发挥更大的作用。

（二）下垫面模拟

下垫面模拟是指相对于野外原位土壤侵蚀实验，在室内或试验场内用扰动土壤建立的各类下垫面条件，常见的有坡面模型和小流域模型等。

1. 坡面模型　坡面模型即通过人工将野外研究区域土壤运回实验室，重新填装到实验土槽中，形成人工坡面，与野外自然坡面相比，人工坡面模型具有坡度及坡长可控性好的优点，是用来研究坡面径流侵蚀规律重要途径。实验土槽可用钢板做成，再配以液压调节坡度装置即可成为变坡土槽，适合各种地面坡度的实验，也可用砖砌或混凝土建造，但由于设施本身坡度不能变化，坡度设计只能通过填土来解决，工作量较大。由于实验过程中需要收集坡面径流，因此建立实验土槽时一定要考虑集流桶安放位置。

坡面模型可用于径流冲刷试验，也可用于模拟降雨试验，常用来研究坡度、坡长、径流或降雨等因素对土壤侵蚀的影响规律，也可用来研究坡面细沟发育过程。

2. 小流域模型 坡面模型只能研究发生在坡面的土壤侵蚀规律，不能揭示流域范围内的侵蚀产沙过程及侵蚀强度分异规律、沟道系统的形成过程及坡沟演化关系。而野外流域地貌的发育在自然状态下是一个缓慢的过程，短期内的资料不足以揭示其变化规律，同时流域地貌的大空间尺度给地形数据的获取与分析带来极大困难。地貌模拟可以通过建立室内物理模型，抓住主要影响因子，忽略次要因子，在较短时间内再现某一地貌的发育过程、发育趋势及其对流域侵蚀产沙的影响，从而可有效弥补时间和空间尺度上的不足。

小流域模型的建立，需在大量勘查野外实际流域地形地貌、土壤植被等特征的基础上，通过人工填土的方法建立，然后通过模拟降雨，运用稀土元素示踪技术（REE）、高精度近景摄影测量及三维激光测量技术记录地貌发育过程，用常规的径流泥沙观测方法记录小流域的侵蚀产沙过程，通过分析便可对流域地貌演化与小流域侵蚀产沙之间的关系进行剖析。

小流域模型旨在研究多次降雨过程中流域地貌演化规律、坡沟系统产沙特点、流域地貌不同发育阶段的侵蚀特征等。崔灵周等通过建立小流域地貌模型，运用人工模拟降雨和高精度近景摄影测量技术，研究发现侵蚀强度随小流域模型发育过程呈现由低到高再逐渐降低的规律，沟谷侵蚀强度大于坡面，在流域发育初期时段至活跃时段前期，主沟侵蚀强度大于支沟，而在稳定期时段，主沟和支沟侵蚀强度变化趋于同步，图 7-4 为运用高精度近景摄影测量技术获得的 DEM 图。

模型初期 DEM 图　　　　　　　　　　　　经 18 场模拟降雨侵蚀后的 DEM 图

图 7-4　高精度近景摄影测量小流域概化模型
（郭彦彪，2003）

三、土壤侵蚀专项实验技术

（一）雨滴特征测定

降雨雨滴特征包括雨滴大小及其分布，是计算降雨动能和研究击溅侵蚀的重要参数，其测定方法有滤纸色斑法、面粉球法、浸入法、雷达观测法、光学雨量计法、摄影法等，其中滤纸色斑法因操作简便，成本低，测定结果比较准确而被广泛采用，其操作程序如下：

涂料滤纸的制作：将曙红与滑石粉以 1 : 10 的比例混合研磨成粉末，均匀地撒在 $\phi =$ 150mm 的圆形中速定性滤纸上面，并用毛刷或棉球将颜料粉末涂匀备用。

制作雨滴取样器：雨滴取样器由一个 U 形木盒和一个开有与滤纸直径相同圆孔的盖板

组成（图7-5），孔盖可来回抽动，已制备好的涂料滤纸固定在U形底盒中部。当雨强较大时，可采用改进的锥孔式雨滴取样器（图7-6），以减少雨滴在孔盖上击溅形成水滴进入孔口的概率，减小测定误差。

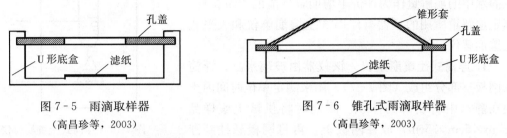

图7-5 雨滴取样器
（高昌珍等，2003）

图7-6 锥孔式雨滴取样器
（高昌珍等，2003）

取样：取样时，在无雨区先推动孔盖以遮住滤纸，然后左手执盒，将盒托平置于雨中，右手将孔盖向回拉，当圆孔经过滤纸时，雨滴就落在涂料滤纸上面，产生大小不同的雨滴色斑，然后将取样器拿至无雨区，取出有雨滴色斑的滤纸并编号，然后重复搁放滤纸进行测定。

率定：雨滴在滤纸上所形成的色斑直径并非雨滴直径，需要通过一定的公式换算求得雨滴直径。经大量实验证明，雨滴直径 d 和雨滴色斑直径 D 之间的关系可用经验公式 $d=\alpha D^{\beta}$（α、β 为参数）很好地表达，但是在不同的实验中，特别是采用不同批次的滤纸和颜料时，参数 α 和 β 必须重新率定。

测量与计算：根据雨滴取样滤纸上的色斑图谱，量出每个色斑的直径 D，用公式 $d=\alpha D^{\beta}$ 计算出对应雨滴直径 d，并统计出各直径雨滴的个数，由此便可绘制雨滴谱。然后根据雨滴直径求出雨滴质量 m，用修正的沙玉清公式（当 $d<1.9\text{mm}$）或修正的牛顿公式（当 $d>1.9\text{mm}$）计算出雨滴降落速度，以公式 $E=\frac{1}{2} \cdot mv^2$ 计算降雨动能，根据所求出的雨滴质量和动能，即可算出单位面积上每毫米降雨的动能。

（二）坡面径流流速的测定

坡面径流速度是定量分析土壤侵蚀过程和径流挟沙能力的基本参数。通常采用颜料示踪法和盐液示踪法。两种方法都是先在待测定流速的坡段上确定两个位置作为流速测定的起始点和终点，然后用滴管向水流中滴入少量示踪溶液，同时用秒表计时，当示踪液到达终点时停止计时，根据所用的时间及起点和终点之间的距离即可计算出径流流速，重复测定几次，以平均值作为该时段内的径流速度。两者的不同之处在于所用的示踪剂和监测示踪液到达终点的方法不同，颜料示踪法采用有色溶液，常用高锰酸钾溶液作为示踪液，用目测法监测示踪液是否到达终点，盐液示踪法常用20%的NaCl溶液作为示踪溶液，用电导率仪监测溶液电导率的变化，当电导率突然变大时示踪剂即到达终点。

近年来，新的测定方法，如电解质脉冲法、基于光电传感器和示踪法的测量系统等方法正在不断地探索和完善之中。

（三）土壤崩解速率的测定

土壤崩解是指土壤（土块）在静水中被分散、破裂和崩塌的现象。在水中越易崩解的土壤越容易被径流冲刷和搬运,因而土壤崩解性能是反映土壤抗侵蚀性能的一个重要指标。通常以单位体积土块在静水中完全崩解所需的时间,或单位时间土块在静水中的崩解量作为评价土壤崩解性能的定量指标。测定崩解量所用的仪器有浮筒式土壤崩解仪和天平式土壤崩解仪。

1. 浮筒式土壤崩解仪 该仪器由玻璃水缸、浮筒和网板三部分组成(图7-7),用来测定单位时间内土块在静水中所崩解的体积。测定时将供试土壤样品(5cm×5cm×5cm)放在网板上,再将网板悬挂到浮筒底部后浸入玻璃缸中的清水中,记下浮筒起始读数 V_0,待土样完全崩解或浸水后第30min时再记下浮筒读数 V_1,并记录崩解所需时间 t,然后用下式计算土壤崩解速率 v(cm³/min)。

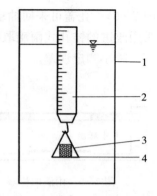

图7-7 浮筒式土壤崩解仪
1. 玻璃水缸 2. 浮筒 3. 供试土样 4. 网板
(蒋定生等,1997)

$$v = a\frac{V_0 - V_1}{t}$$

式中:V_0 为土样刚浸入水中时浮筒的读数(cm³);V_1 为土样完全崩解或30min后浮筒的读数(cm³);t 为土样在水中的崩解时间(min);a 为体积换算系数,$a=1.276$。

由于浮筒式崩解仪观测误差较大,马绍嘉等人对浮筒式崩解仪进行了改进,用位移传感器来记录浮筒的升降距离,单位时间内的位移传感器读数的差值即为单位时间内的土壤崩解量,其结构见图7-8。

2. 天平式土壤崩解仪 该仪器由电子静水天平、框架、土样悬架、水槽和升降平台组成,用来测定单位时间内土壤在静水中的崩解量,该仪器直接用电子天平记录土样重量变化,提高了读数的准确度,也免去了浮筒位移量与崩解量之间的换算。测定时记录放入土样时的天平初始读数与土样完全崩解后的天平读数,再除以崩解时间即可得崩解速率。

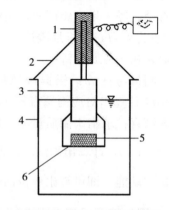

图7-8 位移式土壤崩解仪
1. 位移传感器 2. 支架 3. 浮筒
4. 玻璃缸 5. 供试土样 6. 纱网
(马绍嘉等,1995)

(四) 土壤抗冲性测定

土壤抗冲性是指土壤抵抗径流冲刷破坏的能力。土壤抗冲性是研究土壤侵蚀过程和机理的重要指标,用原状土冲刷水槽测试法测定,其测定装置如图7-9。

测定时先从研究目标样地用取样器采取土样,在林地采集表层土样时,先将未腐烂的枯枝落叶层拨开,自上而下按一定深度取土;在草地上,先用剪刀将草茎剪去,铲掉上边厚1cm左右的土皮,然后自上而下取土;在农耕地上可直接从表层开始取样。所取样品连同取样器拿回室内放在底部铺有海绵的水盆中浸泡至饱和,注意水深不能淹没样品,以免非毛管孔内封闭空气而影响饱和,影响测定结果。然后将样品取出,装入水槽装样室中,将水槽调整到所需要的坡度,调节流量进行模拟径流冲刷,并收集全部径流泥沙样品,冲刷完毕后,将泥沙充分沉淀,烘干后称重,然后根据冲刷时间和水量计算土壤抗冲系数,即冲走1g土

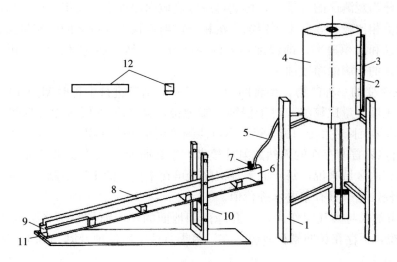

图 7-9 土壤抗冲性测定装置
1. 放水桶架 2. 标尺 3. 玻璃管 4. 水桶 5. 放水管 6. 稳流室
7. 整流栅 8. 冲刷水槽 9. 装样室 10. 坡度架 11. 蝶蛟 12. 采样器
(李智广等,2005)

壤所需要的水量和时间(Ls/g)。

土壤抗冲性也可以用径流小区次降雨的观测资料为基础,用径流小区面积 A (m^2),次降雨径流深 R (mm) 及次降雨相对应的径流小区的冲刷量 W (kg),计算土壤抗冲性指标值,即 $K_w = W/(AR)$。K_w 值越大,抗冲性越弱。

(五) 指纹技术

通过土壤侵蚀模拟实验、野外径流小区观测和卡口站观测虽然能够研究,对各因子对土壤侵蚀量的影响,可知径流小区次降雨产沙总量及流域输沙总量,但是对于泥沙的来源及不同部位的产沙强度无从得知,因而不能很好地解释侵蚀产沙强度的时空分异规律,限制了对侵蚀产沙规律的深入解释。指纹识别技术的优点是能够确定侵蚀泥沙的来源及不同侵蚀部位的侵蚀强度。

指纹识别技术的基本原理是首先采集各可能泥沙源地样和河流泥沙样,筛选在不同源地间差异显著的土壤物化性质作为识别因子,通过分析比较该识别因子在各可能泥沙源地样与河流泥沙样之间的差异,得出不同泥沙源地的泥沙贡献百分比,以此来说明河流泥沙的主要策源地及不同部位的侵蚀强度。该方法的优点在于可以直接从泥沙入手研究泥沙来源,与传统的间接研究泥沙来源的方法有所不同。指纹识别技术研究泥沙来源的方法,包括单因子指纹识别与复合指纹识别两种方法,复合指纹识别技术即运用两种或两种以上的识别因子综合分析泥沙来源的方法。

1. 放射性核素示踪技术 放射性核素是目前用于探讨泥沙来源较多的一类指纹识别因子,常用的有 ^{137}Cs、^{210}Pb、^{7}Be 以及 ^{226}Ra。放射性核素随降雨或尘埃沉降到地面后被土壤胶体颗粒强烈吸附,在土壤表层聚集,难以被淋溶和植物摄取,因此根据土壤中放射性核素含量的变化便可以推算出土壤被侵蚀的程度,再根据核素沉降时间、半衰期、土壤侵蚀时间等参数便可推算土壤侵蚀强度。一般的做法是选择人类活动影响较小的无侵蚀或侵蚀微弱部位的核素输入量作为观测区的背景值,再通过测定流域内侵蚀部位及沉积区土壤中核素的分布及含量与背景值相比较,建立土壤侵蚀、沉积与放射性核素含量之间的定量关系,可计算土壤的平均净侵蚀和沉积速率,即侵蚀强度的空间分布,然后通过区内沉积和侵蚀面积的计算,得到研究区的土壤的净侵蚀率。

^{137}Cs 是核裂变的一种产物,半衰期为 30.17 年,适宜进行中长时期的侵蚀量宏观估算。由于采用表层土壤含量比较法,对于侵蚀严重地带,含^{137}Cs 土层多侵蚀殆尽,限制了该法的应用。^{137}Cs 最早沉降发生在 1954 年,不可能测算更早年代沉积。

^{210}Pb 是自然界普遍存在的天然放射性核素,半衰期为 22.3 年,作为示踪元素的优势在于对一个要研究的区域来说,每年的大气沉降量可在未扰动的土壤中测得,对示踪百年时间尺度上的流域侵蚀速率具有重要示踪价值。

^{7}Be 是宇宙射线与大气层作用产生并降落到地面的短寿命核素(半衰期为 53.3d),由于^{7}Be 半衰期短,不存在长期累积效应,在示踪季节性土壤侵蚀及其与湖泊沉积的耦合关系方面具有特殊意义。

放射性核素对环境存在放射性污染,因此用人工施放示踪核素来标记土壤,研究土壤侵蚀与沉积过程的方法受到限制,目前所用示踪元素只能选用核爆核素和天然大气沉降。

单核素示踪存在核素分布变异性较大问题,采用核素复合示踪可降低核素分布的变异性,可提高分析精度。

2. 稳定性稀土元素示踪技术 稳定性稀土元素(rare earth elements,REE)示踪技术是 20 世纪 80 年代中后期发展起来的一门新技术,其方法是将示踪元素化合物与土壤均匀混合后布设于研究区域内不同地形部位或不同深度,使之在侵蚀过程中随径流泥沙一起迁移,然后采集、检测径流泥沙中示踪元素的含量,利用元素平衡法研究侵蚀泥沙的来源和不同地形部位土壤侵蚀强度。目前在土壤侵蚀试验研究中常用的稀土元素有 La、Ce、Nd、Sm、Eu、Dy、Yb、Tb、Pr 等,其检测分析方法为中子活化分析技术。

由于稀土元素性质稳定,与土壤有较高的亲和力,植物富集有限,淋溶迁移不明显,对环境无放射性危害,有较低的土壤背景值,中子活化检测具有灵敏度高等特点,并可人工同时施放多种稀土元素,使研究的目的性和精确度明显提高,因此在土壤侵蚀研究中的应用越来越受到重视。

与放射性核素示踪相比,REE 示踪技术受工作量限制,更侧重于面积较小的坡面或室内模拟实验,特别是用多元素同时在坡面不同部位及不同深度进行示踪,研究侵蚀过程中侵蚀强度的时空分布规律时具有其他方法不可比拟的优势。该技术在我国黄土高原地区的土壤侵蚀研究中已得到成功运用。

3. 土壤磁性识别技术 磁性示踪技术是利用土壤本身的矿物磁性或磁性示踪剂,通过磁化率仪测量土壤侵蚀前后磁化率的变化来确定土壤侵蚀或沉积。磁性示踪技术是在 20 世纪 80 年代才运用到土壤侵蚀研究领域,可用于定量研究土壤侵蚀速率、泥沙来源以及对土壤侵蚀历史过程的重建和对土壤侵蚀的时间空间分布规律的研究等。该方法的优势在于测量无需破坏性地取样,可直接利用磁化率仪从土壤表面测得磁化率的值,而且实验快速、简单、方便,成本也很低。

除上述几种指纹识别因子外,土壤的矿物的颗粒形态和颜色、土壤颗粒组成、地球化学性质、土壤中有机质、同位素等也可作为指纹识别因子。

第三节 土壤侵蚀量测定技术

近年来，各种新技术被引入到水土保持研究中，解决了诸多传统水土保持研究难以解决的问题，拓展了水土保持研究的领域，极大地促进了水土保持研究的进程。

一、三维激光扫描技术

三维激光扫描技术是 20 世纪 90 年代中期出现的一项新技术，已广泛应用到文物保护、地形测绘、土木工程、道路测量、变形监测等众多领域，被誉为"测绘领域继全球定系统（global positioning system，GPS）技术之后的又一次技术革命"。按照三维激光扫描技术扫描的距离来划分，可分为机载三维激光扫描仪、地面三维激光扫描仪和近距离三维激光扫描仪，其中地面三维激光扫描仪是应用最多的一类。近几年有研究人员将该技术应用到水土保持研究中，表现出很好的应用前景。

激光扫描系统平台分为机载和地面两大类型。目前用于地形测量的三维激光扫描仪工作方式是脉冲激光测距的方法，采用无接触式高速激光测量，以点云形式获取扫描物体表面阵列式几何图形的三维数据。该类仪器主要包括激光测距系统、扫描系统和支架系统，同时集成数字摄影和仪器内部校正等系统，测量精度可达毫米量级。常见的如美国莱卡公司的 HDS3000、加拿大 Optech 公司的 ILRIS—3D 及法国 Mensi 公司的 GS200 等。

（一）三维激光扫描技术的特点

三维激光扫描技术将激光的独特性能用于扫描测量，具有以下特点：

1. 三维测量 三维激光扫描仪测量的数据均以三维坐标表示的"点云"数据形式储存，运用配套的软件即可快速地建立目标的三维模型并提取线、面、体等空间特征。

2. 非接触测量 三维激光扫描技术采用非接触扫描目标的方式进行测量，无需反射棱镜，对扫描目标物体不需进行任何表面处理，直接采集物体表面的三维数据，所采集的数据完全真实可靠。三维激光扫描技术可以用于危险目标、人员难以企及或应避免人为影响的目标，具有传统测量方式难以比拟的技术优势。

3. 快速扫描 三维激光扫描技术改变了常规测量耗时的不足，目前脉冲扫描仪最大速度可达到 50 000 点/s，相位式扫描仪最高速度已达到 500 000 点/s。

4. 主动发射扫描光源 三维激光扫描技术采用主动发射扫描光源（激光），通过探测自身发射的激光回波信号来获取目标物体的数据信息，因此在扫描过程中，可以实现不受扫描环境的时间和空间的约束。

5. 具有高分辨率和高精度的特点 目前地面三维激光扫描仪在 50m 距离点位测量精度达到毫米级，可以快速、高精度获取海量点云数据，对扫描目标进行高密度的三维数据采集，从而达到高分辨率的目的。

6. 数字化和自动化 系统扫描直接获取数字距离信号，具有全数字特征，易于自动化显示输出，可靠性好。扫描系统数据采集和管理软件通过相应的驱动程序及接口控制扫描仪进行数据的采集，处理软件具有很好的点云处理、建模处理能力，扫描的三维信息及处理后的数据可以通过软件开放的接口格式被其他专业软件所调用，直接用于目标分析。

(二) 三维激光扫描技术在水土保持研究中的应用

三维激光扫描技术的应用可以解决水土保持研究工作中的许多难题，对推动水土保持研究具有重要作用。

三维激光扫描技术在水土保持研究中的应用主要通过对研究对象的多次扫描，通过扫描结果所建立的 DEM 进行相减运算实现侵蚀、堆积与河道变化的精细化监测：一是计算土壤侵蚀量；二是揭示不同部位侵蚀或淤积强度分异规律；三是分析侵蚀过程中地形变化规律。根据三维激光扫描系统的工作特点，目前该技术主要适用于小面积的土壤侵蚀规律研究：一是用于室内模拟实验研究，如人工坡面的模拟降雨或放水冲刷实验、小流域模型模拟降雨实验、坡沟系统发育过程模拟实验；二是用于野外小面积的坡面或集水区的土壤侵蚀规律研究，如用来测定黄土高原切沟发育、南方崩岗侵蚀过程，与高精度 GPS 和测针板相比，具有更高的测定精度，但在野外应用该技术时应充分考虑研究区内植被的影响。

刘希林等以广东五华县莲塘岗崩岗为例，运用三维激光扫描技术对崩岗侵蚀过程以半年为一个周期进行了定量分析。研究表明，莲塘岗崩岗年平均侵蚀量为 $833m^3$，其中雨季平均侵蚀量为 $499m^3$，干季平均侵蚀量为 $291m^3$，侵蚀模数高达 222 408t/（$km^2 \cdot a$）。24h 降水量大于等于 50mm 的暴雨，特别是大于等于 100mm 的大暴雨，对崩岗侵蚀影响很大，崩壁之下的崩积锥部位侵蚀量最大，占总侵蚀量的 55.6%。最大侵蚀强度（单位面积侵蚀量）位于 50°～60°和 70°～80°的两个坡度区间。最为剧烈的侵蚀区为主沟与支沟两侧及沟头部位，侵蚀深度均大于 1m，最大深度可达 2.5m。前 3 个监测周期，沟道以快速下切、侧蚀和溯源侵蚀为主，兼有小规模崩塌；后 2 个监测周期，以重力崩塌为主，沟道侵蚀减弱。崩岗地形变化导致其水力与重力作用交替进行，使崩岗侵蚀呈现出波动式变化。

二、"3S"技术

(一) "3S"技术简介

"3S"技术是遥感技术（remote sensing，RS）、地理信息系统（geographic information system，GIS）和全球定位系统（global positioning system，GPS）的统称，是空间技术、传感器技术、卫星定位与导航技术和计算机技术、通信技术相结合，多学科高度集成的对空间信息进行采集、处理、管理、分析、表达、传播和应用的现代信息技术。

1. 遥感技术 遥感泛指各种非直接接触的、远距离探测目标的技术。通常人们所讲的遥感是指从远距离、高空以至外层空间的平台上，利用可见光、红外、微波等，通过摄影、扫描等各种方式，接收来自地球表层各类地物的电磁波信息，并经信息的传输、处理和判读分析从而识别物体的属性及其分布等特征的技术。

随着传感器技术、航空和航天平台技术、数据通信技术的发展，现代遥感技术已经进入一个能够动态、快速准确、多手段提供多种对地观测数据的新阶段，已从过去单一传感器发展到现在的多种类型的传感器，并能在不同的航天、航空遥感平台上获得不同空间分辨率、时间分辨率和光谱分辨率的遥感图像，同时高水平遥感影响处理软件的推出，使遥感数据处理能力得到不断提高。遥感技术已广泛应用于农业、林业、地质、海洋、气象、水文、军事、环保等领域。

2. 全球定位系统 全球定位系统是以人造卫星组网为基础的无线电导航定位系统。它是利用设置在地面或运动载体上的专用接收机，接收卫星发射的无线电信号实现导航定位，它具有高精度、全天候、高效率、多功能、操作简便、应用广泛等特点。GPS 系统对遥感图像的校正提供了新的手段，同时 GPS 还可用于地面测量、导航、测速、测时。

GPS 测量过程中带有很多误差，可通过使用差分 GPS 来测量地面目标点的坐标。差分 GPS 是通过使用两台或更多的 GPS 接收机来协调工作，将一台 GPS 接收机安置在已知点上作为基准站，另一台接收机用于空间目标的测量。如果要将 GPS 用于 GIS 空间数据采集，实时差分的 GPS 是必需的，采用实时差分的 GPS 系统，测量精度可达厘米级。

3. 地理信息系统 地理信息系统是以采集、存储、管理、分析、显示和应用整个或部分地球表面与空间和地理分布有关数据的计算机系统。GIS 以计算机技术为核心，以遥感技术、数据库技术、通信技术、图像处理等技术为手段，以遥感影像、GPS 数据、地形图、专题图、统计信息、调查资料以及网络资料等为数据源，按照统一地理坐标和统一分类编码，对地理信息收集、存储、处理、分析、显示和应用，并能为有关部门规划、管理、决策和研究提供服务。近年来基于网络技术的地理信息系统和具备处理数据时间性功能的时态 GIS 更加丰富了传统 GIS 的功能，使 GIS 既具有覆盖范围广、数据快速共享、实时性强的特点，又具有对时间维的分析表达能力，提供历史分析与趋势分析的功能。

（二）"3S"技术在水土保持中的应用

"3S"技术在水土保持领域已得到非常广泛的应用，分别在水土流失调查、水土保持监测、水土保持管理、水土保持研究中成功应用，并发挥了重要的作用。

1. 遥感技术在水土保持中的应用 无论是在水土流失调查与监测中，还是水土保持研究中，RS 技术是目前能够快速获取大范围地表信息的唯一途径。

①利用遥感技术可以迅速获取大范围地域的土壤、植被、水文等较为准确的基础资料，在短时期内可完成全国范围的土壤侵蚀调查，从而极大地提高土壤侵蚀调查的工作效率和精度。随着遥感技术的不断进步，遥感技术已成为大比例尺水土流失调查和动态监测的必备手段。我国两次全国水土流失普查工作就是在充分应用 RS 成果的基础上完成的。

②在区域性的水土保持研究中，利用遥感技术可以动态获取区域植被、土壤、水文等水土流失影响因素的分布及变化，为研究区域生态环境演化及建立区域土壤侵蚀预报模型提供基础信息。

尽管遥感技术在水土保持工作中具有其他技术不可替代的作用，但在实际应用中必须与 GIS 技术和 GPS 技术相结合，才能使其作用得到充分发挥。

2. 全球定位系统在水土保持中的应用 全球定位系统在水土保持工作中的应用主要体现在以下三方面：

①利用全球定位系统的精确定位功能，对遥感调查信息进行补充和完善。一是在遥感图像上识别出公路、河流汇合处或村庄等地物作为地面控制点，然后到实地，利用 GPS 确定每一控制点的实际位置（经纬度等），进而对图像进行几何纠正和投影变换；二是对图像上的样本像元，根据它们的空间坐标，利用 GPS 进行实地定位，确定样本像元对应的地面类型，并用于分类。

②利用手持GPS的轻便性，测量小范围的水土保持设施或水土流失现象发生的位置、几何特征等，监测开发建设项目造成的水土流失情况以及水土保持综合治理的具体面积及分布，用于精度要求不高的规划测量或放样工作（如梯田、造林地的放样），将大大降低外业常规测量的时间和人力浪费。

③利用全球定位系统的实时动态技术（RTK），可以实现高精度的地形测量，用于水土保持研究、水土保持工程施工放样、水土保持工程竣工验收及水土流失动态监测等方面。

3. 地理信息系统在水土保持中的应用 地理信息系统因其强大的数据采集、存储、管理、分析、显示和应用能力，成为现代水土保持工作中必不可少的应用工具之一，它在水土保持工作中不仅起着非常重要的作用，而且还起着充分利用和发挥RS和GPS信息资源的重要作用。

（1）基础数据管理与分析 水土保持数据除了水土流失面积、水土流失形式、强度、程度及分布等描述水土流失特征的数据外，还包括土壤、植被、地质、地形、水文、气候、土地利用现状等水土流失影响因子数据，其数据类型包括图形图像数据和属性数据。GIS系统既能够根据数据的类型分门别类地管理这些数据，通过RS、GPS及地面观测手段不断地丰富与完善这些基础数据，又能够通过GIS强大的数据分析功能对各类数据进行检索、统计、分析，输出各类报表，特别是GIS空间数据的管理分析能力，能够进行不同图层之间的叠加运算，输出各种类型及比例尺的专题图，用于水土保持规划、水土保持动态监测等各项工作中。

（2）水土保持规划 水土保持规划设计过程包括基础数据获取、水土流失分析与土地资源评价、水土保持措施布局、单项工程设计、投资概预算和经济分析。在水土保持规划设计中，GIS通过对基础数据的分析、专题图的相互叠加与专业评价模型的结合，可进行水土流失分析、土地资源评价、水土保持措施布局等功能，实现小流域三维地形示意图、等高线地形图、土地利用现状图、水土流失现状图、植被现状图、水土保持林体系图、坡面水系图、水保设施布设图和水保效益观测体系图的绘制，提高水土保持规划工作的质量与效率。

（3）建立土壤侵蚀预报模型 GIS特有的空间数据分析能力给土壤侵蚀预报模型的建立提供了强有力的工具，通过矢量化后的地形图建立数字高程模型（DEM）后，不仅可以进行坡度、坡向的提取分析，而且还可以在此坡度、坡向分析的基础上进行水文分析，结合流域植被、土壤分布图，利用水文产流模型便可以模拟不同降雨条件下流域各部位产流情况及流量过程，再利用土壤侵蚀机理模型或经验模型，对全流域的水土流失进行预测。

尽管RS、GPS和GIS分别是作为单项技术提出来的，但在实际应用过程中三者已得到充分结合，实现了三者的集成。在水土保持工作中，利用GIS系统可将RS、GPS采集的空间数据和其他数据建立各种层次、各种类型的水土保持管理数据库，并且可通过RS或GPS技术及时更新，保持数据库与实地状况的实时一致。GIS系统具备的各种空间查询和分析功能、制图功能则为水土保持的各种层次、各种范围的规划、水土保持工程设计、土壤侵蚀预报与模拟、水土流失监测、水土保持效益评估等工作提供强有力的支持。只有将"3S"技术相结合，才能充分发挥GPS技术数据采集速度快精度高、RS技术覆盖范围广和GIS技术优越的图形、属性数据处理的特点，实现"3S"技术在水土保持工作中的广泛和深入应用。

第四节 土壤侵蚀预报技术

土壤侵蚀预报模型是科学地进行水土保持规划、水土流失综合治理、水土保持效益评价及评价各种环境中土壤、营养物质迁移的基础,是水土保持学的重要研究内容。

一、土壤侵蚀预报模型

(一)经验模型

经验模型是从侵蚀产沙的基本成因出发,依据实际观测资料,采用数理统计分析的方法,建立坡面或流域侵蚀产沙量与其主要影响因素之间的经验关系式,如美国的通用土壤流失方程 USLE 和我国江忠善等人建立的模型等。经验模型结构简单,使用方便,但由于模型的建立依赖于特定区域内的观测资料,因此很难应用到其他区域,推广应用受到限制。

(二)物理过程模型

这类模型是利用各种数理方法来描述流域系统内发生的降雨、产汇流、侵蚀产沙及泥沙沉积的物理过程,从而预报给定时段内的流域产沙情况,如美国的水蚀预报模型(water erosion prediction project,WEPP)模型、欧洲 EUROSEM 模型和我国蔡强国建立的有一定物理成因的模型。这类模型的优点在于能模拟土壤侵蚀过程,并且可调整控制因子,观测到过程的变化。

(三)基于地理信息系统的过程模型

地理信息系统(GIS)强大的数据管理、分析、显示及输出等功能为土壤侵蚀预报模型研究提供了强大的技术支持,它不仅能够将遥感(RS)和全球定位系统(GPS)提供的时间、空间数据和地面属性数据直接运用到模型计算中来,而且通过嵌入 GIS 强大的空间分析功能,实现预报模型与土壤参数数据库、土地利用类型图和 DEM 的自动连接,为预报模型提供连续的时空信息源,如荷兰的 LISEM 模型、美国的 GeoWEPP 模型及我国蔡强国等研究者利用 GIS 技术建立的坡面侵蚀模型。土壤侵蚀预报模型与 GIS 的结合,将是今后土壤侵蚀预报模型研究的一个重要方向。

二、国内外土壤侵蚀预报模型

(一)USLE 和 RUSLE 模型

通用土壤流失方程(universal soil loss equation,USLE)是基于对土壤侵蚀过程及机理的认识和对大量的径流泥沙观测数据的统计分析而建立的,其方程的结构形式为

$$A = RKLSCP$$

式中:A 为单位面积上的土壤流失量 $[t/(hm^2 \cdot a)]$;R 为降雨侵蚀力因子 $[MJ \cdot mm/(hm^2 \cdot h \cdot a)]$;$K$ 为土壤可蚀性因子 $[t \cdot hm^2/(hm^2 \cdot MJ \cdot mm)]$;$LS$ 为坡长和坡度因子;C 为作物覆盖和管理因子;P 为水土保持措施因子。

但该模型所使用的数据主要来自美国洛基山山脉以东地区，仅适用于平缓坡地，不太适用于垄作、等高耕作以及那些使泥沙就地沉积的带状耕作措施等，且计算方法也用图表及手工计算，使其推广应用受到限制。另外，由于该模型是经验模型，不能描述土壤侵蚀的物理过程，缺乏对侵蚀过程及其机理的深入剖析，特别是忽略了各因子之间的交互作用。随着对USLE局限性的认识，研究工作的深入和实验数据的丰富，美国农业部自然资源保护局组织研究人员对通用土壤流失方程进行了多方面的修正，开发出了有一定物理机理的经验模型，即修正通用土壤流失方程（revised universal soil loss equation，RUSLE），该模型几经修正和完善，RUSLE2是目前修正通用土壤流失方程的最新版本，其使用范围也扩展到农地、矿区、建设工地、林地及复垦土地。

（二）WEPP模型

水蚀预报模型（water erosion prediction project，WEPP）是美国农业部为克服USLE的一些缺点而于1995年研究成功的物理过程模型，经修正完善，目前WEPP（V2012.8）为最新版本。

WEPP模型是以随机天气生成过程、入渗理论、水文学、土壤物理、作物科学、水力学和侵蚀力学等为基础开发的，模型参数包括气候、冬季因素、灌溉、水文、水量平衡、土壤、作物生长、残茬管理与分解、耕作对入渗和土壤可蚀性的影响、侵蚀、沉积、泥沙搬运、颗粒分选与富集等。该模型分坡面版、流域版和网格版三个版本，目前较成熟的是坡面版和流域版。

WEPP模型中土壤侵蚀过程包括侵蚀、搬运和沉积三个过程。剥离发生在坡面和沟道中，沉积可以发生在任何地方，降雨产生的径流和泥沙从上游往下游输送，经过沟道和拦蓄设施，最后离开流域出口。坡面侵蚀分为细沟侵蚀和细沟间侵蚀。其基本理论为：①细沟间侵蚀以降雨侵蚀为主，而细沟侵蚀以径流侵蚀为主；②侵蚀量（E）是搬运能力（T_c）和输沙量（q_s）的函数，即$E=\sigma(T_c-q_s)$或$E/D+q_s/T_c=1$，表明当输沙量小于泥沙搬运能力时，侵蚀状态以侵蚀-搬运过程为主，相反，则以侵蚀-沉积过程为主。

WEPP模型是一种基于侵蚀过程的模型，它可以预测土壤侵蚀以及农田、林地、牧场、山地、建筑工地和城区等不同区域的产沙和输沙状况。该模型不考虑风蚀和崩塌等重力侵蚀，其应用范围从$1m^2$到大约$1km^2$的末端小流域。

（三）SWAT模型

SWAT（soil and water assessment tool）模型是由美国农业部农业研究中心在SWRRB模型基础上发展起来的分布式流域水文模型，它具有很强的物理基础，可以用来观测模拟大流域长时期内不同土壤类型、植被覆盖、土地利用方式和管理耕作条件对产流、产沙、水土流失、营养物质运移、非点源污染的影响，甚至在缺乏资料的地区可以利用模型的内部生产器自动填补缺失资料。SWAT模型在北美和欧洲寒区的许多流域得到了应用，研究内容涉及河流流量预测、非点源污染控制、水质评价等诸多方面，模拟效果较好。我国在长江上游、黄河下游、海河和黑河流域以及其他一些小流域也进行了SWAT模型的应用研究，主要涉及流域水文、土壤侵蚀和非点源污染模拟。该模型近年来得到了快速的发展和应用，模型在原理算法、结构、功能等方面都有很大的改进，目前最新版本SWAT2012可以在Arcview、ArcGIS 等常见的软件平台上运行，具有良好的用户界面。

SWAT 模型采用模块化结构，便于模型的扩展和修改。模型由 3 个部分组成：子流域水文循环过程、河道径流演算、水库水量平衡和径流演算。其中子流域水文循环过程包括 8 个模块：水文过程、气候、产沙、土壤温度、作物生长、营养物质、杀虫剂和农业管理。

此外，荷兰 LISEM 模型、欧洲 EUROSEM 模型都是有一定影响力的可进行土壤侵蚀预报的模型。

(四) 我国土壤侵蚀预报模型

从 20 世纪 50 年代开始，我国研究人员便开始进行土壤侵蚀预报模型的研究工作，根据各研究区的具体情况，建立了若干土壤侵蚀预报模型。以下介绍几种比较有代表性的侵蚀预报模型。

1. 考虑浅沟侵蚀的坡面侵蚀预报模型 江忠善等在建立坡面土壤侵蚀预报模型时，考虑了浅沟侵蚀的作用，模型结构形式为

$$A = RKLSGCP$$

式中：A 为土壤流失量 [t/(hm²·a)]；R 为降雨侵蚀力 [MJ·mm/(hm²·h·a)]；K 为土壤可蚀性因子 [t·hm²/(hm²·MJ·mm)]；LS 为坡长和坡度因子；G 为浅沟侵蚀因子；C 为作物管理因子；P 为水土保持措施因子。

2. 考虑水土保持措施的坡面侵蚀预报模型 刘宝元等根据我国水土保持的特点，将 USLE 中的作物管理和水土保持措施因子进行了调整，用实测资料建立了坡面土壤流失预报方程。

$$A = RKLSBET$$

式中：A 为土壤流失量 [t/(hm²·a)]；R 为降雨侵蚀力 [MJ·mm/(hm²·h·a)]；K 为土壤可蚀性因子 [t·hm²/(hm²·MJ·mm)]；LS 为坡长和坡度因子；B 为水土保持生物措施因子；E 为水土保持工程措施因子；T 为水土保持措施因子。

3. 流域产沙模型 江忠善等通过对多个小流域长期的实测径流泥沙资料的多元回归分析，建立了未治理小流域次降雨流域产沙预报模型。模型表达式为

$$M_s = 0.37 M^{1.15} JKP$$

式中：M_s 为次暴雨流域产沙模数（t/hm²）；M 为次暴雨的洪量模数（m³/km²）；J 为流域平均坡度，以比值计；K 为土壤可蚀性因子，以黄土中沙粒和粉粒占总量比例表示，以小数计；P 为与流域植被覆盖度有关的植被作用系数。

另外我国研究人员也开展了有一定物理成因的土壤侵蚀预报模型的研究，但仍处于起步阶段，还需要进一步发展和完善。

复 习 思 考 题

1. 简述小流域定位观测实验技术及其可观测内容与优缺点。
2. 简述土壤侵蚀模拟和专项实验技术内容与相应指标的计算方法。
3. 简述土壤侵蚀量测技术方法及其各技术的特点。
4. 论述目前国内外土壤侵蚀预报技术发展状况。

主要参考文献

崔灵周，李占斌，朱永清，等，2006. 流域侵蚀强度空间分异及动态变化模拟研究 [J]. 农业工程学报，22（12）：17-22.

窦葆璋，周佩华，1982. 雨滴的观测和计算方法 [J]. 水土保持通报（1）：44.

高昌珍，王治国，侯新明，等，2003. 滤纸法新雨滴取样器的试验研究 [J]. 中国水土保持科学，1（1）：99-102.

高学军，冯玲，2002. 龙羊峡水库泥沙淤积量估算 [J]. 泥沙研究（1）：78-80.

郭彦彪，2003. 黄土地区流域地貌形态与降雨侵蚀产沙关系研究 [D]. 杨凌：西北农林科技大学.

蒋定生，等，1997. 黄土高原水土流失与治理模式 [M]. 北京：中国水利水电出版社.

李勇，吴钦孝，1990. 黄土高原植物根系提高土壤抗冲性能的研究 [J]. 水土保持学报，4（1）：1-5.

李智广，等，2005. 水土流失测验与调查 [M]. 北京：中国水利水电出版社.

刘宝元，谢云，张科利，2001. 土壤侵蚀预报模型 [M]. 北京：中国科学技术出版社.

刘刚才，南岭，2008. 土壤崩解测定仪：CN200720082661.9 [P]. 10-08.

刘鹏，李小昱，王为，2007. 基于光电传感器和示踪法的径流流速测量系统的研究 [J]. 农业工程学报，23（5）：116-120.

刘普灵，田均良，周佩华，等，1997. 土壤侵蚀稀土元素示踪法操作技术研究 [J]. 水土保持研究，4（2）：10-16.

刘希林，张大林，2015. 基于三维激光扫描的崩岗侵蚀的时空分析 [J]. 农业工程学报，31（4）：204-211.

马立广，2005. 地面三维激光扫描仪的分类与应用 [J]. 地理信息空间，3（3）：60-62.

马绍嘉，吴淑安，1995. 土壤崩解仪 [M] //蔡强国. 永定河上游张家口市水土流失规律与坡地改良利用. 北京：环境科学出版社.

潘少奇，田丰，2009. 三维激光扫描提取DEM的地形及流域特征研究 [J]. 水土保持研究，16（6）：102-105.

石辉，田均良，刘普灵，等，1996. 利用REE示踪法研究小流域泥沙来源 [J]. 中国科学（E辑），26（5）：474-480.

石辉，田均良，刘普灵，等，1997. 小流域侵蚀产沙时间分布的模拟试验研究 [J]. 水土保持研究，4（2）：85-91.

史明昌，姜德文，2002. 3S技术在水土保持中的应用 [J]. 中国水土保持（5）：42-43.

唐克丽，2004. 中国水土保持 [M]. 北京：科学出版社.

田均良，周佩华，刘普灵，等，1992. 土壤侵蚀REE示踪法研究初报 [J]. 水土保持学报，6（4）：23-27.

王礼先，朱金兆，2005. 水土保持学：第2版 [M]. 北京：中国林业出版社.

王祥国，1997. GBPP-100地面雨滴谱仪外场实用可行性研究 [J]. 气象（4）：43-47.

吴发启，2003. 水土保持概论 [M]. 北京：中国农业出版社.

夏卫生，雷廷武，吴金水，等，2004. 电解质脉冲法测量薄层水流流速的实验研究 [J]. 自然科学进展，14（11）：1277-1281.

叶芝菡，刘宝元，路炳军，等，2005. 径流小区集流桶含沙量全深剖面采样器的研制与试验 [J]. 泥沙研究（3）：24-29.

于泳，王一峰，2007. 浅谈基于GIS的三维激光扫描仪在水土保持方案编制中应用的可行性 [J]. 亚热带水土保持,19(2):53-55.
张鹏,郑粉莉,王彬,等,2008. 高精度 GPS,三维激光扫描和测针板三种测量技术监测沟蚀过程的对比研究[J]. 水土保持通报,28(5):11-15,20.
赵振维,吴振森,沈广德,等,2000. 利用雨滴尺寸分布数据确定雷达测雨参数[J]. 电子学报,28(3):109-111.
郑粉丽,江忠善,高学田,2008. 水蚀过程与预报模型[M]. 北京:科学出版社.
周佩华,吴普特,1993. 黄土高原土壤抗冲性的试验方法探讨[J]. 水土保持学报,7(1):29-34.
Schmid T,Schack-Kirchner H,Hildebrand E,2004. A case study of terrestrial laser scanning in erosion research:Calculation of roughness and volume balance at a logged forest site. international archives of the photogrammetry[J]. Remote Sensing and Spatial Information Sciences,36(8):114-118.

第八章 水土保持效益计算

重点提示 本章主要在介绍水土保持效益的概念、分类及计算方法的基础上，详细介绍水土保持生态效益、社会效益、经济效益的计算。

第一节 水土保持效益概述

一、水土保持效益的概念

水土保持效益是指为防治水土流失而实施各项水土保持措施后，所产生的生态效益、社会效益和经济效益总称。

水土保持效益的计算有助于从理论上明确水土保持的生态、社会、经济效益以及各个效益间的关系，有助于完善水土保持理论体系，而且在实践层面也有助于总结水土保持措施的经验，为水土保持科学化管理和决策提供科学依据，推动水土流失防治工作向更加合理、科学的方向发展。

二、水土保持效益的分类

中国作为一个水土流失严重的发展中国家，水土保持肩负着改善生态环境和发展生产的双重任务。20世纪90年代中期以前，针对大部分山区群众温饱问题尚未解决、"越穷越垦、越垦越穷"的恶性循环、水土流失日趋严重的现实，水土保持措施主要是解决群众温饱问题，注重经济效益，狠抓基本农田和经济林建设，并提出了"以小流域为单元，生态效益和经济效益相结合，以经济效益带动生态效益"的指导思想。水土流失治理取得了巨大成就，受到了各级政府和广大群众的欢迎，为贫困山区群众温饱问题的解决做出了历史性的贡献。90年代中期以来，全国粮食供需基本平衡，丰年有余，大部分贫困山区群众温饱问题基本解决。此时，及时调整了水土流失治理和生态环境建设的指导思想，注重水土流失治理的生态效益和社会效益。尤其是中共十八大确立了经济建设、政治建设、文化建设、社会建设、生态文明建设"五位一体"的总体布局，并强调生态文明建设要为经济、政治、文化、社会建设创造良好环境条件和基础。而水、土资源是国家发展的最基本条件和战略资源，水土流失既是生态系统退化的集中体现，又加剧了生态系统的恶化。因此，水土保持是生态文明建设的重要组成部分和基础工程。

为了正确反映水土保持措施的效益，推动水土保持工作的开展，顺应社会的进步和科学的发展。本章将现行《水土保持综合治理效益计算方法》（GB/T 15774—2008）中的调水保土效益划归生态效益，并在生态效益中增加生态效益货币化的内容。在经济效益中增加水资源增值的效益计算。因此，水土保持效益包括生态效益、社会效益和经济效益三类（表8-1）。

第八章 水土保持效益计算

表 8-1 水土保持效益分类及计算内容

(水利部国际合作与科技司,2008)

效益分类	计算内容		计算具体项目
生态效益	(一)调水效益	增加土壤入渗	改变微地形增加土壤入渗
			增加地面植被减轻面蚀
			改良土壤性质增加土壤入渗
		拦蓄地表径流	坡面小型蓄水工程拦蓄地表径流
			四旁小型蓄水工程拦蓄地表径流
			沟底谷坊坝库工程拦蓄地表径流
		坡面排水	改善坡面排水的能力
		调节小流域径流	调节年际径流
			调节旱季径流
			调节雨季径流
	(二)保土效益	减轻土壤侵蚀(面蚀)	改变微地形减轻面蚀
			增加地面植被减轻面蚀
			改良土壤性质减轻面蚀
		减轻土壤侵蚀(沟蚀)	制止沟头前进减轻沟蚀
			制止沟底下切减轻沟蚀
			制止沟岸扩张减轻沟蚀
		拦蓄坡沟泥沙	小型蓄水工程拦蓄泥沙
			谷坊坝库工程拦蓄泥沙
	(三)水圈生态效益		减少洪水流量
			增加常水流量
	(四)土圈生态效益		改善土壤物理化学性质
			提高土壤肥力
	(五)气圈生态效益		改善贴地层的温度、湿度
			改善贴地层的风力
	(六)生物圈生态效益		提高地面林草被覆程度
			促进生物多样性
			增加植物固碳量
社会效益	(一)减轻自然灾害		保护土地不遭沟蚀破坏与石化沙化
			减轻下游洪涝灾害
			减轻下游泥沙危害
			减轻风蚀与风沙危害
			减轻干旱对农业生产的威胁
			减轻滑坡泥石流的危害
			减轻面源污染

(续)

效益分类	计算内容	计算具体项目
社会效益	(二) 促进社会进步	改善农业基础设施提高土地生产率
		剩余劳动力有用武之地提高劳动生产率
		调整土地利用结构合理利用土地
		调整农村生产结构适应市场经济
		提高环境容量缓解人地矛盾
		促进良性循环制止恶性循环
		促进脱贫致富奔小康
经济效益	(一) 直接经济效益	增产粮食、果品、饲草、枝条、木材
		上述增产各类产品相应增加经济收入
		增加的收入超过投入的资金（产投比）
		投入的资金可以定期收回（回收年限）
	(二) 间接经济效益	各类产品就地加工转化增值
		基本农田比坡耕地节约的土地和劳工
		人工种草养畜比天然牧场节约土地
		水土保持工程增加蓄、引水
		土地资源增值

三、水土保持效益的计算方法

水土保持效益计算是采用各种直接或间接的方法对水土保持产生的生态、社会、经济效益进行货币化估值。水土保持效益的量化可以直观地反映出水土保持对国民经济和社会发展的作用，可以提高政府、公众对水土保持重要性的认识，增加水土保持投入，同时有助于不同水土保持方案的优化和比较。

水土保持效益计算包括单项措施效益计算和综合措施效益计算两个方面。计算的方法主要采用比较分析方法。在具体比较时，一般根据计算的目的和要求，选取一些具有代表性的指标进行比较，来计算不同水土保持措施效益的高低。从比较分析的内容来说，可以分为单项比较和综合比较。单项比较是从水土保持效益的一个方面或一个指标来比较。例如只比较生态效益或只比较生态效益中减轻土壤侵蚀的效益。综合比较是多方面的比较，既有经济的，又有生态和社会的。从比较分析的方法本身来说，又可以分为绝对比较分析方法和相对比较分析方法。绝对比较分析方法是根据对事物本身的要求评价其达到水平，包括达到水平评价、较原状增长水平评价和接近潜在状态水平的评价。相对比较分析方法是将若干项待评事物的评价数量结果进行相互比较，最后对各待评事物的综合评价结果排出优劣次序。

四、水土保持效益计算的依据

(一) 效益计算的数据资料来源

①观测资料，由水土保持综合治理小流域内直接布设试验取得；计算大中流域的效益

时，除在控制性水文站进行观测外，还应在流域内选若干条有代表性的小流域布设观测。如果引用附近其他流域的观测资料，其主要影响因素（地形、降雨、土壤、植被、人类活动等）应基本一致或有较好的相关性。

②调查研究资料，在本流域内应进行多点调查，调查点的分布应能反映流域内各类不同情况。

③无论是观测资料还是调查资料，均应进行综合分析，用统计分析与成因分析相结合的方法，确定其确有代表性，然后使用。

④水土保持效益计算以观测和调查研究的数据资料为基础，采用的数据资料应经过分析、核实，做到确切可靠。观测资料如在时间和空间上有某些漏缺，应采取适当方法，进行插补。

（二）根据治理措施的保存数量计算效益

①水土保持效益中的各项治理措施数量，应采用实有保存量进行计算。对统计上报的治理措施数量，应按不同情况，查清其保存率，进行折算，然后采用。

②小流域综合治理效益，应根据正式验收成果中各项治理措施的保存数量进行计算。

（三）根据治理措施的生效时间计算效益

①造林、种草有水平沟、水平阶、反坡梯田等整地工程的，其调水保土效益，从有工程时起就可开始计算；没有整地工程的，应在林草成活、郁闭并开始有调水保土效益时开始计算；其经济效益应在开始有果品、枝条、饲草等收入时才能开始计算。

②梯田（梯地）、坝地的调水保土效益，从有工程之时起就开始计算；梯田的增产效益，在"生土熟化"后，确有增产效益时开始计算；坝地的增产效益，在坝地已淤成并开始种植后开始计算。

③淤地坝和谷坊的拦泥效益，在库容淤满后就不再计算。修在原来有沟底下切、沟岸扩张位置的淤地坝和谷坊，其减轻沟蚀（巩固并抬高沟床、稳定沟坡）的效益应长期计算。

（四）根据治理措施的研究分析计算效益

有条件的应对各项治理措施减少（或拦蓄）的泥沙进行颗粒组成分析，为进一步分析水土保持措施对减轻河道、水库淤积的作用提供科学依据。

第二节 水土保持效益计算

水土保持是一项多目标、多层次、多因素的复杂系统工程，所以水土保持效益计算既服从一般经济分析的规律，又有其自身的特殊性。其特殊性表现在：一是各项措施的受益期不一致；二是各项措施的效益参数指标随着地域的变化而变化；三是计算的效益一般指不同时段的累积效益。

同时，水土保持是一项社会公益性事业，水土保持效益计算的正确与否，事关社会各界对水土保持工程的客观评价。正确的水土保持效益计算，能充分反映水土保持改善生态环境、促进生产发展、提高人民生活水平及推动社会不断进步的作用。

因此，水土保持效益计算的科学性与准确性至关重要，下面分别介绍水土保持的生态效益、社会效益和经济效益的计算。

一、水土保持生态效益的计算

（一）调水效益

1. 就地入渗措施的效益计算

(1) 计算项目包括两方面　一是减少地表径流量，以立方米计；二是减少土壤侵蚀量，以吨计。

(2) 计算方法按两个步骤　第一步先求得减少径流与侵蚀的模数，第二步再计算减少径流与减少侵蚀的总量。

①减流、减蚀模数的计算：用有措施（梯田、林、草）坡面的径流模数、侵蚀模数与无措施（坡耕地、荒坡）坡面的相应模数对比，可按式（8-1）和式（8-2）进行计算。

$$\Delta W_m = W_{mb} - W_{ma} \qquad (8-1)$$
$$\Delta S_m = S_{mb} - S_{ma} \qquad (8-2)$$

式中：ΔW_m 为减少径流模数（m³/hm²）；ΔS_m 为减少侵蚀模数（t/hm²）；W_{mb} 为治理前（无措施）径流模数（m³/hm²）；W_{ma} 为治理后（有措施）径流模数（m³/hm²）；S_{mb} 为治理前（无措施）侵蚀模数（t/hm²）；S_{ma} 为治理后（有措施）侵蚀模数（t/hm²）。

②各项措施减流、减蚀总量的计算：应用各项措施的减流、减蚀有效面积与相应的减流、减蚀模数相乘，可按式（8-3）和式（8-4）进行计算。

$$\Delta W = F_e \Delta W_m \qquad (8-3)$$
$$\Delta S = F_e \Delta S_m \qquad (8-4)$$

式中：ΔW 为某项措施的减流总量（m³）；F_e 为某项措施的有效面积（hm²）；ΔW_m 为减少径流模数（m³/hm²）；ΔS 为某项措施的减蚀总量（t）；ΔS_m 为减少侵蚀模数（t/hm²）。

③计算减流模数与减蚀模数应考虑下列因素：

a. 当治理前后的径流模数和侵蚀模数是从长 20m（或其他长度）小区观测得来时，与自然坡长相差很大，应考虑坡长因素的影响，治理前侵蚀模数的观测值偏小。

b. 一般小区的治理措施比自然坡面的完好，这一因素影响治理后侵蚀模数的观测值偏大。

c. 二者都需采取辅助性全坡长观测和面上措施情况的调查研究，取得科学资料，进行分析，予以适当修正。

④减流、减蚀有效面积的确定应符合下列规定：

a. 根据计算时段内（例如 10 年）各项措施实施后减流、减蚀生效所需时间（年），扣除本时段内未生效时间（年）的措施面积，求得减流、减蚀有效面积。

b. 一般情况下，梯田（梯地）、保土耕作、淤地坝等当年实施当年有效；造林有整地工程的当年有效，没有整地工程的，灌木需 3 年以上，乔木需 5 年以上有效，种草第二年有效。

c. 保土耕作当年有减流、减蚀作用，可以计算；但其实际面积不能保留，不能累计；当年实施当年有效，第二年不再实施，原有实施面积不复存在，不能再计算其减流、减蚀作用。

d. 一个时段（例如 10 年）的治理措施，如是逐年均匀增加，则此时段的年均有效面积可按式（8-5）计算。

$$F_e = 1/2(F_{eb} + F_{ee}) \tag{8-5}$$

式中：F_e 为时段年均有效面积（hm^2）；F_{eb} 为时段初有效面积（hm^2）；F_{ee} 为时段末有效面积（hm^2）。

2. 就地拦蓄措施的效益计算

（1）计算项目包括两方面　一是减少的径流量，以立方米计；二是减少的泥沙量，以吨计。

（2）计算方法　对不同特点的措施，应采取不同的计算方法，计算方法主要有典型推算法和具体量算法两种。

①典型推算法：对于数量较多，而每个容量较小的水窖、涝池、谷坊、塘坝、小型淤地坝等措施，可采用此法。通过典型调查，求得有代表性的单个（座）拦蓄（径流、泥沙）量，再乘上该项措施的数量，即得总量。

②具体量算法：对数量较少，而每座容量较大的大型淤地坝、治沟骨干工程和小（二）型以上小水库等措施，应采用此法。其拦蓄（径流、泥沙）量，应到现场逐座具体量算求得。

③对未淤满的淤地坝、小水库，可计算其拦泥、蓄水作用；在淤满以后，如不加高，可不再计算此两项作用。淤满后的拦泥量可按式（8-6）计算。

$$\Delta V = \Delta m_s F_e \tag{8-6}$$

式中：ΔV 为坝地拦泥总量（t）；Δm_s 为单位面积坝地拦泥量（t/hm^2）；F_e 为坝地拦泥有效面积（hm^2）。

在一段时期内（例如 n 年）坝地的年均拦泥有效面积按式（8-7）计算。

$$F_{ea} = F_{eb} + (F_{ee} - F_{eb})/n \tag{8-7}$$

式中：F_{ea} 为时段平均坝地拦泥的有效面积（hm^2）；F_{eb} 为时段初坝地拦泥的有效面积（hm^2）；F_{ee} 为时段末坝地拦泥的有效面积（hm^2）。

3. 坡面排水　治理前后坡面排水能力的变化可按式（8-8）计算。

$$\Delta Q = \Delta Q_a - \Delta Q_b \tag{8-8}$$

式中：ΔQ 为治理前后坡面排水能力的变化值（m^3/s）；ΔQ_a 为治理后坡面排水能力（m^3/s）；ΔQ_b 为治理前坡面排水能力（m^3/s）。

4. 调节小流域径流　调节小流域径流包括年径流量、旱季径流量和雨季径流量的变化，可按式（8-9）计算。

$$\Delta R_i = R_{ia} - R_{ib} \tag{8-9}$$

式中：ΔR_i 为治理前后年径流量、旱季径流量和雨季径流量的变化值（mm）；R_{ia} 为治理后年径流量、旱季径流量和雨季径流量（mm）；R_{ib} 为治理前年径流量、旱季径流量和雨季径流量（mm）。

（二）保土效益

保土效益计算主要介绍减轻沟蚀的效益计算。减轻沟蚀效益包括四个方面，按式（8-10）计算。

$$\sum \Delta G = \Delta G_1 + \Delta G_2 + \Delta G_3 + \Delta G_4 \qquad (8-10)$$

式中：$\sum \Delta G$ 为减轻沟蚀效益（m³）；ΔG_1 为沟头防护工程制止沟头前进的保土量（m³）；ΔG_2 为谷坊、淤地坝等制止沟底下切的保土量（m³）；ΔG_3 为稳定沟坡制止沟岸扩张的保土量（m³）；ΔG_4 为塬面、坡面水不下沟（或少下沟）而减轻沟蚀的保土量（m³）。

这四个方面的作用，应分别采取不同的方法计算，计算所得保土量后均应将 m³ 折算为 t。

1. 沟头前进效益（ΔG_1）的计算　对于治理后不再前进的沟头，应通过调查和量算，求得未治理前若干年内平均每年沟头前进的长度（m）和相应的宽度（m）与深度（m），从而算得治理前平均每年损失的土量（m³），即为治理后平均每年的减蚀量（或保土量）。

2. 制止沟底下切效益（ΔG_2）的计算　对于治理后不再下切的沟底，应通过调查和量算，求得在治理前若干年内每年沟底下切深度（m）和相应的长度（m）与宽度（m），从而算出治理前平均每年损失的土量（m³），即为治理后制止沟底下切的减蚀量（或保土量）。

3. 制止沟岸扩张效益（ΔG_3）的计算　对于治理后不再扩张的沟岸，应通过调查和量算，求得在治理前若干年内平均每年沟岸扩张的长度（顺沟方向，m）、高度（从岸边到沟底，m）、厚度（即对沟壑横断面加大的宽度，m），从而算得治理前平均每年损失的土量（m³），即为治理后平均每年的减蚀量（或保土量）。

4. 水不下沟对减轻沟蚀效益（ΔG_4）的计算　应根据不同的资料情况，分别采取直接运用观测成果和流域减蚀总量反求两种不同的计算方法：

①在布设了水对沟蚀影响试验观测的小流域，可直接运用观测成果进行计算，但其成果，应与全流域减蚀总量的计算成果互相校核，取得协调。

②在没有布设上述试验观测的小流域，可采用流域减蚀总量反求的方法，按式（8-11）计算。

$$\Delta G_4 = \Delta S - \sum \Delta S_i \qquad (8-11)$$

式中：ΔG_4 为水不下沟减轻的沟蚀量（m³）；ΔS 为流域出口处测得的减蚀总量（m³）；$\sum \Delta S_i$ 为流域内各项措施计算减蚀量之和（m³）。

③采用式（8-11）计算时，尚应符合以下条件：

a. ΔS 的观测和 $\sum \Delta S_i$ 的计算允许误差为 $\pm 20\%$。

b. 流域内无较大的其他天然冲淤变化影响，或者虽有这样的变化，但已通过专门计算，消除了其影响。

（三）水圈生态效益的计算

水圈生态效益主要计算改善地表径流状况。

在计算水圈生态效益时，首先，必须在小流域的沟口布设径流观测设施，对小流域治理前（或治理程度很低的初期）与治理后不同时段沟口的洪水流量与常水流量进行观测，求得地表径流改善的定量数值。采用时间对比法代替空间对比法进行效益分析时，应考虑两个时段降雨性质不同对径流状况可能造成的影响。

1. 减少洪水流量　根据小流域观测资料，可按式（8-12）进行计算。

$$\Delta W_1 = W_{b1} - W_{a1} \qquad (8-12)$$

式中：ΔW_1 为减少的洪水年总量（或次总量）（m³）；W_{b1} 为治理前洪水年总量（或一次洪水总量）（m³）；W_{a1} 为治理后洪水年总量（或一次洪水总量）（m³）。

2. 增加常水流量　根据小流域观测资料，可按式（8-13）进行计算。

$$\Delta W_2 = W_{a2} - W_{b2} \quad (8-13)$$

式中：ΔW_2 为增加的常水年径流量（m³）；W_{b2} 为治理前常水年径流量（m³）；W_{a2} 为治理后常水年径流量（m³）。

3. 减少洪水流量和增加常水流量的计算　应选择治理前与治理后的年降雨（或次降雨）情况相近的进行计算。

（四）土圈生态效益的计算

土圈生态效益主要计算改善土壤物理化学性质。

1. 计算的措施范围　包括梯田、坝地、引洪漫地、保土耕作法、造林、种草等。

2. 计算的项目内容　包括土壤水分、氮、磷、钾、有机质、团粒结构、孔隙率等。

3. 计算的基本方法　在实施治理措施前后，分别取土样，进行物理、化学性质分析，将分析结果进行前后对比，取得改良土壤的定量数据。具体如下：

①对比内容：将梯田与坡耕地对比，保土耕作法与一般耕作法对比，坝地、引洪漫地与旱平地对比，造林种草与荒坡或退耕地对比。

②取样深度及土壤物理化学性质分析方法，可按土壤物理化学性质分析的有关规定执行。

③改良土壤计算项目的增减量，可按式（8-14）进行计算。

$$\Delta q = q_a - q_b \quad (8-14)$$

式中：Δq 为改良土壤计算项目的增减量；q_a 为有措施地块中计算项目的含量；q_b 为无措施地块中计算项目的含量。

（五）气圈生态效益的计算

气圈生态效益主要计算改善贴地层小气候。

1. 气圈生态效益的计算应包括以下内容

①农田防护林网内温度、湿度、风力等的变化，减轻霜、冻和干热风危害，提高农业产量等。

②大面积成片造林后，林区内部及其四周一定距离内小气候的变化。

2. 气圈生态效益的计算　应利用历年农田防护林网内外治理前后观测的温度、湿度、风力、作物产量等资料，对比分析对改善小气候的作用，并进行以下定量计算：

①小气候（温度、湿度、风力等）的变化，可按式（8-15）进行计算。

$$\Delta q = q_a - q_b \quad (8-15)$$

式中：Δq 为林网内外小气候的变化量；q_a 为林网内的小气候观测量；q_b 为林网外的小气候观测量。

②由于改善小气候提高作物的产量，可按式（8-16）进行计算。

$$\Delta p = p_a - p_b \quad (8-16)$$

式中：Δp 为林网内外单位面积作物产量的变化量（kg/hm²）；p_a 为林网内单位面积的

作物产量（kg/hm²）；p_b 为林网外单位面积的作物产量（kg/hm²）。

3. 计算要求

①在采用式（8-16）进行作物增产计算时，林网内外作物的耕作情况和其他条件应基本一致。

②对遇有霜、冻、干热风等自然灾害时，应做专题说明，进一步弄清改善小气候对减轻自然灾害的具体作用。

（六）生物圈生态效益的计算

生物圈生态效益主要计算提高地面植物被覆程度以及碳固定量，并描述野生动物的增加。

1. 计算项目 主要计算人工林、草和封育林、草新增加的林草覆盖率，以及植物固碳量。

2. 计算方法 先求得原有林、草对地面的覆盖度［式（8-17）］，再计算新增林、草所增加的林草覆盖度［式（8-18）］，按式（8-19）计算累计达到的林草覆盖度。

$$C_b = f_b/F \tag{8-17}$$

$$C_a = f_a/F \tag{8-18}$$

$$C_{ab} = (f_b + f_a)/F \tag{8-19}$$

式中：f_b 为原有林草（包括人工林草和天然林草）面积，km²；f_a 为新增林草（包括人工林草和封育林草）面积，km²；F 为流域总面积，km²；C_b 为原有林草的地面覆盖度，%；C_a 为新增林草所增加的林草覆盖度，%；C_{ab} 为累计达到的林草覆盖度，%。f_b 与 f_a 均应为实有保存面积。

3. 通过绿色植物的光合作用吸收的二氧化碳 可按式（8-20）计算植物固碳量。

$$W = V \times D \times R \times C_c \tag{8-20}$$

式中：W 为植物固碳量；V 为某种植物类型的单位面积的生物蓄积量；D 为植物茎干密度；R 为植物的总生物量与茎干生物量的比例；C_c 为植物中的碳含量。

4. 野生动物的增加量 流域内由于提高林草覆盖度后，山鸡、野兔、蛇等野生动物的增加，可通过观察进行定性描述。

（七）生态效益货币化

国内外生态效益货币化的研究多集中于林草措施产生的生态效益。原则上应对林草措施产生的每一项生态效益，即调节径流效益、改善水质效益、保护土壤效益、净化大气效益（吸收二氧化碳、释放氧气）、改善小气候效益、保护野生生物效益以及旅游、景观效益等都进行货币化，其效益总和即为林草措施产生的生态效益。

鉴于目前尚无保护野生生物效益以及旅游、景观效益等林草措施的生态效益货币化方法，故先开展改善水质效益、保护土壤效益、净化大气效益等易于进行货币化的生态效益的计算。计算方法如下：

1. 改善水质效益 由于工业净化也能达到改善水质的目的，其实质与林草措施改善水质的效果一样，因而可以采用工业净化成本来计算森林改善水质的效益，即

$$V_b = \Delta q \times W \times P \tag{8-21}$$

式中：V_b 为改善水质效益（元）；Δq 为植被恢复前后径流水质等级差异；W 为径流量（m^3）；P 为净化水质单价（元/m^3）。

2. 保护土壤效益 林草措施保护土壤包括防止土壤养分流失及改善土壤结构两方面，进而提高土壤质量，促进林木生长，增加生物量。因此可采用生物量表征保护土壤的效益，即

$$V_c = (V_{c1} - V_{c2})P \tag{8-22}$$

式中：V_c 为生物量增加的价值（元）；V_{c1} 为措施实施后生物量（m^3）；V_{c2} 为措施实施前生物量（m^3）；P 为生物量单价（元/m^3）。

3. 净化大气效益 森林、草地具有吸收二氧化碳、释放氧气的功能，同时森林中有相当数量的臭氧，能氧化和分解有毒气体，一些林草还有杀菌功效。这里仅计算林草吸收二氧化碳、释放氧气的功能价值，按利用二氧化碳制造氧气的工业成本计算，即

$$V_d = S \times Q \times P \tag{8-23}$$

式中：V_d 为制氧价值（元）；S 为林草地面积（hm^2）；Q 为林草地释氧效率（m^3/hm^2）；P 为单位体积制氧工业成本（元/m^3）。

如果将每项生态效益进行货币化，不仅繁冗，基层水保部门无法操作，而且往往科学依据不足。为此，建议采用标准地块法，假定某一区域顶极自然植被地块为标准地块，先确定标准地块的植被类型和植被覆盖度，再计算当地块受损后，生态环境退化，等级降低后不同等级受损地块的植被类型和植被覆盖度，从而计算林草措施的生态效益。计算方法如下

$$V = (X_1 - X_2) \times S \tag{8-24}$$

式中：V 为生态经济效益（元）；X_1 为治理前地块强化恢复植被投资单价（元/hm^2）；S 为地块面积（hm^2）；X_2 为治理后地块强化恢复植被投资单价（元/hm^2）。

二、水土保持社会效益的计算

对水土保持的社会效益，有条件的应进行定量计算，不能做定量计算的，可根据实际情况做定性描述。

（一）减轻自然灾害的效益计算

减轻自然灾害的效益，有的在当地，有的在治理区下游。

1. 保护土地免遭水土流失破坏的年均面积 可按式（8-25）进行计算。

$$\Delta f = f_b - f_a \tag{8-25}$$

式中：Δf 为免遭水土流失破坏的年均面积（hm^2）；f_b 为治理前年均损失的土地（hm^2）；f_a 为治理后年均损失的土地（hm^2）。

水土流失损失的土地，包括沟蚀破坏地面和面蚀使土地石漠化、沙化，f_b 与 f_a 数值均通过调查取得。

2. 减轻洪水危害 可按下述步骤进行计算：

①通过式（8-12）算得治理后与治理前一次暴雨情况相近条件下，流域不同的洪水总量 W_{a1} 与 W_{b1}。

②根据计算区自然地理条件，分别算得上述治理后与治理前不同洪水总量相应的洪峰流量 Q_a 与 Q_b 以及相应的最高洪水位 H_a 与 H_b。

③调查 H_a 与 H_b 水位以下的耕地、房屋等财产，折算为人民币（元），分别计算出治理后与治理前两次不同洪水的淹没损失，按式（8-26）计算减轻洪水危害的经济损失。

$$\Delta X = X_b - X_a \qquad (8\text{-}26)$$

式中：ΔX 为减轻洪水危害的经济损失（元）；X_b 为治理前洪水淹没损失（元）；X_a 为治理后洪水淹没损失（元）。

3. 减少沟道、河流泥沙的计算 在我国，沟道、河流泥沙是造成洪水灾害的重大因素，减少河流泥沙是水土保持减轻自然灾害中一项十分重要的内容。

减沙效益计算可根据观测与调查资料，用水文资料统计分析法（简称水文法）与单项措施效益累加法（简称水保法）分别进行计算，并将两种方法的计算结果互相校核验证，二者差值应不超过 20%。

(1) 减沙效益计算的基本要求

①以完整的流域为计算单元，以治理（或规划）期末实有的措施保存面积和实测各项措施的保水、保土效益为依据。计算前应搜集以下两方面的资料：一是各个单项水土保持措施减少泥沙效益的观测资料与调查资料，这些资料都经过分析、论证，消除偏大或偏小的因素；二是作为计算对象的沟道、河道下游控制性径流站、水文站的泥沙观测资料，此项资料应有 5 年以上的观测序列，时间越长越好。

②运用上述资料进行分析计算时，应满足三个原则：一是采取水文法与水保法相结合进行计算，两种方法的计算结果应基本一致或比较接近。二是计算中进行治理前后对比时，时段的划分应合理，前时段水土保持未开展或进展很慢，减沙效果甚微；治理后时段水土保持进展较快，减沙效益显著。三是在进行治理前后对比中，可通过降雨产沙关系分析，扣除治理前后由于降雨不同对流域产沙的影响，求得水土保持真正的减沙作用。

③在进行因减沙作用而减轻的物质损失按货币价值折算为经济效益时，应符合两点要求：一是作为计算对象的流域范围内，其下游实际有因减沙而收到的经济效益（如水库减淤、河道恢复、延长航程等）时，才能纳入计算；二是在折价计算减轻损失的物质时，应按前后变动的单价分别计算。

④减轻流域下游泥沙淤积的效益计算应按三个步骤进行：一是用水文法进行流域减沙作用的计算；二是用水保法进行流域减沙作用的计算；三是将两种方法的计算结果相互验证。

(2) 水文法计算水土保持的减沙作用 当治理前实测输沙量和流域实有产沙量基本一致时，采用式（8-27）计算。

$$\Delta S_t = S_b - S_a \qquad (8\text{-}27)$$

式中：ΔS_t 为治理后年均总减沙量（t）；S_b 为治理前实测年均输沙量（t）；S_a 为治理后实测年均输沙量（t）。

(3) 水保法计算水土保持的减沙作用 水保法计算水土保持的减沙作用，可采用式（8-28）计算。

$$\Delta S_c = \Delta S_1 \pm \Delta S_2 - \Delta S_3 + \Delta S_4 \qquad (8\text{-}28)$$

式中：ΔS_c 为治理后年均减沙量（t）；ΔS_1 为各项水土保持措施年均减沙量（t）；ΔS_2 为泥沙运行中年均增减量（t）；ΔS_3 为各类活动年均河道增沙量（t）；ΔS_4 为降雨偏小影响年均减沙量（t）。

(4) 两种方法计算结果的检验 用减沙总量进行检验，可采用式（8-29）计算。

$$Z = (\Delta S_t - \Delta S_c)/\Delta S_t \tag{8-29}$$

式中：Z 为减沙总量检验系数（应小于 0.2）；ΔS_t 为水文法算得的年均减沙总量（t）；ΔS_c 为水保法算得的年均减沙总量（t）。

4. 减轻风沙危害的效益计算 在风沙区和其他有严重风蚀和风沙危害的地区，减轻风沙危害的效益计算应包括以下三方面水土保持效益：

（1）保护现有土地不被沙化的面积 可按式（8-30）计算。

$$\Delta f = f_b - f_a \tag{8-30}$$

式中：Δf 为保护土地不被沙化的面积（hm^2）；f_b 为治理前每年沙化损失的面积（hm^2）；f_a 为治理后每年沙化损失的面积（hm^2）。f_b 与 f_a 数值均通过调查取得。

（2）改造原有沙地为农、林、牧生产用地的效益计算 应根据经正式验收的治理措施面积进行计算，主要包括如下两方面内容：

①通过造林种草、固定沙丘，使之不再流动，当林草覆盖率达 50% 以上，枝叶可以利用时，即可计算为生产用地。

②用引水拉沙的办法，把沙丘改造为农田，计算新增生产用地。

（3）减轻风暴，保护生产、交通等效益计算

①减轻风暴的计算：应根据调查资料，了解治理前后风暴的天数和风力，进行治理前后对比，计算治理后减少风暴的时间（天数）和程度（风力）。

②保护现有耕地正常生产的效益计算：应根据调查资料，首先计算治理前由于风沙危害损失的劳工、种子、产量，然后计算治理后由于减轻风沙危害所节省的劳工、种子、产量。计算单位均应折算为人民币（元）。

③减轻风沙对交通危害的效益计算：应根据观测或调查资料，首先计算治理前每年由于风沙埋压影响交通的里程（km）和时间（d），清理压沙、恢复交通所耗的人力（工日）和经费（元），然后计算治理后由于减轻风沙危害所减少的各项相应损失，折算为人民币（元）。

5. 减轻干旱危害的效益计算 应在当地发生旱情（或旱灾）时进行调查，用梯田（梯地）、坝地、引洪漫地、保土耕作法等有水土保持措施农地的单位面积产量（kg/hm^2）与无水土保持措施坡耕地的单位面积产量（kg/hm^2）进行对比，计算其抗旱增产作用。

6. 减轻滑坡、泥石流危害的效益计算 应在滑坡、泥石流多发地区进行调查，选有治理措施地段与无治理措施地段，分别了解其危害情况（土地、房屋、财产等损失，折合为人民币）进行对比，计算治理的效益。

7. 减轻面源污染的效益计算 应通过对当地治理前后面源污染程度、污水总量、污染物浓度等调查，根据污染物处理单价、污水处理费等计算减轻面源污染的效益。

（二）促进社会进步的效益计算

水土保持促进社会进步的效益主要在治理区当地。

促进社会进步的效益一般采用农业经济统计调查方法，通过点的观测结合面上调查取得。选取自然和社会背景条件相近，但水土流失治理度不同，有代表性的小流域或乡、村、农户等不同层次的生产单元作为观测点，就促进社会进步的效益指标进行对比观测。或选取某一个有代表性的小流域或乡、村、农户作为观测点，按治理前、治理后不同时段进行对比观测。通过观测资料获得需要的效益数值，同时结合面上调查，以县（或更大范围）为单

元，就促进社会进步的效益指标进行调查与分析（一般需通过地方政府的统计部门），与综合治理小流域乡、村进行对比研究，分析其促进社会进步的效益。

1. 提高土地生产率的计算

①调查统计治理前和治理后的农地、林地、果园、草地等各业土地的单位面积实物产量（kg/hm²），进行对比，分别计算其提高土地生产率情况。

②以整个治理区的土地总面积（km²）为单元，调查统计治理前和治理后的土地总产值（元），进行对比，计算其提高的土地生产率（元/hm²）。

2. 提高劳动生产率的计算

①调查统计治理前和治理后的全部农地（面积可能有变化）从种到收需用的总劳工（工日）所获得的粮食总产量（kg），求得治理前和治理后单位劳工生产的粮食（kg/工日），进行对比，计算其提高的劳动生产率。

②以整个治理区为单元，调查统计治理前与治理后农村各业（农、林、牧、副、渔、第三产业等）的总产值（元）和投入的总劳工（工日），求得治理前与治理后单位劳工的产值（元/工日），进行对比，计算其提高的劳动生产率。

3. 改善土地利用结构与农村生产结构的计算

①调查统计治理前与治理后农地、林地、牧地、其他用地、未利用地等的面积（km²）和各类用地分别占土地总面积的比例（%），进行对比，并分析未调整前存在的问题和调整后的合理性。

②调查统计治理前与治理后农业（种植业）、林业、牧业、副业、渔业、第三产业等分别的年产值（元）和各占总产值的比例（%），进行对比，并分析未调整前存在的问题与调整后的合理性。

4. 促进群众脱贫致富奔小康的计算

①调查统计治理前与治理后全区人均产值与纯收入（元/人），进行对比，并用国家和地方政府规定的脱贫与小康标准衡量，确定全区贫、富、小康状况的变化。

②根据国家和地方政府规定的标准，调查统计治理前后区内的贫困户、富裕户、小康户的数量（户），进行对比，说明其变化。

5. 提高环境容量的计算

①调查统计治理前与治理后全区的人口密度（人/km²），结合人均粮食占有量（kg/人）、人均收入（元/人），进行对比，计算提高环境容量的程度。

②调查统计治理前与治理后全区的牧地（天然草地与人工草地，面积可能有变化）面积（hm²）、产草量（kg）和牲畜头数（羊单位，每一大牲畜折合5个羊单位），分别计算其载畜量（羊单位/hm²）和饲草量（kg/羊单位），进行对比，计算提高环境容量的程度。

6. 促进社会进步的其他效益 调查统计，对治理前与治理后群众的生活水平，燃料、饲料、肥料、人畜饮水等问题解决的程度，以及教育文化状况等，进行定量对比或定性描述，反映其改善、提高和变化情况。

三、水土保持经济效益的计算

（一）经济效益的类别与性质

1. 直接经济效益 包括实施水土保持措施土地上生长的植物产品（未经任何加工转化）

与未实施水土保持措施的土地上的产品对比，其增产量和增产值，可按以下几方面进行计算：

①梯田、坝地、小片水地、引洪漫地、保土耕作法等增产的粮食与经济作物；

②果园、经济林等增产的果品；

③种草、育草和水土保持林增产的饲草（树叶与灌木林间放牧）和其他草产品；

④水土保持林增产的枝条和木材蓄积量。

2. 间接经济效益　在直接经济效益基础上，经过加工转化，进一步产生的经济效益，其主要内容应包括以下两方面：

①基本农田增产后，促进陡坡退耕、改广种薄收为少种高产多收节约出的土地和劳工，计算其数量和价值，但不计算其用于林、牧、副业后增加的产品和产值；

②直接经济效益的各类产品，经过就地一次性加工转化后提高的产值（如饲草养畜、枝条编筐、果品加工、粮食再加工等），计算其间接经济效益。此外的任何二次加工，其产值不应计入。

（二）直接经济效益的计算

应以单项措施增产量与增产值的计算为基础，将各个单项措施算得的经济效益相加，即为综合措施的经济效益。

单项措施经济效益的计算包括以下五个步骤：

①单位面积年增产量与年毛增产值和年净增产值的计算。

②治理（或规划）期末，有效面积、上年增产量与年毛增产值和年净增产值的计算。

③治理（或规划）期末，累计有效面积、上年累计增产量与累计毛增产值和累计净增产值的计算。

④措施全部充分生效时，有效面积、年增产量与年毛增产值和年净增产值的计算。

⑤措施全部充分生效时，累计有效面积、上年累计增产量与累计毛增产值和累计净增产值的计算。

通过①、②、④三项的计算，了解该措施一年内的增产能力；通过③、⑤两项的计算，了解在某一阶段已有的实际增产效益。

（三）产投比与回收年限的计算

根据上述①、③、⑤三项增产效益的计算成果，与相应的单位面积（或实施面积）基本建设投资做对比，可分别算得三项不同的产投比。

运用①计算成果，在算得单位面积上产投比的基础上，进一步计算基本建设投资的回收年限。

1. 单项措施单位面积的产投比与回收年限　采取以下两个步骤计算：

（1）计算产投比

$$K = j/d \tag{8-31}$$

式中：K 为产投比；j 为单项措施生效年单位面积的净增产值（元/hm^2）；d 为单项措施单位面积的基本建设投资（元/hm^2）。

（2）基本建设投资回收年限

$$H = m + d/j = m + 1/K \tag{8-32}$$

式中：H 为基本建设投资回收年限（a）；m 为该项措施生效所需时间（a）；K 为产投比；j 为单项措施生效年单位面积的净增产值（元/hm²）；d 为单项措施单位面积的基本建设投资（元/hm²）。

式（8-31）算得的产投比 K，只有一年的增产效益，未能全面反映水土保持的一次基建投资后若干年内应有的增产效益。

2. 措施实施期末的产投比 可按以下步骤计算：

(1) 基本建设总投资

$$D = Fd = nfd \tag{8-33}$$

式中：D 为基本建设总投资（元）；F 为该项措施实施总面积（hm²）；f 为该项措施年均实施面积（hm²）；n 为该项措施实施期，(a)；d 为该项措施单位面积的基本建设投资（元/hm²）。

(2) 累计净增产值

$$J_r = F_r j = fRj \tag{8-34}$$

式中：J_r 为累计净增产值（元）；F_r 为该项措施累计有效面积（hm²）；j 为该项措施单位面积的净增产值（元/hm²）；f 为该项措施累计实施面积（hm²）；R 为该项措施累计有效面积系数。

(3) 产投比

$$K_r = J_r/D = fRj/(nfd) = Rj/(nd) \tag{8-35}$$

3. 全部措施生效时的产投比 可按以下步骤计算：

(1) 基本建设总投资

$$D = nfd \tag{8-36}$$

式中：D 为基本建设总投资（元）；f 为该项措施年均实施面积（hm²）；n 为该项措施全部生效时的实施期（a）；d 为该项措施全部生效时单位面积的基本建设投资（元/hm²）。

(2) 累计净增产值

$$J_{tr} = F_{tr} j = fR_t j \tag{8-37}$$

式中：J_{tr} 为累计净增产值（元）；F_{tr} 为该项措施全部生效时累计有效面积（hm²）；j 为该项措施单位面积的净增产值（元/hm²）；f 为该项措施全部生效时累计实施面积（hm²）；R_t 为该项措施全部生效时累计有效面积系数。

(3) 产投比

$$K_{tr} = J_{tr}/D = fR_t j/(nfd) = R_t j/(nd) \tag{8-38}$$

4. 各类治理措施经济效益总的计算年限 应根据不同类型地区（水热条件不同）的措施条件（梯田、坝地、林、草）和实施（或规划）主持单位的要求分别确定。

(四) 间接经济效益的计算

1. 水土保持的间接经济效益 水土保持的间接经济效益主要有以下两类，应根据不同要求，采用不同方法进行计算，并应符合以下规定：

①对水土保持产品（饲草、枝条、果品、粮食等），当地分别用于饲养（牲畜、蜂、蚕等）、编织（筐、席等）、加工（果脯、果酱、果汁、糕点等）后，其提高产值部分，可计算其间接经济效益，但需在加工转化以后，结合当地牧业、副业生产情况进行计算。

②对建设基本农田与种草，提高了农地的单位面积产量和牧地的载畜量，由于增产而节约出的土地和劳工，应计算为间接经济效益，以下着重介绍此类效益的计算方法。

2. 基本农田（梯田、坝地、引洪漫地等）**间接经济效益** 可按如下方法进行计算：

（1）节约的土地面积

$$\Delta F = F_b - F_a = V/P_b - V/P_a \tag{8-39}$$

式中：ΔF 为节约的土地面积（hm^2）；F_b 为需坡耕地的面积（hm^2）；F_a 为需基本农田的面积（hm^2）；V 为需要的粮食总产量（kg）；P_b 为坡耕地的粮食单位面积产量（kg/hm^2）；P_a 为基本农田的粮食单位面积产量（kg/hm^2）。

（2）节约的劳工

$$\Delta E = E_b - E_a = F_b e_b - F_a e_a \tag{8-40}$$

式中：ΔE 为节约的劳工（工日）；E_b 为种坡耕地总需劳工（工日）；E_a 为种基本农田总需劳工（工日）；e_b 为种坡耕地单位面积需劳工（工日/hm^2）；e_a 为种基本农田单位面积需劳工（工日/hm^2）。

节约出的土地和劳工，只按规定单价计算其价值，不再计算用于林、牧等业的增产值。

（3）由于坡耕地修成基本农田而导致节约用地和劳工的计算示例

某小流域有人口 1 500 人，要求人均年产粮食 500kg。已知：种坡耕地每公顷产粮食 750kg，需劳工 120 工日；种基本农田每公顷产粮 3 000kg，需劳工 180 工日。试求在满足粮食需要前提下，全种基本农田比全种坡耕地能节约多少土地和劳工？

解：已知 $V = 1\ 500 \times 500 = 750\ 000$（kg）

$P_b = 750$（kg/hm^2）

$P_a = 3\ 000$（kg/hm^2）

$e_b = 120$（工日/hm^2）

$e_a = 180$（工日/hm^2）

①能节约的土地为

种坡耕地需土地：$F_b = V/P_b = 750\ 000/750 = 1\ 000$（$hm^2$）

种基本农田需土地：$F_a = V/P_a = 750\ 000/3\ 000 = 250$（$hm^2$）

能节约的土地：$\Delta F = F_b - F_a = 1\ 000 - 250 = 750$（$hm^2$）

②能节约的劳工为

种坡耕地需劳工：$E_b = F_b e_b = 1\ 000 \times 120 = 120\ 000$（工日）

种基本农田需劳工：$E_a = F_a e_a = 250 \times 180 = 45\ 000$（工日）

能节约的劳工：$\Delta E = E_b - E_a = 120\ 000 - 45\ 000 = 75\ 000$（工日）

3. 种草的间接经济效益 应分别计算其以草养畜和提高载畜量节约的土地两方面。

（1）以草养畜 只计算增产的饲草可饲养的牲畜数量（或折算成羊单位），以及这些牲畜出栏后，肉、皮、毛、绒的单价，不再计算畜产品加工后提高的产值。种草养畜的效益，应结合当地畜牧业生产计算。

（2）提高土地载畜量而节约牧业用地面积

$$\Delta F = F_b - F_a = V/P_b - V/P_a \tag{8-41}$$

式中：ΔF 为节约牧业用地面积（hm^2）；V 为发展牧畜总需饲草量（kg）；P_b 为人工草地单位面积产草量（kg/hm^2）；P_a 为天然草地单位面积产草量（kg/hm^2）；F_b 为天然草地总

需土地面积（hm²）；F_a 为人工草地总需土地面积（hm²）。

4. 工程蓄引水的经济效益 只计算小型水利水土保持工程提供的用于生产、生活的水的价值，可按人畜饮水及灌溉用水水价分类计算。

$$S = W(P - C) \tag{8-42}$$
$$W = V \times Q \tag{8-43}$$

式中：S 为工程的水资源增值（元/a）；W 为蓄水或引水量（m³）；P 为生活用水或灌溉用水水价 [元/(m³·a)]；C 为管理成本 [元/(m³·a)]；V 为蓄水容积（m³）；Q 为年利用率（%）。

(五) 水土资源增值

各种水土保持措施的实施，可增加治理区或下游居民使用的生产、生活用水的质量和数量，引起水资源价值的增加。同时，水土保持措施还可使因水土流失引起的退化土地的使用年限延长，从而引起土地资源价值的增加。

水土保持措施产生的水、土资源增值，是水土保持措施经济效益的真实体现。

1. 水资源增值的效益计算 改善水质效益已在生态效益中做了介绍，在此仅介绍小型水利水土保持工程拦蓄的用于生产、生活的水资源价值的计算，按人畜饮水及灌溉用水效益分别进行计算。

$$K = W \times \theta \times P - C \tag{8-44}$$

式中：K 为人畜饮水或灌溉用水效益（元）；W 为蓄水量（m³）；P 为当地水价（元/t）；θ 为年利用率（%）；C 为管理成本（元）。

2. 土地资源增值的效益计算 水土流失治理后生产用地土地等级提高，导致土地增值，由此而产生的经济效益可根据当地的实际情况，在考虑土地资源情况、人均耕地面积、土地补偿费和征用耕地的安置补助费，以及不同等级的土地价格等的情况下，参照《中华人民共和国土地管理法》的相关规定进行计算。

复 习 思 考 题

1. 水土保持效益的概念及分类是什么？
2. 详述水土保持生态效益、社会效益和经济效益各包括哪些内容。
3. 水土保持生态效益的货币化对促进水土保持事业的发展有哪些重要作用？

主要参考文献

姜德文，2013. 生态文明新时代的水土保持探索 [J]. 中国水土保持（4）：1-4.
刘震，2013. 扎实推进国家水土保持生态文明工程建设 [J]. 中国水利（9）：1-3.
水利部国际合作与科技司，2008. 水土保持综合治理效益计算方法：GB/T 15774—2008 [S]. 北京：中国标准出版社.
唐克丽，2004. 中国水土保持 [M]. 北京：科学出版社.
王礼先，朱金兆，2005. 水土保持学 [M]. 2版. 北京：中国林业出版社.

第九章 水土保持监测与管理

重点提示 本章较为系统地从监测目的、意义、内容、原则、类型、作用等方面阐述了水土保持监测的相关内容,并以实际监测报告为例,介绍了水土保持监测的相关流程。介绍了水土保持监测管理等相关内容。

第一节 水土保持监测概述

一、水土保持监测相关概念

(一)水土保持监测

监测一词的含义可理解为监视、测定、监控等。

水土保持监测是从保护水土资源和维护良好的生态环境出发,运用多种手段和方法,对水土流失的成因、数量、强度、影响范围、危害及其防治成效等进行动态监测和评估,是防治水土流失的一项基础性工作。它是水土保持工作的耳目和监视器,能帮助我们及时了解和掌握区域水土流失现状、发展趋势、动态变化规律,为主管部门水土保持宏观决策提供科学依据。

(二)水土保持设施

根据《中华人民共和国水土保持法释义》(李飞等,2010),水土保持设施是指具有预防和治理水土流失功能的各类人工建筑物的总称,主要包括:

①水平阶(带)、鱼鳞坑、梯田、截水沟、沉沙池、蓄水塘坝或蓄水池、排水沟、沟头防护设施、跌水等构筑物;
②骨干坝、淤地坝、拦沙坝、尾矿坝、谷坊、护坡、挡土墙等工程设施;
③监测站点和科研试验、示范场地、标志碑牌、仪器设备等设施;
④其他水土保持设施。

(三)水土保持监测网络

依据《中华人民共和国水土保持法实施条例》第二十二条规定:水土保持监测网络,是指全国水土保持监测中心,大江大河流域水土保持中心站,省、自治区、直辖市水土保持监测站及省、自治区、直辖市重点防治区水土保持监测分站。

二、水土保持监测的目标、意义、原则及类型

(一)目标、任务和意义

水土保持监测的主要目标是,逐步认识水土流失过程的本质特征并建立与其影响因子的

关系，为水土资源合理利用、区域可持续发展规划与决策提供数据支持。

为实现这一目标，水土保持监测的主要任务为：一是定期监测全国和地方水土流失面积、程度、强度，土地利用状况，植被状况，土地生产力状况和群众经济状况，并适时提供有关数据、图件。二是定期监测全国和地方水土流失治理状况，如水土流失治理面积、河流含沙量、各类水土保持工程、植被覆盖率、优化农林牧业产业结构和土地利用结构、提高土地生产力，改善农民经济状况等，并将水土流失监测结果和前次水土保持监测结果对比，向国家和地方有关部门定期提供决策依据。三是根据需要和条件，定期提供全国和地方水土流失区或水土流失治理区的自然、经济和社会发展状况的监测数据和图件等。四是定量化分析多种因素与水土流失的关系，建立各地区不同水土保持措施与区域经济、社会发展模型，预测、预报水土流失及人为影响因素的变化趋势，并为有关重点地区或流域综合治理做优化规划分析，为水土保持和区域发展服务。

水土保持监测工作的意义主要表现在：

1. 支持水土保持科学研究，提高水土保持科技含量 利用现代信息技术对水土流失规律，水土保持规划设计、分析评价、决策管理等方法和途径进行改造和提升，有助于全面提高水土保持规划、科研、示范、监督、管理工作的科技含量，有效解决当前相对落后的信息获取方式中存在的问题，促进传统水土保持向现代水土保持的转变。

2. 为水土保持规划、水土保持效益评价和水土流失模型开发提供基础数据 首先，监测是水土保持规划和效益评价的基础，如果没有系统的监测，就不能全面、准确、及时地提出水土流失及其治理现状的数据，规划和效益评价的科学性和客观性将大打折扣，水土保持方案将缺乏科学性和可操作性，进而影响国家宏观决策效率和质量；其次，只有通过监测，才能根据水土流失、社会经济等的最新变化，对水土保持规划做出适时的战术性调整，增强水土保持工作的主动性、实效性、针对性，增强水土保持管理和决策的透明度，提高可信度；最后，监测数据是水土流失模型开发的基础。

3. 落实和体现水土保持执法，提高水土保持宏观决策水平，满足和有效服务社会 建立水土保持监测网络，开展水土流失监测和预报，是《中华人民共和国水土保持法》《水土保持生态环境监测网络管理办法》和《水土保持监测资格证书管理暂行办法》等法规文件的规定，也是各级水土保持行政主管部门必须履行的职能。通过科学、高效的监测，获取水土保持基础数据，可为国家提供科学、实时、有效的流域或区域水土流失、监督执法、规划设计、工程建设等动态信息。对于提高流域水土保持生态建设的宏观决策与监控能力，提高工作效率，促进生态环境建设健康发展，遏制新的人为水土流失具有十分重要意义。

（二）对象与内容

水土保持监测的对象是发生在小流域范围内的水土流失及其治理。这是一种自然现象和过程，是现代地表过程的主要表现形式，包括降水径流过程（水循环和水平衡），地貌、土壤和植被发育演替过程，土地利用过程，人文过程（商品流通、人力物力的投入等）。因而水土流失和水土保持过程中耦合了多种物质、能量和信息的迁移、转换过程。水土流失发生的地段，是地表物质迁移最强烈的地段，因而也是地理科学、土壤科学等学科研究的重点部位。科学、全面地监测水土流失与水土保持过程具有重要的基础学科意义和生产实践意义。

《中华人民共和国水土保持法实施条例》第二十三条规定："国务院水行政主管部门和

省、自治区、直辖市人民政府水行政主管部门应当定期分别公告水土保持监测情况。公告应当包括下列事项：①水土流失面积、分布状况和流失程度；②水土流失造成的危害及其发展趋势；③水土流失防治情况及其效益。"

据此，水土保持监测内容应包括以下几个方面：

1. 水土流失变化 防止和控制水土流失是流域综合治理的重要内容。因此，通过各种手段调查、分析、预测流域土壤侵蚀模数，不同地貌部位、不同土地利用状况和人类活动等与水土流失的关系及其治理途径是动态监测的主要内容。水土流失状况包括土壤侵蚀类型、强度、水土流失程度、分布及其危害等，如水力、风力和冻融等侵蚀的面积、侵蚀模数和侵蚀量，河道泥沙，洪涝灾害，植被及生态环境变化，监测对象对周边地区经济、社会发展的影响等。水土流失因子监测主要包括降雨和风、地貌、地面组成物质及其结构、植被类型及覆盖度、水土保持措施的数量和质量。

2. 土地利用现状 流域生态经济结构的合理性在很大程度上取决于农林牧渔业生产的用地比例和投资，许多山丘区作物生长条件差，土地生产力低，人们为了生产足够的粮食便毁林开荒，任意扩大耕种面积，其结果是引起严重的水土流失和生态环境恶化。按照系统工程原理，对土地利用状况逐步进行调整、优化，有利于恢复生态平衡、保持水土和获取最大的整体效益，土地利用现状可以反映农林牧业用地比例的合理化程度。

3. 治理措施实施情况 治理措施一般包括林草措施、工程措施和农业措施，在生产实际中各种措施是互相结合、互相补充的。造林、种草面积或植被覆盖度、坡地梯田化面积、鱼鳞坑数量、谷坊和塘坝数量等，不仅反映了各种治理措施的实施状况，也反映了流域水土流失的综合治理和景观生态的改良程度。

4. 生产与收入变化 区域生产力水平的提高和收入的增加可以反映综合治理活动对经济子系统影响的大小，粮食产量、林果收入、木材蓄积量、畜牧业的增值和工副业的发展带来的经济效益，以及区域总产值、劳均纯收入的变化等，分别反映了种植业、林业、畜牧业和工业在综合治理活动的作用下所发生的变化。

5. 群众物质和文化活动水平的变化情况 监测项目包括人均生活水平，生活消费支出，食品、衣着、日用品、住房、燃料等物质生活消费和文娱、卫生、交通、邮电文化生活费用，以及人均口粮、人均居住面积、学龄儿童入学率、文化站数和人均寿命等。这些项目的变化反映了水土保持工作对社会子系统的影响程度和范围。

（三）水土保持监测的原则

水土保持监测的主要目的是定期向有关部门提供信息，因此监测工作应充分考虑服务对象对信息的需求状况及服务的有效性。根据有关研究和实践，水土保持监测应遵循以下原则：

1. 必要性 根据需要确定具体监测对象、方法，制订监测方案，选定工作人员，配置仪器设备。

2. 规范性 监测方法、监测方式、范围的界定和指标等必须统一，监测的描述和表达等应有全国统一标准（国际标准，可参照），监测方法在同一水土流失类型区具通用性。

3. 综合性 针对不同的监测对象，应从自然、经济和社会等多方面选监测指标，从多个角度反映水土流失及其预防和治理状况；在监测方法上，既利用高新技术，也利用常规调查方法，互相补充，使监测结果更全面、完整。

4. 动态性　水土保持监测应定期或不定期进行，可提供静态和动态水土保持状况。把各次监测结果、各种专题研究和调查成果综合分析，建立各监测指标的数量化模式，可实现预测、预报。

5. 层次性　宏观、中观和微观监测均涉及层次性问题。由于必要性及技术条件等的影响，监测可以在全地区、重点地区或典型样点（某一流域或某个地块）进行。

（四）水土保持监测的类型

1. 监视性监测　监视性监测是对指定的有关对象进行定期的、长时间的监测，又称为例行监视或常规监视。这是监测工作中量最大、面最广的工作。

2. 特定目的的监测　特定目的监测又称为特例监测或应急监测。

常见的特定目的监测有以下几种：

（1）仲裁监测　主要针对事故纠纷、《中华人民共和国水土保持法》《中华人民共和国防沙治沙法》等法规执行过程中产生的矛盾进行监测。

（2）考核验证监测　包括人员考核、方法验证和项目竣工时的验收监测。

（3）咨询服务监测　例如：建设新企业、新工程应进行水土流失环境影响评价，需要按评价要求进行监测。

3. 研究性监测　研究性监测是针对特定目的科学研究而进行的高层次的监测，又称为科研监测，是为监测工作本身服务的科研工作的监测，如同一方法、标准分析方法的研究等。

（五）水土保持监测的作用

水土保持监测的作用可概括为以下五个方面：

1. 成为水土保持项目管理的重要手段　通过监测判断水土保持治理是否符合标准，是否达到预期目标，为完善、提高水土保持管理体系，提高水土保持管理水平奠定基础。

2. 为项目建设提供基础资料　通过监测建立本底信息库，为水土保持及其他项目建设的评估、可行性研究、规划、设计等提供基本资料。

3. 为水土保持评价和决策提供科学依据　通过动态监测体系，可以客观、准确、及时地反映出不同治理措施及其配置的影响范围、效益和成果，为进一步开展全面治理工作提供科学的依据，可以少走弯路快见成效。

4. 为水土保持监督执法提供依据　监测提供的数据，为水土保持执法公正、公开、科学、规范提供保证。

5. 为水土保持宣传提供新途径　通过动态监测来科学地评价水土保持生态环境建设的综合效益，有助于水土保持在国民经济建设中发挥更大的作用。

三、我国水土保持监测的发展历程

（一）水土保持监测在我国发展的早期

水土保持监测随着水土保持在中国的发生、发展逐渐为人所熟知、重视。中国最早的水土流失观测始于20世纪30年代。1931年,在黄土高原的甘肃省天水县、南方的重庆市北碚区和福建省河田等地,陆续建立了水土保持试验站,零星地取得了一些研究成果,期间的主要技术成果是通过观测、调查和少量实验取得的,采用的理论大多是舶来品,自己的理论很少。20世纪40年代水土保持监测工作在黄河流域展开,取得了有史以来黄河流域较系统的水土保持监测数据,但是技术理论及监测手段未见较大改观。新中国成立后,我国建立了一大批水土保持科研站、所,以及用于研究土壤侵蚀规律的径流小区,逐步开展了系统性水土流失规律研究和水土保持监测,这也是水土保持监测工作在流域面上展开的先河,可以说是监测网络建设的一个雏形,中国的现代水土保持教育也是从这一时期开始起步的。

(二) 水土保持监测发展逐渐步入正轨时期

我国在区域性水土流失调查方面有较长的历史。1955年,水利部对全国水力侵蚀面积进行了初步调查,这是中国第一次全国范围的水土流失调查,也是水土保持监测最早的全国性基础工作项目之一。20世纪80年代以后,水土保持监测工作有了很大的发展,监(观)测技术手段和设备得到较大改善,新的观测试验站点陆续投入运行,地面观测在全国不同侵蚀类型区展开。同时,遥感技术逐渐普及,水土流失遥感调查开始出现。1985年,水利部以20世纪80年代中期多波段扫描仪(MSS)影像为主要信息源,对水蚀、风蚀、冻融侵蚀开展了全国第一次土壤侵蚀遥感调查,也是中国水土保持监测真正意义上在全国范围内开展。

(三) 水土保持监测在中国的法制化和技术理论起飞期

1991年《中华人民共和国水土保持法》颁布实施,中国水土保持各项工作步入法制化轨道。在《中华人民共和国水土保持法》的指导下,从1998年开始,水利部在全国陆续建立了四级水土保持监测机构。从此,水土保持监测由法定的监测机构负责,并且列入水行政主管部门的常规业务。随着RS、GIS、GPS技术的迅速发展,水土保持监测逐步呈现出兴旺发展的良好势头。全国第一次土壤侵蚀遥感调查用了5年时间,而第二次调查因为采用GIS等新技术,只用了1年的时间。第二次遥感调查从1999年开始,以20世纪90年代中期专题绘图仪(TM)影像和中国-巴西资源一号卫星(CBRS-1)影像为主要信息源,于2000年完成。2001年,水利部又开展了全国第三次土壤侵蚀遥感调查,同时水土保持监测网络建设也在这一时期全面展开,次年《水土保持监测技术规程》(SL 277—2002)出版,也就是从这一年开始,全国性水土保持公报作为国家公告正式向全社会公开发布。2005年6月,水利部水土保持监测中心出版了《开发建设项目水土保持监测实施细则》,次年九月,又发布了《水土保持监测设施通用技术条件》(SL 342—2006),具体规定了水土流失监测的通用设施(设备)。近年来,《中华人民共和国水法》《中华人民共和国农业法》《中华人民共和国草原法》《中华人民共和国土地管理法》《中华人民共和国环境保护法》《中华人民共和国矿产资源法》《中华人民共和国海洋环境保护法》等同资源环境相关的法规相继进行了修订,出台了《中华人民共和国环境影响评价法》,加强了资源环境的保护和管理。第十一届全国人民代表大会常务委员会第十八次会议于2010年12月25日修订通过了新《中华人民共和国水土保持法》,并于2011年3月1日起施行。

第二节 水土保持监测的流程

在监测工作开展以前,必需提前做出三项决定,这三项决定应规定出要收集资料的类型和如何对资料进行分析:其一,什么样的空间尺度适合这一方案目标;其二,什么样的时间频率适合这个方案目的;其三,为了提供充分的与时间尺度相一致的信息,应该怎样进行监测的定量工作。针对水土保持监测对层次性、综合性和动态性的要求,提出如下的尺度范围和周期。

一、水土保持监测尺度范围

水土保持监测的空间尺度依据监测对象和监测区域大小而变化。除水土流失小区观测外(比例尺为 1∶1),监测区域可以分为六个层次,即:全国、大江大河流域、省(自治区、直辖市)、重点区、县和小流域等。不同层次的监测结果图比例尺要求不同,全国、大江大河流域和省(自治区、直辖市)为 1∶100 000~1∶500 000,县(旗)和重点区一般为 1∶50 000~1∶100 000,小流域为 1∶10 000。

二、水土保持监测周期

水土保持监测的时间频率依据监测范围的大小有所变化。一般情况下,水土保持动态监测的频率为全国和省级 5~8 年、典型城市和典型县 1 年、小流域为 1 年。对于突发性的事件,必须做到即时反馈,进行及时、准确、快速的监测。

对于水蚀小区试验观测,应按次降雨进行,或按照降雪融化情况进行;对于风蚀量观测,应按次大风(风速大于起沙风速)进行;对于降尘量观测,应按照天气情况确定监测频率。

三、关于水土保持监测的定量化问题

为了做到水土保持监测结果的定位和定量,监测结果必须按照统一的要求全部建立数字化文档。数据库、地理信息系统和数理分析等为监测结果的精确定量和定位提供了技术和方法,水土保持监测成果数据库建立的过程,就是数据内容、结构、标示和相互关系等的分析过程,良好的数据库为数据的定量表征、有机管理及其准确应用提供了技术基础;地理信息系统将对象的空间性质及其属性联结起来,为定位、定量地表达信息提供了采集、处理和分析的技术与方法。

四、水土保持监测方案的开展

如果不考虑实施水土保持监测项目的实体——监测单位和监测费用,当确定了监测的尺度范围、周期和定量工作后,就可开展一项水土保持监测方案。

开展水土保持监测的基本步骤可以参考图 9-1 联合国环境规划署《生态监测手册》的流程来说明。总体上,水土保持监测的基本步骤包括:①确定监测内容,实施初步分层,设计监测方法;②在研究区确定初步操作边界(设置监测范围),收集地面观测、航空照片和遥感影像等三种尺度上的数据,分析数据,产生初步报告;③审核所获得资料的深度和广度,为监测结果应用单位准备报告;④当继续开展日常监测时,开始后续方案。

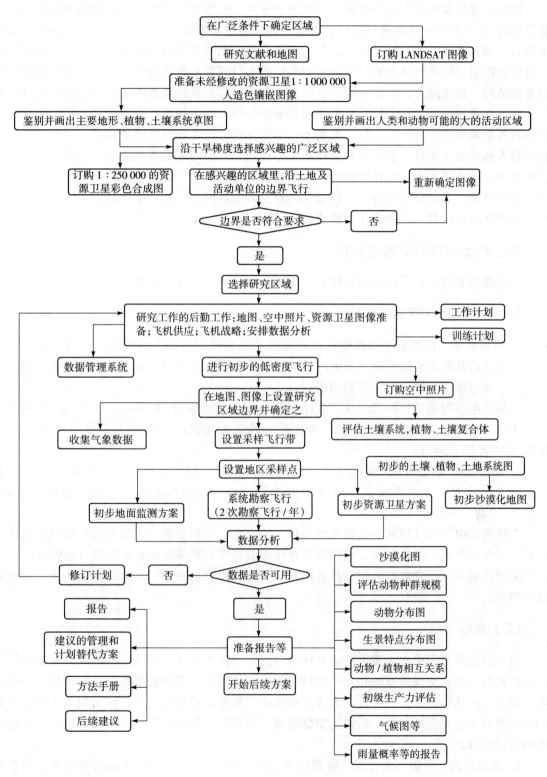

图 9-1 生态监测流程
(刘震，2004)

按照上述步骤开展水土保持监测，相对来讲可以很快得到结果。没有理由在确定了监测单位后的18个月内不达到审核阶段，因此，在监测项目开始后的两年内，应该能够得出初步报告。如有必要，也可能"抄近路"达到初步报告在6个月内提交的程度。"抄近路"是以资料的积累、对研究区熟悉程度和监测单位的人员配置和素质为基础的，尤其是监测单位的专业结构、技术能力、工作经验及其后勤装备等。监测单位最基本的组成应包括项目管理员、技术专家和现场工作人员。专家必须是水土保持、生态环境、农业水利工程、遥感与数据分析等领域中具有资格的人员。事实上，水土保持监测单位可以减少到必不可少的三人小组：每人都是水土保持、农业水利工程或生态环境某方面的专家或多面手，同时能够分析遥感影像和处理空间数据。野外勘测时，三人均参加现场工作。讨论问题时，每人独立发表意见，共同讨论，当意见分歧时，少数服从多数。其实，设置三人，主要是为了讨论问题，同时当在野外出现困难时，能够相互照应。

五、水土保持监测报告示例

引用四川省凉山彝族自治州德昌县三棵树水电站水土保持监测报告，供参考。

（一）建设项目及项目区概况

1. 项目概况 四川省凉山彝族自治州德昌县三棵树水电站由首部枢纽、引水系统、厂区枢纽组成，从首部枢纽至电站发电厂房无压引水渠道长约9.75km。三棵树水电站是以发电为主，兼有灌溉、供水的综合利用工程。

电站发电引用流量$103.2m^3/s$，设计水头58m，装机容量52 000kW（$2 \times 26\ 000kW$）。工程于2002年12月19日正式开工，通过近25个月的建设，于2005年1月10日第1台机组投入72小时试运行。

2. 项目区概况 三棵树水电站地处横断山脉的安宁河谷平原，主要山脉与安宁河平行呈南北向分布。工程区域主要属堆积上迭阶地地貌，局部见基座阶地，地势较开阔、平缓。

三棵树水电站区气候属亚热带高原气候，特点是：气候温和，雨量充沛，日照充足且时间长，干湿季分明，雨热同季，无霜期长，季节温差小，形成冬暖夏凉的独气候特征。

工程区域属凉山彝族自治州德昌县阿月乡、麻粟乡、德州镇，均为汉彝聚居乡，有少量其他民族。

（二）监测

对项目建设过程中水土流失防治责任范围内水土流失数量、强度、成因及其动态变化过程进行监测；对水土保持方案和水土保持措施的实施情况、实施效果进行分析评价；对项目水土流失治理达标情况进行评价，为竣工验收提供依据；积累建设项目建设期水土保持方面的数据资料和监测管理经验，给实施监督管理提供依据，从而采取有力的管理措施，实施有效的监督管理。

1. 监测原则 根据《水土保持监测技术规程》（SL 277—2002）、《凉山彝族自治州德昌县三棵树水电站水土保持方案报告书》（报批稿）及其批复文件以及凉山彝族自治州德昌县三棵树水电站的工程特点和水土流失特征，确定如下监测原则：

(1) 全面调查监测与重点观测相结合　全面调查是对整个凉山彝族自治州德昌县三棵树水电站水土流失防治责任范围而言的,主要针对施工过程中的水土流失防治责任范围及防治措施的布设情况,也就是全面了解凉山彝族自治州德昌县三棵树水电站工程防治责任范围内的水土流失状况。重点观测即对特定地段进行监测,主要针对侵蚀强度监测、特殊地段及突发事件监测。

(2) 观测内容与水土保持责任分区相结合　开发建设项目的不同防治责任分区,具有不同的水土流失特点,因而在防治水土流失时采取相应的水土保持措施,监测内容也必须充分反映各个分区的水土流失特征、水土保持工程及其效果。

(3) 地表扰动类型监测以渣场和料场作为监测重点　本工程实际弃土弃渣量168.96万m^3。弃渣依沟谷-斜坡堆放,堆放形成的平台侵蚀模数相对较小,但面积较大;堆放形成的坡面较陡、面积较大,因此选为监测重点。料场占地以河滩地和耕地为主,在工程前期开挖和后期覆土时对地表影响大,因此作为另一监测重点。

2. 监测内容

(1) 防治责任范围监测　建设项目的防治责任范围包括项目建设区和直接影响区。防治责任范围监测主要是通过监测施工占地和直接影响区的面积,确定施工期防治责任范围面积。

(2) 弃渣场及料场监测　弃渣的监测主要是监测工程建设期的弃土弃渣量、土石渣类型、弃土弃渣堆放情况（面积、堆渣高度、坡长、坡度等）、防护措施及拦渣率。

料场的监测主要是对料场在开采过程中的临时防护措施,以及采料结束后对场地的恢复情况（覆土、整地、复植等）的监测。

(3) 水土流失防治监测　水土流失防治监测包括水土保持工程措施和植物措施的监测。

水土保持工程措施监测主要监测水土保持工程措施（包括临时防护措施）实施数量、质量,防护工程稳定性、完好程度、运行情况,措施的拦渣保土效果。

植物措施监测主要监测林草种植面积、成活率、生长情况及覆盖度,扰动地表林草自然恢复情况,植被措施拦渣保土效果。

(4) 土壤流失量监测　针对不同地表扰动类型的流失特点,对不同地表扰动类型,分别采用标桩法、侵蚀沟样方测量法等进行多点位监测,经综合分析得出不同扰动类型的侵蚀强度及水土流失量。

3. 监测方法　监测方法包括调查监测、地面定位观测。

(1) 调查监测　调查监测是指定期采取全线路调查的方式,通过现场实地勘测,采用GPS定位并结合1∶5 000地形图、照相机、标杆、尺子等工具,按水土流失防治分区测定各分区的地表扰动类型和不同类型的面积。填表记录每个扰动类型区的基本特征（特别是堆渣、开挖面坡长、坡度、岩土类型）及水土保持措施（拦渣工程、护坡工程、土地整治、植被恢复等）实施情况。

①面积监测:面积监测采用手持式GPS进行。首先对调查区按水土流失防治分区,如厂区、渣场、施工临时占地等,同时记录调查点名称、工程名称、扰动类型和监测数据编号等。然后在各分区边界拐点处确定坐标点,在GPS手簿上记录所测区域的形状（边界坐标）,然后将监测结果转入计算机,通过计算机软件显示监测区域的图形和面积（监测采用实时差分技术的GPS接收仪,当场即可显示面积）。对弃土弃渣量的测量,把堆积物近似看

成多面体，通过测一些特征点的坐标，再模拟原地面形态，即可求出堆积物的数量。

②植被监测：选有代表性的地块作为标准地，标准地的面积为投影面积，要求乔木林 $10m \times 10m$、灌木林 $5m \times 5m$、草地 $1m \times 1m$。分别取标准地进行观测并计算林地郁闭度、草地覆盖度和类型区林草的植被覆盖度。计算公式为

$$D = f_d/f_e \tag{9-1}$$

$$C = f/F \tag{9-2}$$

式中：D 为林地的郁闭度（或草地的盖度）；C 为林（或草）植被覆盖度（%）；f_d 为样方面积（m^2）；f_e 为样方内树冠（草冠）垂直投影面积（m^2）。f 为林地（或草地）面积（hm^2）；F 为类型区总面积（hm^2）。

需要注意：纳入计算的林地或草地面积，其林地的郁闭度或草地的盖度都应大于 20%。关于标准地的灌丛、草本覆盖度调查，采用目测方法按国际通用分级标准进行。

(2) 地面观测　对不同地表扰动类型侵蚀强度的监测，采用地面观测方法，如桩钉法、侵蚀沟样方测量法等，同时采用自记雨量计观测降水量和降雨强度。监测以桩钉法为主，典型侵蚀沟样方测量法为辅，降雨资料采用德昌县气象局的观测资料。

①桩钉法：将直径 0.6cm、长 30cm、类似钉子形状的钢钎相距 $1m \times 1m$ 分上中下、左中右纵横各 3 排（共 9 根）沿坡面垂直方向打入坡面，钉帽与坡面齐平，并在钉帽上涂上红漆，编号登记入册。坡面面积较大时，为提高精度，钢钎密度可加大。每次暴雨后和汛期末以及监测时段末，观测钉帽出露地面高度，计算土壤侵蚀深度和土壤侵蚀量。计算公式采用

$$A = ZS/(1\,000\cos\theta) \tag{9-3}$$

式中：A 为土壤侵蚀量；Z 为侵蚀深度（mm）；S 为侵蚀面积（m^2）；θ 为坡度值。

②侵蚀沟样方法：在已经发生侵蚀的地方，通过选定样方，测定样方内侵蚀沟的数量和大小来确定侵蚀量。样方大小取 5~10m 宽的坡面，侵蚀沟按大（沟宽>100cm）、中（沟宽30~100cm）、小（沟宽<30cm）分三类统计，每条沟测定沟长和上、中上、中、中下、下各部位的沟顶宽、底宽、沟深，推算流失量。

侵蚀沟样方法通过调查实际出现的水土流失情况推算侵蚀强度。重点是确定侵蚀历时和外部干扰。必须及时了解工程进展和施工状况，通过照相、录像等方式记录、确认水土流失的实际发生过程。

③简易径流小区法：用木板、铁皮、混凝土或其他隔湿材料围成矩形小区，在较低的一端安装收集槽和测量设备，以确定每次降雨的径流量和土壤流失量。

径流小区设置依据监测点实际地形，通过简单布置形成简易径流场，测定径流、泥沙。本项目监测采用的简易径流场均为临时径流场。

4. 监测时段划分　根据工程的施工特点和工程进度，我们重点对本工程建设期水土保持措施的实施、防治效果和运行初期的水土保持措施的稳定性、运行效益等进行了监测。

5. 监测点布设　监测点布设主要指定位监测点。

插钎法监测点 4 处，分别布设在 2 号渣场、3 号渣场、6 号渣场、料场；

小区监测 1 处，设在 4 号渣场；

水样采集点 3 个，分别布设 3 号渣场、料场、大坝施工区；

植物样地 3 个，分别布设在 5 号渣场、渠道、厂房；

泥沙观测点 1 个，布设在渠道。

6. 监测分区 结合《凉山彝族自治州德昌县三棵树水电站水土保持方案报告书》（报批稿）的水土流失防治分区，本工程的水土保持监测分为5个区，即：工程永久占地区、施工临时设施占地区、料场区、渣场区、施工公路区。由于拆迁安置对水土流失的影响很小，故监测未考虑。

7. 防治措施类型 凉山彝族自治州德昌县三棵树水电站工程采取的水土保持措施有：挡墙、护坡、护岸、截洪沟、排水沟、植树种草、复耕等。

监测结果表明：浆砌石护坡、浆砌石挡墙均能起到很好的防护作用；场地平整后配合草坪、植物措施和复耕，边界修建浆砌石排水沟，其防护效果也很好；大坝下游修筑的护岸有效地保护料场下方沿河段公路和安宁河右侧河岸。

（三）防治责任范围监测结果

1. 水土保持方案确定的防治责任范围 根据《凉山彝族自治州德昌县三棵树水电站水土保持方案报告书》（报批稿），该工程确定的防治责任范围为127.94hm^2，即项目建设区118.13hm^{2}和直接影响区9.81hm^2。项目建设区包括项目建设所需要的永久占地区、临时占地区和水库淹没区，其中项目永久占地面积40.66hm^2，施工公路、渣场、料场和施工临时设施等项目临时占地57.54hm^2（表9-1）。

表9-1 水土保持方案确定的防治责任范围

监测分区		面积（hm^2）
项目建设区	水库淹没区	19.93
	工程永久占地	40.66
	施工临时设施	4.62
	料场	16.43
	渣场	24.30
	施工公路	12.19
直接影响区	新建公路及渠道影响区	8.26
	1号临时渣场	0.60
	移民安置区	0.95
合计		127.94

2. 施工期防治责任范围监测结果 根据对本工程水土保持方案实施后的实际监测资料进行统计，水土保持方案实施后的防治责任范围面积为104.02hm^2，比批复的防治责任范围面积127.94hm^{2}减少23.92hm^2。其中水库淹没区、工程永久占地区、施工临时设施占地区、料场占地区和直接影响区防治责任范围面积维持不变；堆渣场占地区防治责任范围面积由24.30hm^{2}减少为13.33hm^2，减少10.97hm^2，减少的主要原因为渣场平均堆渣高度增加，占地面积减少；公路占地区防治责任范围面积由12.19hm^{2}减少为7.50hm^2，减少4.69hm^2，减少的主要原因为在施工阶段通过利用原机耕道和道路优化，新增道路和改建道路减少所致；直接影响区防治责任范围面积由9.81hm^{2}减少为1.55hm^2，减少8.26hm^2。其防治责任范围构成详见表9-2。

表 9-2 实施的防治责任范围监测结果

项目防治分区	单位	占地类型						
		耕地	园地	灌木林地	荒草地	裸岩石砾地	宅基地	小计
水库淹没区	hm²	17.44				2.49		19.93
工程永久占地区	hm²	16.67	2.12	11.10		10.55	0.22	40.66
施工临时占地区	hm²	2.50		2.12				4.62
料场占地区	hm²			1.05		15.38		16.43
渣场占地区	hm²	6.00		1.23		6.10		13.33
公路占地区	hm²	4.80	2.70					7.50
直接影响区	hm²	0.95				0.60		1.55
合计	hm²	48.36	4.82	14.45	1.05	35.12	0.22	104.02

3. 弃土弃渣监测结果

（1）水土保持方案设计弃土弃渣 工程弃渣主要来自首部枢纽、引水系统及厂区枢纽等几部分的开挖出渣。为了避免弃渣堆置不当产生的水土流失，工程出渣必须严格按施工设计指定的渣场和设计堆放坡度进行集中堆放，不得沿途、沿河随意倾倒。

本工程弃渣总量为 168.96 万 m³，工程设计中共规划有 5 个集中堆渣场，总占地面积为 24.30hm²，占地类型包括耕地、灌木林地、园地和河滩荒地。在方案设计报批稿中，对堆渣场的规划详见表 9-3。

表 9-3 三棵树水电站渣场规划

渣场编号	渣场位置	实际堆渣量（万 m³）	堆渣容量（万 m³）	占地面积（hm²）	弃渣来源	占地类型
2 号	首部枢纽下游左岸	24.00	28.00	3.00	渠道弃渣	河滩荒地
3 号	银厂沟口左侧	88.90	89.00	9.80	渠道弃渣	河滩荒地
4 号	干海子处沿河耕地	43.06	43.10	7.00	渠道弃渣	耕地
5 号	民族中学左后	5.00	5.10	1.50	压力前池	灌木林地
6 号	厂房上游小浸沟左侧	8.00	8.00	3.00	厂房系统	园地
	合计	168.96	173.20	24.30		

注：实际堆渣量为松方，1 号临时堆渣场未计入表中。

（2）弃土弃渣场及占地面积监测结果 在实际施工中共形成 8 个堆渣场，总占地面积为 13.93hm²（包括 1 号临时渣场），占地类型为耕地、灌木林地、裸岩石砾地。各实际渣场特性详见表 9-4。

表 9-4 三棵树水电站堆渣场特性

渣场编号	渣场位置	堆渣容量（万 m³）	实际堆渣量（万 m³）	占地面积（hm²）	弃渣来源	占地类型
1 号临时渣场	水库库区左岸	3.50	3.00	0.60	首部枢纽	裸岩石砾地
2 号堆渣场	引水渠 1 200m 右侧安宁河左岸	28.00	24.00	2.53	渠道弃渣	耕地、石砾地
3 号堆渣场	引水渠 4 000m 右侧安宁河左岸	125.00	120.00	6.80	渠道弃渣	耕地、石砾地、灌木林地

(续)

渣场编号	渣场位置	堆渣容量（万 m³）	实际堆渣量（万 m³）	占地面积（hm²）	弃渣来源	占地类型
银厂沟渣场	引水渠 5 000m 右侧安宁河左岸	12.0	10.0	1.70	渠道弃渣	荒草地、石砾地
4号堆渣场	引水渠 7 600m 右侧安宁河左岸	5.00	4.00	0.58	渠道弃渣	荒草地、石砾地
5号堆渣场	引水渠 8 400m 右侧安宁河左岸	5.50	5.00	0.28	压力前池	耕地、石砾地
厂房1号渣场	厂区附近	1.50	1.20	0.40	厂区弃渣	耕地、石砾地
厂房2号渣场	厂区附近	11.00	10.00	1.04	厂区弃渣	耕地、石砾地
合计		189.80	177.20	13.93		

(3) 弃土弃渣量监测结果 工程弃土石渣基本上做到了集中堆放在规定的渣场内，场地平整和弃渣场的弃渣调节调运较规范，基本控制了工程开挖弃土、弃渣的流失。目前工程已建设完毕，不再产生弃渣，计算监测结果：工程实际弃渣总量为 177.20 万 m³（松方），较方案设计值稍高。弃渣场采取的水土保持工程措施有浆（干）砌卵石挡渣墙、浆砌卵石排水沟、护坡、坡面平整等，植物措施主要是植树种草及复耕，都具有较明显的水土保持效果。

(4) 水土流失类型与水土流失强度 根据《凉山彝族自治州德昌县三棵树水电站水土保持方案报告书》（报批稿）及对弃渣场周边地区的调查，可确定弃渣场占地区原地貌属轻度流失区，水土流失类型以水蚀为主，具体表现为面蚀和沟蚀。

监测结果表明，目前工程已建设完毕，不再产生弃渣，渣场的各项工程防护措施以及复耕绿化措施防护效益明显（只有少数渣场绿化措施不足），因此，水土流失类型主要为水蚀，水土流失强度为轻度（绿化措施不足的 4 号渣场为强度）。

4. 料场监测结果

(1) 水土保持方案设计料场 根据取料用途不同，本工程的料场分为土料场、沙卵石料场和块石料场。总占地面积 16.43hm²，其中土料取自德州镇大坪村五一砖厂土料场，占地 1.05hm²，其余料场位于安宁河漫滩上，总占地面积 15.38hm²，开挖迹地均低于常年洪水位，汛期受洪水冲刷，不宜采用植物措施。在取料结束后，将施工迹地采取平整和压实开挖面等地貌恢复措施进行处理。

为排除降雨形成的坡面来水对土料场的冲刷，在靠山侧坡顶开挖简单排水沟，施工期不做其他防护处理。土料场共需修建约 300m 长排水沟，采用矩形断面，断面尺寸为 0.30m×0.30m（宽×高），将坡面来水排走。本工程取土结束后，五一砖厂生产取土将继续使用该土料场，故不再对土料场采取植物措施。

(2) 料场及占地面积监测结果 目前，所有料场取料完毕，采取了 M7.5 浆砌卵石防洪堤、简单排水沟等防护措施，因此主要对其水土流失情况、防治效果进行动态监测。监测结果表明，料场实际总占地面积为 16.43hm²，与设计占地面积一致。

(3) 料场监测结果 本工程料场取料完毕后，及时平整场地、做好排水设施，结合地形和土质条件，种草植树恢复植被，或为复耕创造条件。

(4) 水土流失类型与水土流失强度 根据方案报告书及对料场的调查可知，料场原地貌为林地和河滩地，植被覆盖较好，水土流失以水力侵蚀为主，水土流失强度为轻度。

现场监测发现，目前料场取料已经结束，土料场复耕措施以及沙卵石料场的各项工程防护措施均能较好地发挥水土保持作用，减少了水土流失量。水土流失以水力侵蚀为主，流失强度仍为轻度。

5. 主体工程永久占地区监测结果

（1）水土保持方案设计主体工程永久占地区　主体工程永久占地区占地面积为 40.66hm²，主要包括首部枢纽永久建筑物、引水系统、厂区永久建筑物等占地。该区开挖量大，对地表扰动强，水土流失防治以工程措施为主。主体工程对建筑物开挖面要求按稳定边坡开挖，对存在不稳定隐患的高陡边坡采取了浆砌块石护坡。对其余未采取工程措施防护的裸露边坡主要为左坝肩上部裸露开挖面和渠道沿线开挖边坡，这些坡面在开挖过程中虽然严格控制其开挖坡度以满足工程安全要求，但为加强水土保持效果，将对其采取混播灌草的植物措施。灌木选用当地常见的马桑、密油枝，草地选用当地广泛种植的黑麦草、白三叶，撒播面积为 3.88hm²。本工程渠道全程 9.27km，其中明渠段长 8.90km，暗渠段长 0.37km。渠道开挖破坏了两侧原生植被，为防止渠道周边水土流失，稳定边坡、改善环境，采取在明渠两侧宜林地带栽植冲天柏、直杆桉间隔种植，在暗渠段采取生长快速的灌草措施进行防护。

（2）工程永久占地区监测　现场监测发现：

厂区枢纽：尾水-厂区以及尾水下游河岸分别建有 M7.5 浆砌石护岸和护坡（主体工程已设计），工程量分别为 384m³ 和 75m³。厂房背坡，高陡边坡建有护坡，防护长度 100m，采用 M7.5 浆砌石，方量约 85.8m³；护坡下方建有 M7.5 浆砌卵石挡墙，防护长度 58.0m，方量约 694.8m³；护坡坡脚排水沟，矩形断面，0.3m（宽）×0.3m（高），长 100m，M7.5 浆砌石方量约 36.0m³。

首部枢纽：拦河闸坝左右副坝均为土石坝，建有干砌块石护坡（主体工程已设计），工程量为 1 050m³。调压井的压力管道两侧修建有 M7.5 浆砌石护坡（主体工程已设计），方量约 400m³。

引水系统：渠道以及溢洪道开挖形成的高陡边坡采用 M7.5 浆砌石护坡（主体工程已设计），工程量分别为 1 890m³ 和 192m³。引水渠上部土质边坡采用植草措施加以绿化，绿化面积为 2.81hm²。明渠两侧种植冲天柏等乔木共 7 716 株，株距 1.5m，种植方式采用 30cm×30cm×30cm 块状整地；暗渠段灌草撒播 0.28hm²。

右坝肩：为防止水库蓄水后对近坝段路堤冲刷失去稳定，近坝段边坡建有 M7.5 浆砌卵石护岸，梯形断面，顶宽 0.6m，底宽 2.0m，高 3.1m，防护长度 50m，总方量为 200.5m³。

三棵树水电站永久占地区采取的水土保持工程和林草措施详见表 9-5。

表 9-5　三棵树水电站永久占地区水土保持措施

名　称		M7.5浆砌卵石挡墙（m³）	M7.5浆砌卵石护岸（m³）	M7.5浆砌卵石护坡（m³）	干砌块石护坡（m³）	M7.5浆砌卵石排水沟（m³）	冲天柏等乔木（株）	植草绿化（hm²）	备注
厂区枢纽	尾水厂区河岸		384.0						主体工程设计
	尾水下游河岸			75.0					主体工程设计
	厂房背坡	694.8		85.8		36.0			主体工程设计
首部枢纽	拦河闸坝				1 050.0				主体工程设计
	调压井			400.0					主体工程设计

(续)

名称		M7.5浆砌卵石挡墙（m³）	M7.5浆砌卵石护岸（m³）	M7.5浆砌卵石护坡（m³）	干砌块石护坡（m³）	M7.5浆砌卵石排水沟（m³）	冲天柏等乔木（株）	植草绿化（hm²）	备注
引水系统	渠道			1 890.0					主体工程设计
	溢洪道			192.0					主体工程设计
	引水渠土质边坡							2.8	
	明渠						7 716.0		
	暗渠							0.3	
右坝肩			200.5						
合计		694.8	584.5	2 642.8	1 050.0	36.0	7 716.0	3.1	

6. 施工临时设施占地区监测结果 施工临时设施占地包括施工期办公及生活福利设施、施工企业、仓库系统等临时设施占地，面积4.62hm²。其中耕地2.50hm²，灌木林地2.12hm²。本区无高陡边坡，在施工期的水保措施主要以设置截（排）水设施为主，工程完工期以绿化和复耕措施为主。

三棵树水电站施工临时设施占地区采取的水土保持工程和林草措施详见表9-6。

表9-6 三棵树水电站施工临时设施占地区水土保持措施

名称	单位	数量	备注
M7.5浆砌卵石排水沟	m³	180.00	主体工程设计
灌草绿化	hm²	1.52	立地条件较好的地段种植有400株油桉
复耕	hm²	3.10	其中0.60hm²用于补偿4号渣场复耕的不足部分

7. 施工公路监测结果 公路建设开挖扰动边坡面积为2.51hm²，实际绿化面积约2.10hm²。灌草选择马桑、密油枝、黑麦草、白三叶混合撒播方式种植，用量分别为7.5kg/hm²、7.5kg/hm²、20kg/hm²、10kg/hm²，施用复合肥按2 000kg/hm²计。永久公路两侧各种植一排行道树，桤木和德昌杉间隔栽植。公路外侧绿化长度为3.15km，株距为5m；内侧种植行道树长度约为1.06km，株距2m。各项水土保持措施详见表9-7。

表9-7 施工公路水土保持措施

公路名称	措施	单位	数量	备注
进厂公路	M7.5浆砌卵石挡墙	m³	162.2	长330.0m，路面宽8.0m，道路左边护坡长24.0m，道路右边护坡长98.0m
	M7.5浆砌卵石排水沟	m³	52.5	长250m
进厂公路接108国道施工便道	M7.5浆砌卵石挡墙	m³	1 072.9	公路长1.5km，路面宽6.5m，针对不同开挖路段主体工程分设三种不同类型的坡脚路堑式挡土墙，挡墙高度（含基础埋深）分别为2.2m、3.0m、5.2m，挡墙长度分别为171.0m、85.0m、50.0m
	土质排水沟开挖	m³	450.0	长1.5km

(续)

公路名称	措施	单位	数量	备注
左坝肩施工便道	M7.5浆砌卵石挡墙	m³	2 059.8	长0.2km，路面宽5.0m，针对不同开挖路段主体工程分设两种不同类型的坡脚路堑式挡墙，挡墙高度（含基础埋深）分别为2.1m、5.5m，挡墙长度分别为115.0m、71.0m
	M7.5浆砌卵石排水沟	m³	55.2	长120.0m
右坝肩施工便道	M7.5浆砌卵石排水沟	m³	101.3	长83.0m，路面宽8.0m，坡脚排水沟长83.0m
料场施工便道	土质排水沟开挖	m³	112.5	长250.0m，路面宽10.0m，排水沟长250.0m
	部分路段已复耕	hm²	0.1	
进2号渣场施工便道	M7.5浆砌卵石挡墙	m³	1 185.8	长0.50km，路面宽6.0～8.0m，该路段局部地段挡土墙高度（含基础埋深）4.5m，挡墙长度242.0m
	M7.5浆砌卵石排水沟	m³	101.7	挡墙外侧设排水沟，长242.0m

8. 直接影响区监测结果 本工程移民搬迁14户71人，移民分散安置，迁建房屋占有灌木林地0.95hm²，规模较小。移民建房宜尽量挖填平衡，并在房屋周边开设排水沟，建房对水土流失影响轻微。为进一步减轻移民安置对周边水土流失的影响，采取"四旁绿化"的措施，鼓励移民在新建房屋四周及附近空旷地种植当地适宜的经济林木，推荐树种为具有经济利用价值且长势好、根系较深、水保效果较好的核桃和板栗。工程完工后，根据施工活动对施工公路及渠道影响区的实际占压扰动情况，采取工程及植物措施恢复原地貌，对占地及扰动的荒地采用灌草措施予以绿化。其工程量难以准确量化。

9. 水土流失防治措施监测结果

（1）水土保持方案中设计的措施 水土保持方案设计的措施有各类挡渣墙、护坡、排水沟等工程措施和各种植物措施等（表9-8）。

表9-8 三棵树水电站水土保持方案设计水保措施及数量

项目	单位	数量	备注
1. 工程永久占地区			
砂卵石填筑	m³	18 900.0	
土石填筑	m³	74 100	
干砌块石	m³	10 500	
M7.5浆砌块石	m³	74 910	
混播灌草	hm²	4.2	
冲天柏、直干桉	株	7 716.0	
2. 施工临时占地区			
M7.5浆砌块石排水沟	m³	180.0	
混播灌草	hm²	1.5	
覆土	m³	2 400.0	

(续)

项目	单位	数量	备注
3. 渣场占地区			
M7.5浆砌块石排水沟	m³	386.0	
M7.5浆砌块石挡墙	m³	6 709.0	
干砌块石	m³	648.0	
混播灌草	hm²	19.1	
覆盖草袋	个	4 000.0	
4. 料场			
排水沟土石方开挖	m³	27.0	
5. 施工公路			
桤木等行道树	株	4 260.0	
混播灌草	hm²	3.9	
6. 移民安置区			
核桃、板栗	株	710.0	

（2）水土保持措施监测结果　实际测出三棵树水电站工程的扰动地表面积与水土流失面积均为84.09hm²（不包括水库淹没区），弃渣总量186.20万m³（松方），拦渣量为177.20万m³，拦渣率为95.2%。已采取的水土保持措施有各项工程措施和植物措施见表9-9。

表9-9　三棵树水电站水土保持监测结果

防治分区	水保设施项目	单位	数量	备注
工程永久占地区	M7.5浆砌卵石挡墙	m³	694.8	主体工程设计
	M7.5浆砌卵石护岸	m³	584.5	部分为主体工程设计
	M7.5浆砌卵石护坡	m³	2 642.8	部分为主体工程设计
	干砌块石护坡	m³	1 050.0	主体工程设计
	M7.5浆砌卵石排水沟	m³	36.0	建于高陡边坡，防护长度100m，主体工程设计
	冲天柏等乔木	株	7 716	
	植草绿化	hm²	3.1	
施工临时占地区	M7.5浆砌卵石排水沟	m³	180.0	主体工程设计
	灌草绿化	hm²	1.5	
	复耕	hm²	3.1	其中0.6hm²用于补偿4号渣场复耕的不足部分
料场占地区	砂卵石开挖	m³	3 114.5	
	C10毛石砼基础	m³	988.6	
	M7.5浆砌卵石挡墙	m³	1 266.2	
	沙卵石回填	m³	2 125.9	
	简单排水沟	m	300.0	
	复耕	hm²	1.1	

(续)

防治分区	水保设施项目	单位	数量	备注
堆渣场占地区	竹笼卵石挡墙	m³	252.0	
	M7.5浆砌卵石挡墙	m³	7 694.6	
	干砌卵石挡墙	m³	1 066.3	
	M7.5浆砌卵石排水沟	m³	252.5	
	土石方回填	hm²	671.6	
	土石方开挖	m³	4 820.1	
	植草绿化	hm²	11.5	
	复耕	hm²	0.5	
施工公路占地区	M7.5浆砌卵石挡墙	m³	4 480.7	
	M7.5浆砌卵石排水沟	m³	310.7	
	土质排水沟开挖	m³	562.5	
	部分路段已复耕	hm²	0.1	

（3）水土流失防治效果监测结果

①水土流失治理度：水土流失治理度指项目防治责任范围内的水土流失防治面积（不含永久建筑物及水面面积）占防治责任范围内水土流失总面积的百分比。

监测结果表明，各项措施防治总面积为81.93hm²，防治责任范围内水土流失总面积为84.09hm²，水土流失治理度为97.43%，完全达到方案要求（90%以上）。

②扰动土地治理率：扰动土地治理率是指项目防治责任范围内的扰动土地治理面积占扰动土地面积的百分比。扰动土地是指开发建设项目在生产建设活动中形成的各类挖损、占压、堆弃用地，均以垂直投影面积计。扰动土地治理面积，指对扰动土地采取各类整治措施的面积，包括永久建筑物面积。

③拦渣率：拦渣率指项目防治责任范围内实际拦挡弃土弃渣量与防治责任范围内弃土弃渣总量的百分比。

监测中发现，施工期建设单位对弃土弃渣采取了有效挡拦措施，如浆（干）砌卵石挡渣墙等，起到了有效的防护作用。本工程施工中防治责任范围内弃土弃渣总量为186.20万m³，2006年12月底各渣场防护措施有效拦挡的渣量为177.20万m³，由此计算工程拦渣率为95.2%，达到批复的水保方案确定的目标值95%。

④土壤流失控制比：土壤流失控制比是指项目防治责任范围内治理后的平均土壤流失量与项目防治责任范围内的容许土壤流失量之比。

根据《土壤侵蚀分类分级标准》（SL 190—1996），三棵树水电站工程所在区域土壤允许流失量为500t/（km²·a），由报告书土壤流失量预测和实地监测结果可知，目前工程区平均土壤流失量为1 000t/（km²·a），土壤流失控制比为2.0，高于方案目标值0.86，主要原因就是部分渣场植被措施过少以及临时公路排水措施管理不完善，待水土保持措施全部实施后，土壤流失控制比将控制在0.86以内。

⑤植被恢复系数和林草覆盖度：植被恢复系数指项目防治责任范围内植被恢复面积占防治责任区范围内可恢复植被面积百分比。可恢复植被面积是指在当前技术经济条件下，通过

分析论证确定的可以采取植物措施的面积。林草覆盖率则是指项目防治责任范围内的林草面积占防治责任范围总面积的百分比。

工程区可恢复植被的面积为 40.69hm²，植草面积 14.42hm²，复耕面积 0.78hm²，工程区防治责任范围总面积为 104.02hm²，所以植被恢复系数为 37.36%，低于方案目标值 98%，林草覆盖率为 13.86%，低于方案目标值 60%，主要是因为部分渣场植被措施过少。

截至目前，项目区的扰动土地面积为 84.09hm²，扰动土地治理面积为 81.93hm²，扰动土地治理率为 97.43%，达到方案设计目标 90%。

(四) 结论与建议

1. 防治责任范围 根据《凉山彝族自治州德昌县三棵树水电站水土保持方案报告书》(报批稿) 及水利部复函，三棵树水电站水土流失防治责任范围为 127.94hm²，其中项目建设区 118.13hm²，直接影响区 9.81hm²。

在实际施工过程中，发生了一定变更，实际防治责任范围面积为 104.02hm²，比批复的防治责任范围面积 127.94hm² 减少 23.92hm²。其中水库淹没区、工程永久占地区、施工临时设施占地区和料场占地区维持不变；堆渣场占地区防治责任范围面积由 24.30hm² 减少为 13.33hm²，减少 10.97hm²，减少的主要原因为渣场平均堆渣高度增加，占地面积减少；公路占地区防治责任范围面积由 12.19hm² 减少为 7.50hm²，减少 4.69hm²，减少的主要原因为在施工阶段通过利用原机耕道和道路优化，新增道路和改建道路减少所致；直接影响区防治责任范围面积由 9.81hm² 减少为 1.55hm²，减少 8.26hm²。

考虑到工程实际施工的需要，可以认为，水土保持方案中确定的防治责任范围基本上是合理的。

2. 水土保持措施评价 水土保持方案报告书将项目防治责任范围分为五个防治区，即主体工程防治区、料场防治区、渣场防治区、施工临时设施防治区以及施工公路防治区进行防治，其中料场、渣场和施工公路为水土流失防治重点区域。总体上看，三棵树水电站水土保持方案针对项目特点，设计的各种防治措施切合实际，具有较强的可操作性，水土保持方案效果较显著。但也存在不足：①防治目标中没有各防治分区的防治目标，仅有总防治目标，有一定的盲目性；②对弃土弃渣的实际运作方式考虑不周，没有对渣场选址问题做进一步的分析论证；③对各防治分区的水土保持措施设计不详细，如料场的开挖坡面就没有设计临时防护措施；④对临时堆放土石方没有设计防护措施。

3. 综合结论 建设单位四川省安宁河能源开发有限责任公司对工程建设中的水土保持工作给予了充分重视，按照水土保持法律法规的规定，在项目前期依法编报了水土保持方案，工程建设中能够较好地按照《关于德昌县三棵树水电站水土保持方案报告的批复》(川水函 [2002] 815 号文) 的有关要求开展水土保持工作，并成立环保领导小组，加强了对水土保持工作的领导，将水土保持工程管理纳入了整个主体工程建设管理体系，组织领导措施基本落实，在工程建设过程中落实项目法人、设计单位、施工单位、监理单位的水土保持职责，强化了对水土保持工程的管理，实行了"项目法人对国家负责，监测单位控制，承包商保证，政府监督"的质量管理体系，确保了水土保持方案的顺利实施。

项目法人单位对水土流失防治责任区内的水土流失进行了较全面、系统的整治，完成了水土保持方案确定的各项防治任务，从监测的情况来看，工程项目区内各弃渣场、料场、施工公路等区域挡墙工程、护坡工程、排水系统较完善，部分施工便道修建排水涵洞、沉沙池、部分区域植物措施（如部分路基边坡的挂网喷播种草、部分弃渣场的复耕措施、部分施工便道边坡的绿化措施等）也得到了较好地落实，这对有效地防止工程建设带来的水土流失起到了较好的作用。总体看来，本工程水土保持防护措施落实较好，施工过程中的水土流失得到了有效控制，项目区的水土流失强度已下降到轻度或微度。经过系统整治，项目区的生态环境有明显改善，总体上发挥了较好的保水保土、改善生态环境的作用。

监测结果表明，整个工程区，水土流失治理度为97.43%，扰动土地治理率为97.43%，完全达到方案要求；拦渣率为95.2%，土壤流失控制比为2.0，林草覆盖率为13.86%，植被恢复系数为37.36%，低于方案目标值。

4. 存在问题及建议

①完善弃渣场绿化措施：对4号渣场，增加植被措施，种植当地适生树种或草种，并对已经种植的林草加强管护，提高成活率，过陡的边坡进行削坡处理。

②加强对易损坏的水土保持工程措施的管护工作：对包括右坝肩施工便道在内的部分临时公路排水措施加强管理，及时疏通沟道。

③完善新增渣场等水土保持工程变更设计。

第三节　水土保持监测管理

一、全国水土保持监测网络站网构成

（一）法律法规依据

1.《中华人民共和国水土保持法》　其中第四十一及四十二条规定："国务院水行政主管部门应当完善国家水土保持监测网络，对全国水土流失进行动态监测；国务院水行政主管部门和省、自治区、直辖市人民政府水行政主管部门应当根据水土保持监测情况，定期对下列进行公告：

（1）水土流失类型、面积、强度、分布状况和变化趋势；

（2）水土流失造成的危害；

（3）水土流失预防和治理情况。"

第四十四条规定："水政监督检查人员依法履行监督检查职责时，有权采取下列措施：

（1）要求被检查单位或者个人提供有关文件、证照、资料；

（2）要求被检查单位或者个人就预防和治理水土流失的有关情况作出说明；

（3）进入现场进行调查、取证。

被检查单位或者个人拒不停止违法行为，造成严重水土流失的，报经水行政主管部门批准，可以查封、扣押实施违法行为的工具及施工机械、设备等。

第四十五条："水政监督检查人员依法履行监督检查职责时，应当出示执法证件。被检查单位或者个人对水土保持监督检查工作应当给予配合，如实报告情况，提供有关文件、证

照、资料；不得拒绝或者阻碍水政监督检查人员依法执行公务。"

2.《中华人民共和国水土保持法实施条例》 第二十二条规定：水土保持监测网络，是指全国水土保持监测中心，大江大河流域水土保持中心站，省、自治区、直辖市水土保持监测站及省、自治区、直辖市重点防治区水土保持监测分站。

3.《水土保持生态环境监测网络管理办法》 第九条规定："全国水土保持生态环境监测站网由以下四级监测机构构成：一级为水利部水土保持生态环境监测中心，二级为大江大河（长江、黄河、海河、珠江、松花江及辽河、太湖等）流域水土保持生态环境监测中心站，三级为省级水土保持生态环境监测总站，四级为省级重点防治区监测分站。"

"省级重点防治区监测分站，根据全国及省级水土保持生态环境监测规划，设立相应监测点。具体布设应结合目前水土保持科研所（站点）及水文站点的布设情况建设，避免重复。部分监测项目可委托相关站进行监测。"

第十条规定："有水土流失防治任务的开发建设项目，建设和管理单位应设立专项监测点对水土流失状况进行监测，并定期向项目所在地县级监测管理机构报告监测成果。"

4. 其他相关的法规 主要有《中华人民共和国土地管理法》《中华人民共和国森林保护法》《中华人民共和国草原法》《中华人民共和国水法》《中华人民共和国农业法》《中华人民共和国矿产资源法》《中华人民共和国海洋环境保护法》《中华人民共和国环境影响评价法》《建设项目环境保护管理办法》《建设项目环境保护管理条例》。

（二）水土保持的行政规章制度

主要有《编制开发建设项目水土保持方案资格证书管理办法》《开发建设项目水土保持方案编报审批管理规定》《开发建设项目水土保持方案管理办法》《建设项目环境保护管理办法》《建设项目环境影响评价资格证书管理办法》《建设项目环境保护管理条例》。

（三）技术规范

《水土保持监测技术规程》（SL 277—2002）中对水土保持监测网络的定义是，指全国水土保持监测中心，大江大河流域水土保持监测中心站，省（自治区、直辖市）水土保持监测总站，省（自治区、直辖市）重点防治区水土保持监测分站及水土保持监测点。监测分站应根据水土流失类型区及其重点防治区和水土保持工作的需要进行设置。跨省（自治区、直辖市）的同一类型区的监测分站应同一规划，合理布设。

二、水土保持监测网络站网职能

与水土保持监测网络站网的构成一样，对于全国水土保持监测网络站网的职责与功能，相关的法律、法规和技术规范也提出了明确、清晰、具体的规定和要求。现分别列举如下：

1.《中华人民共和国水土保持法》 第二十九条规定：国务院水行政部门建立水土保持监测网络，对全国水土流失动态进行监测预报，并予以公告。

2.《中华人民共和国水土保持法实施条例》 第二十三条规定：国务院水行政主管部门和省、自治区、直辖市人民政府水行政主管部门应当定期分别公告水土保持监测情况。公告应当包括下列事项：①水土流失的面积、分布状况和流失程度；②水土流失造成的危害及其发展趋势；③水土流失防治情况及其效益。

3.《水土保持生态环境监测网络管理办法》 第三条规定：水土保持生态环境监测工作的任务是通过建立全国水土保持生态环境监测站网，对全国水土流失和水土保持状况实施监测，为国家制定水土保持生态环境政策和宏观决策提供科学依据，为实现国民经济和社会的可持续发展服务。

第十四条规定：省级以上水土保持生态环境监测机构的主要职责是：编制水土保持生态环境监测规划和实施计划，建立水土保持生态环境监测信息网，承担并完成水土保持生态环境监测任务，负责对监测工作的技术指导、技术培训和质量保证，开展监测技术、监测方法的研究及国内外科技合作和交流，负责汇总和管理监测数据，对下级监测成果进行鉴定和质量认证，及时掌握和预报水土流失动态，编制水土保持生态环境监测报告。

水利部水土保持生态环境监测中心对全国水土保持生态环境监测工作实施具体管理。负责拟定水土保持生态环境监测技术规范、标准，组织对全国性、重点区域、重大开发建设项目的水土保持监测，负责对监测仪器、设备的质量和技术认证，承担对申报水土保持生态环境监测资质单位的考核、验证工作。

大江大河流域水土保持生态环境监测中心站参与国家水土保持生态环境监测、管理和协调工作，负责组织和开展跨省级区域、对生态环境有较大影响的开发建设项目的监测工作。

省级水土保持生态环境监测总站负责对重点防治区监测分站的管理，承担国家级省级开发建设项目水土保持设施的验收监测工作。

4.《水土保持监测技术规程》（SL 277—2002） 第2.1.2条规定：省级和省级以上水土保持监测机构的主要职责是：编制水土保持监测规划和实施计划，建立水土保持监测信息网，承担并完成水土保持监测任务，负责对监测工作的技术指导、技术培训和质量保证，负责汇总和管理监测数据，对下级监测成果进行鉴定和质量认证，及时掌握和预报水土流失及其防治动态，编制水土保持生态环境监测报告。

三、水土保持监测网络管理制度

为了向各级水主管部门和人民政府的决策提供及时准确的信息支持，全国水土保持监测网络必须遵循科学完善的管理制度。该管理制度包括两个方面，即：监测网络的行政管理体制和业务运行机制。其中，行政管理体制主要是指各级监测机构和站点的行政所属、业务主管与领导，业务运行机制包括各级监测站点的业务管理、工作汇报、数据交流和共享等管理制度。监测网络的总体结构如图9-2所示。

1. 监测网络行政管理体制 在水利部的统一领导下，全国水土保持监测站网实行统一管理，分级负责的原则。水利部统一管理全国水土保持监测工作，负责制定有关规章、规程和技术标准，组织全国水土保持监测工作。县级以上水行政主管部门或地方政府设立的水土保持机构，以及经授权的水土保持监督管理机构，对辖区的水土保持监测实施管理。

各级监测站点隶属于当地水行政主管部门，监测分站由当地水行政主管部门管理（表9-10）。

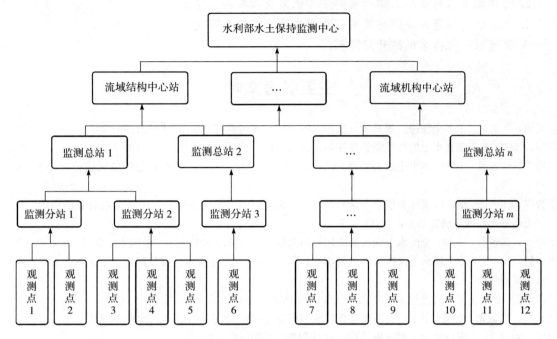

图 9-2　水土保持监测网络层次式网络结构

(李智广等，2001)

表 9-10　全国水土保持监测网络各级站点的行政管理

(刘震，2004)

监测站点级别	行政主管部门
水利部水土保持监测中心	水利部
流域机构监测中心站	水利部
省（自治区、直辖市）监测总站	省（自治区、直辖市）水利（水务）厅（局）
省（自治区、直辖市）重点防治区监测分站	地方水行政主管部门

2. 监测网络业务运行机制　全国水土保持监测网络的业务主要包括开展监测任务，上报监测结果，整理汇编监测结果和成果，分析水土流失动态和水土保持效益并预测其发展趋势，水土保持监测网络的业务运行管理机制，应该涉及上述的各个方面。为确保整个监测网络有条不紊高效运作，监测网络内部应该遵循各级站点业务的统一管理制度，监测结果向水行政主管部门的汇报制度，监测站数据往上级报告制度，平行站点数据交流制度，监测结果的分层次依法公告制度，网络化数据共享制度等。

复 习 思 考 题

1. 简述水土保持监测的概念。
2. 简述水土保持监测的目的、任务、意义、类型、对象、内容、目标、作用、原则、方法、技术和规范的内容，并论述它们之间的内在关系。

3. 简述水土保持监测工作开展的法律依据及其具体操作流程。
4. 水土保持信息系统的构建基础和组成部分有哪些?
5. 简述水土保持系统的开发流程。

主要参考文献

陈世梅,2010. 关于水土保持监测基本方法的思考 [J]. 中国新技术新产品 (7):86-87.

胡恒,2008. 关于建立水土保持监测管理体系的探讨 [J]. 中国水土保持 (6):10-11.

李智广,曾大林,1999. 对水土保持监测网络数据管理的思考 [J]. 资源生态环境网络研究动态 (2):6-11.

李智广,郭索彦,2001. 国际长期生态研究网络台站布设对中国水土保持监测网络站点设置的启示 [J]. 资源生态环境网络研究动态,12 (2):7-11.

李智广,郭索彦,2002. 全国水土保持监测网络的总体结构及管理制度 [J]. 中国水土保持 (9):22-24.

李中魁,2003. 关于中国水土保持监测的基本思路 [G] //佚名. 中美水土保持研讨会论文集. 北京:中国水土保持学会.

刘震,2004. 水土保持监测技术 [M]. 北京:中国大地出版社.

张广军,赵晓光,2005. 水土流失及荒漠化监测与评价 [M]. 北京:中国水利水电出版社.

赵岩,2012. 水土保持监测工作分析 [J]. 科技创新与应用 (6):114.

第十章 水土保持方案编制

重点提示 本章主要阐述了现阶段开发建设过程中水土保持方案编制工作所需要涉及的内容，包括编制前准备工作、方案编制的内容以及要求，同时还对如何准备方案报告书进行简单阐述。

随着我国社会经济的快速发展，各类开发建设项目急剧增加，但由于开发建设项目在实施过程中不可避免地会破坏植被、扰动地表土壤。如果在开发建设活动中忽视了水土保持工作，极易引发强烈的水土流失，成为局部生态环境恶化的主要原因之一。为此，针对开发建设项目水土流失的特点有针对性地提出合理、可行的水土保持方案，并对水土保持方案的实施加强管理等显得尤为重要。

《中华人民共和国水土保持法》第二十五条规定："在山区、丘陵区、风沙区以及水土保持规划确定的容易发生水土流失的其他区域开办可能造成水土流失的生产建设项目，生产建设单位应当编制水土保持方案，报县级以上人民政府水行政主管部门审批，并按照经批准的水土保持方案，采取水土流失预防和治理措施。没有能力编制水土保持方案的，应当委托具备相应技术条件的机构编制。"《开发建设项目水土流失防治标准》（GB 50434—2008）和《开发建设项目水土保持技术规范》（GB 50433—2008）两部国家标准对开发建设项目水土保持方案编制及水土流失防治标准进行了详细规定。2014年，水利部水土保持监测中心发布了《生产建设项目水土保持方案技术审查要点》，对生产建设项目水土保持方案的技术审查做出了明确规定。

第一节 水土保持方案编制准备工作

水土保持方案具有极强的针对性，是就某一个开发建设项目或某一项目的其中一部分提出具体的水土保持评价、水土流失预测、措施布置、监测要求及工程量和投资估算等。因此，方案编制单位在接到生产建设单位的委托后首先应对主体工程进行全面的调查，收集相关资料，做好方案编制前的准备工作。

一、详细阅读相关文件资料

水土保持方案编制工作必须依据相关法律法规、部委规章、规范性文件、规范标准，如《中华人民共和国水土保持法》《开发建设项目水土流失防治标准》和《开发建设项目水土保持技术规范》等。在着手编制水土保持方案之前首先应对这些资料进行详细的阅读理解，严格按照相关要求进行水土保持方案的编制。这些资料在应用过程中还应随时注意国家和相关部门是否对其进行了新的修订或废止，必须参照最新文件执行。

另外还有具体针对不同类型的开发建设项目的法律法规、部委规章、规范性文件、规范标准等资料内容，在具体方案编制时也应该全面掌握。

除此之外，开发建设项目主体工程的可行性研究报告（或初步设计文件）及相关附件等技术材料也是方案编制人员必须详细阅读和理解的资料。在阅读过程中，一定要结合相关法规、技术规范、标准及文件要求，从水土保持角度对项目进行深入分析，再结合后面的调查工作，对接下来需要在室内完成的方案编制工作形成一个清晰的编制思路，做到心中有数。

二、调查与收集资料

水土保持方案编制前，编制人员必须对项目建设进行基本情况的了解及相关资料的收集，需要调查收集的资料主要有以下几个方面：

（一）地质、地貌状况

地质调查内容包括地质构造、断裂和断层、岩性、地下水、地震烈度、不良地质灾害等与水土保持有关的工程地质情况，应采取资料收集和野外调查方式进行。

地貌调查内容主要包括地形、地面坡度、沟壑密度、地表物质组成及土地利用类型等，采用地形图调绘（比例尺 1∶5 000～1∶100 000），也可采用航片判读、地形图与实地调查相结合的方法。

（二）气象、水文条件

气象调查内容主要包括项目区所处气候带、气候类型、气温、积温、蒸发量及降水量、极值及出现时间、降水年内分配、无霜期、冻土深度、年平均风速、年大风日数及沙尘天数；水文调查内容主要包括一定频率、一定时段降水量，地表水系，河道不同设计标准对应的洪水位等与工程防洪布设和设计标准相关的水文、气象资料。调查方法应以收集和分析资料为主，辅以必要的野外查勘，气象资料系列长度宜在 30 年以上。

（三）土壤、植被状况

土壤调查内容包括地带性土壤类型、分布、土层厚度、土壤质地、土壤肥力、土壤抗蚀性等，采取收集资料、现场调查和取样化验相结合的方法调查。

植被调查内容主要包括地带性植被类型，项目区植物种类，乡土树种、草种和造林经验等。植被类型的调查可采用野外调查或野外调查与航片判读相结合的方法，乡土树种、草种的种类和造林经验等情况采取收集资料和现场调查相结合的方法。

（四）水土流失情况

水土流失调查内容应包括水土流失类型、面积及强度、现状土壤侵蚀（流失）量或模数、容许土壤流失量、水土流失发生、发展、危害及其造成的原因等。

水土流失调查方法如下：

①水土流失类型和面积应采取收集资料并结合现场实地勘察进行。

②项目周边地区的土壤侵蚀状况应收集和使用国家最新公布的土壤侵蚀遥感调查成果，项目区的土壤侵蚀状况应以调查、实测为主。

③土壤侵蚀（流失）模数宜采用本工程和类比工程实测资料分析确定，采用数学模型法应有当地 3 年以上实测验证的参数。

④水土流失发生、发展、危害及其造成原因应以调查和收集资料为主。

⑤扩建工程应调查原工程的水土流失及水土保持情况。

(五) 水土保持情况

主要调查水土保持重点防治区划分成果和水土流失防治主要经验、研究成果，以及水土流失治理程度、水土保持设施、成功的防治工程设计、组织实施和管护经验等。主要经验与成果应采用资料收集和访问等方法，治理情况应采用实地调查与收集资料相结合的方法。

(六) 主体工程基本情况

①主体工程的平面布局、施工组织可采用收集相关资料及设计文件的方法。

②对 100 万 m^3 以上的取土（石、料）场、弃土（石、渣）场以及其他重要的防护工程必须收集工程地质勘测资料及地形图（比例尺不低于 1∶100 000），并进行必要的补充测量，充分认证其是否符合水土保持要求。

③工程建设可能影响的范围应采用资料收集与实地调查相结合的方法。

(七) 现场调查应注意的问题

①调查前制定调查计划。在进行现场调查及资料收集工作之前，必须先详细阅读主体可行性研究报告，根据可行性研究报告提供的信息和资料情况，再结合水土保持方案编制所需资料，制订出调查计划，列出在调查过程中要重点了解、记录的内容。

②充分利用数码相机、数码摄像机、录音笔和手持 GPS 定位仪等便捷的记录工具，尽可能多地记录项目现场现状及周边环境。

③对主体工程有限制性规定的情况要给予重点关注，要详细查看项目区周围有无环境影响敏感区（农田、村庄、工厂等）及可能的影响程度。如主体可行性研究报告里没有明确工程土石方量、没有交代取土（石）场或弃土（石、渣）场的位置，在现场调查时一定要根据现场实际情况初步确定好位置。

第二节 水土保持方案编制内容及要求

《开发建设项目水土保持技术规范》（GB 50433—2008）对水土保持方案报告书的内容有明确规定，下面就各部分内容的编写要求做逐项说明。

一、综合说明

本部分内容是方案报告书后面各部分内容的概括，力求概括全面，文字简练，应说明以下内容：

(一) 项目及项目区概况

①简述项目建设的必要性及在相关规划中的地位，描述工程所在（经）地的地理位置、工程等级、主要建设内容、土石方总量及取弃土（渣料）量、占地情况和拆迁安置情况，给出项目的总投资及土建投资、投资单位和出资比例、建设工期（方案报批时应复核是否动工）等。

②简述主体工程设计的进展情况，说明立项支持性文件的进展情况，以及方案编制工作

的开展情况。

③简述项目区地形、地貌、气候、土壤和植被类型，说明林草覆盖率。简述项目区水土流失的类型和强度，以及涉及国家级及省级水土流失重点防治区的情况及防治标准执行等级。

④简述方案确定的设计深度、方案设计水平年及水土流失防治标准等级。

（二）主体工程水土保持分析评价结论

简述主体工程比选方案情况，说明水土保持分析评价的结论。评价结论应明确从水土保持角度看该工程项目是否可行，有无限制项目建设的水土保持问题。

（三）防治责任范围

说明项目建设区和直接影响区的面积；项目建设区内含有征地和与其他项目存在共用场地时需做出说明。

（四）水土流失预测结果

说明工程建设期的扰动地表面积、损坏水土保持设施数量、弃土（石、渣）量、可能产生的水土流失总量及新增水土流失量，明确产生水土流失的重点部位、重点时段及可能产生的水土流失危害。

（五）水土保持措施总体布局

说明防治分区的划分情况，并对每个分区内的水土保持工程项目进行汇总（如浆砌石排水沟的长度、干砌石挡土墙的长度、乔木的株数、撒播种草的面积等）。

（六）水土保持监测

简述水土保持监测所采用的方法、频次和定位观测的点位。

（七）水土保持投资估算及效益分析

说明水土保持总投资以及工程措施、植物措施、临时措施的估算投资。明确独立费用总额，并说明水土保持监理费、水土保持监测费、水土保持设施补偿费等。说明水土保持方案实施后，水土流失防治指标的可能实现情况以及水土保持损益分析的主要结论。

（八）结论与建议

必须从水土保持角度明确项目建设的可行性，对设计、施工及有待进一步研究的问题等提出水土保持的意见和建议，并附水土保持方案特性表。

二、水土保持方案编制总则

（一）方案编制的目的意义

从水土流失防治责任与义务、防治对策与技术、建设管理、监督检查等方面说明方案编制的目的意义。

（二）编制依据

按法律法规、规章、规范性文件、技术规范与标准、相关资料等分层次列出。编制依据一定要求列出最新的，已废止或与具体项目无直接关系的不应罗列。

（三）指导思想与编制原则

指导思想要有针对性，对具体方案编制具有指导作用。编制原则也要有针对性，应反映建设项目的特点。

（四）设计深度、方案设计水平年及方案服务期

对尚处于立项阶段且未动工的新建、扩建、改建项目，方案的设计深度应达到可行性研究深度；对已动工未完工的新建、扩建、改建项目，补报方案时编制深度应达到初步设计深度。方案设计水平年应为主体工程完工的当年或后一年；对建设生产类项目，方案设计水平年指项目投产后的当年或后一年，不是达产年。方案服务期从施工准备期开始计算，原则上不超过10年；建设类项目方案服务期至方案设计水平年结束；建设生产类项目方案服务期应结合首采区、初期灰场等的使用年限确定。

三、项目概况

项目概况的介绍应依据主体工程设计文件，突出与水土保持相关的内容，文字要简洁明了。具体要求如下：

（一）基本情况

主要包括建设项目名称、建设单位、地理位置（并附地理位置图），建设目的与性质、工程任务、等级与规模、总投资及土建投资、建设工期等，并附工程特性表。若与其他项目有依托关系，还应做出说明。对矿山类项目，除了介绍境界范围、资源与可采储量、开采年限、开采方式及接替计划外，还应介绍首采区的情况。

（二）项目组成及布置

以主体工程推荐方案为基础。介绍各单项工程的平面布置、建设规模、工程占地等主要技术指标，附总平面布置图；介绍与水土保持相关的施工工艺、生产工艺；采矿类项目应有综合地质柱状图，公路、铁路项目应有平纵（断面）缩图；扩建项目还应说明与已建工程的关系；说明工程建设所需的供电系统、给排水系统、通信系统、对外交通等。

（三）工程占地

按项目组成及行政区划（点型建设项目为县级，大型线型建设项目可为地市级）分别说明占地性质（永久、临时）、占地类型、占地面积等情况。

（四）土石方平衡

分区（或分段）说明土石方开挖、回填、外借、废弃的量，并对分区（或分段）之间与

其他建设项目的调运利用情况做出说明。如需表土剥离，应按需剥离，即根据覆土面积计算剥离量。分区（或分段）的划分应根据工程设计文件、地形地貌、施工条件、土石料质量等合理确定，并附土石方平衡表、土石方流向框图。对铁路、公路的隧道、穿山、穿河流等土石方开挖工程，应说明出渣方法、出渣量及弃土（石、渣）的处置方案。

（五）施工组织

施工组织的介绍主要包括以下内容：①主体工程施工布置、施工工艺、主要工序及时序，分段或分部分施工的应列表说明，重点介绍与水土保持直接相关的施工营地、材料堆放场地、施工道路、取土（石、料）场、贮灰场、尾矿库、排土场、弃渣场等的布置情况；②施工用水、电、通信等情况；③土、石、沙、沙砾料等建筑材料的数量、来源及其相应的水土流失防治责任。对自采加工料，应说明综合加工系统，料场的数量、位置、可采量等及取料场、弃渣场的确定情况。

（六）拆迁与移民安置

拆迁与移民安置主要包括拆迁范围、移民（拆迁）规模、搬迁规划、安置原则、安置方式、专项设施复建方案、生产、拆迁和安置责任。

（七）投资及进度安排

工程投资应说明主体工程总投资、土建投资、资本金构成及来源等。

进度安排应说明主体工程总工期（包括施工准备期），注明施工准备期及土建工程的开始时间、完工时间，说明项目投产和达产时间，分区或分段说明建设进度安排，附施工进度表或施工进度横道图。对于分期建设的项目，还应说明前期和后续项目的情况。

四、项目区概况

项目区概况介绍应满足水土流失预测与水土保持措施设计的需要，根据不同项目特点，从以下几方面进行描述：

（一）自然环境

①简述区域地质和工程地质概况，包括项目区所处的大地构造位置和地质结构、岩层和岩性、断层和断裂结构、地震烈度、不良地质灾害等。

②简述项目区的地形、地面坡度、沟壑密度、海拔高度、地貌类型、地表物质组成等。

③简述与工程、植物措施配置相关的气候因素，应介绍典型设计中用到的设计频率降水特征值。如线性工程跨越地区的气象特征差异较大时，应分段表述。

④简述项目区及周边区域的水系及河道冲淤情况，地表水状况，河流平均含沙量、径流模数、洪水（水位、水量）与建设场地的关系等情况，并附水系图。如有沟道工程，应说明不同频率洪峰流量、洪水总量。线型建设项目的水文特征值根据具体情况可分段论述。

⑤简述项目区土壤类型、土层厚度、土壤质地、肥力情况、土壤抗蚀性等。

⑥简述项目区在全国植被分区中的区属，当地林、草植被类型、乡土树（草）种，主要群落类型、林草植被覆盖率、生长状况等基本情况。特别是适合用于本项目植物措施的种

类，应特别提出。

⑦介绍可能影响工程建设的其他环境条件，项目区内的历史上多发的自然灾害。

（二）社会经济概况

社会经济概况应说明引用资料的来源和时间，主要说明社会经济情况和土地利用情况，还应说明当地的支柱产业和产业结构调整方向。点型工程按项目所在乡（县）、线型建设项目以县（地市）为单位调查统计。

①社会经济概况，包括人口、人均收入及产业结构等。

②土地利用概况，主要指项目区（所在乡或县）的土地类型、利用现状、分布及其面积、基本农田、林地等情况，还应说明人均耕地、人均基本农田等情况。

（三）水土流失及水土保持现状

①结合相关资料通过现场调查，说明工程所在（经）地土壤侵蚀类型、强度及面积，给出容许土壤流失量和项目占地范围内水土流失背景值及取值依据。

②说明项目区是否属于国家级、省级和县级水土流失重点防治区。说明是否属于国家或省级水土流失治理的重点项目区。介绍当地成功的水土流失防治工程的类型和设计标准、植物品种和管护经验等。

③简述项目区内现有的水土保持设施状况，水土流失治理的成果等情况。扩建工程还应详细介绍上一期工程的水土保持工作开展情况和存在的问题。

④同类开发建设项目水土流失防治调查成果。

五、主体工程水土保持分析与评价

（一）水土保持制约因素分析评价

从主体工程的选址（线）及总体布局、施工工艺及生产工艺、土石料场选址、弃渣场选址、主体工程施工组织设计、主体工程施工和工程管理等方面复核主体工程的约束性规定，并按点型建设类项目、点型建设生产类项目、线型建设类项目的限制性规定和不同水土流失类型区的特殊规定进行复核，同时根据各类限制性规定的强制约束力说明水土保持可行性。

（二）方案比选的水土保持评价

从永久占地、临时占地的类型和面积，土石方开挖及填筑总量、损坏植被面积、可恢复程度、景观等方面进行分析评价。特别是工程占地应尽量减少永久征地和农耕地特别是基本农田的占用。

从水土保持角度看，当比选方案明显优于推荐方案时，须与主体设计单位协商，并在方案中有详细的文字说明。

（三）对推荐方案的合理性评价

对主体设计的施工组织进行评价，分析施工方法和施工工艺中产生水土流失的主要环节，从水土保持角度提出合理化建议，对土石方平衡，取土（石、料）场和弃土（石、渣）

场的布置进行评价，从水土保持角度提出综合利用、合理调配的建议，不符合水土保持要求的，需提出新的场址。结合水土保持工程界定情况，对主体设计的工程防护进行评价，提出水土保持要求，或补充设计（计入水土保持工程）。

（四）生产运行对水土流失的影响因素分析

对生产运行期的排矸、排灰、排渣、尾矿等进行分析；对矿井采掘的沉陷区进行分析。

（五）结论性意见、要求与建议

①明确推荐方案的水土保持可行性；
②明确取土（石、料）场、弃土（石、渣）场的合理性；
③对可能诱发次生崩塌、滑坡、泥石流灾害的灰场、弃渣场、排土场、排矸场、高陡边坡等提出在初步设计阶段进一步复核安全稳定的要求。

必须注意的是一定要从水土保持角度对主体工程进行严格分析与评价，对主体工程在选址、设计等方面不符合水土保持要求的，特别是属于限制性规定的必须予以明确否定，并与业主和设计单位沟通，寻求解决办法。

六、水土流失防治责任范围及防治分区

（一）防治责任范围

开发建设项目的水土流失防治责任范围应根据工程设计资料，结合类比工程的实测（调查）资料，通过现场查勘确定。

①建设项目应分县级（大型线型建设项目可按地级）行政区域列表说明项目建设区的占地类型、占地面积和占地性质。
②说明直接影响区确定的依据。
③移民（拆迁）安置区多由建设单位出资，地方政府安置，专项设施迁建也由其他单位实施，一般列入直接影响区。根据项目的具体情况，集中安置且规模较小（规模较大的应单独编报方案）并由建设单位直接实施，应列入项目建设区。同样，由建设单位直接实施的专项设施迁建部分也应列入项目建设区。
④用文、表、图说明项目建设区、直接影响区的范围、面积等。

（二）水土流失防治分区

1. 分区依据 依据主体工程布局、施工扰动特点、建设时序、地貌特征、自然属性、水土流失影响等进行分区。

2. 分区原则
①各区之间具有显著差异性；
②相同分区内造成水土流失的主导因子相近或相似；
③大型线型建设项目应按地貌类型划分一级区，一级分区应具有控制性、整体性、全局性；
④结合工程布局和施工特点还可进行二级、三级分区；

⑤各级分区应层次分明，具有关联性和系统性。
3. 分区方法　主要采取实地调查勘测、资料收集与数据分析相结合的方法进行分区。
4. 分区说明　分区说明应包括文字、图、表等。

七、水土流失预测

（一）水土流失预测的基础

按开发建设项目正常的设计功能，无水土保持工程条件下可能产生的土壤流失量与危害。

（二）可能造成水土流失的因素分析

主要从地表扰动特点、施工方法、施工工序、弃土（石、渣）堆弃方式、气象条件等方面进行水土流失影响分析。

（三）水土流失预测范围及单元

水土流失预测的范围即为各防治分区的扰动面积；预测单元应为工程建设扰动地表的时段、扰动形式总体相同、扰动强度和特点大体一致的区域。

（四）水土流失预测时段

①预测时段包括施工准备期、施工期和自然恢复期（含设备安装调试期）。建设生产类项目还应对方案服务期内生产运行期间的弃土（石、渣）量、容量等进行分析。

②根据各单元的施工扰动时间，结合产生土壤流失的季节，按最不利条件确定预测时段。超过雨（风）季长度不足一年的按全年计，未超过雨（风）季长度的按占雨（风）季长度的比例计算。

③自然恢复期指各单元施工扰动结束后未采取水土保持措施条件下，松散裸露面逐步趋于稳定、植被自然恢复或在干旱、沙漠地区形成地表结皮，土壤侵蚀强度减弱并接近原背景值所需的时间。同一地区，自然恢复期长度应相同，一般取2~3年。各单元自然恢复期的起始时间可不同，施工扰动结束后即进入自然恢复期。

（五）水土流失预测的内容和方法

1. 扰动地表面积　通过查阅开发建设项目技术资料，利用设计图纸，分区确定扰动地表面积。

2. 弃土（石、渣）量　通过查阅项目技术资料，根据施工和生产工艺、结合土石方平衡分析确定各时段、各分区的弃渣（土、石、灰）量。

3. 损坏水土保持设施的数量　根据各省（自治区、直辖市）关于水土保持设施的有关规定，通过查阅开发建设项目技术资料，利用设计图纸，结合实地查勘，对因开发建设而损坏的水土保持设施数量进行测算，用表格列出。

4. 水土流失量预测　水土流失量预测的主要方法有：

①有条件的可以利用水土保持研究所、试验站针对项目区或相同类型区的观测资料或者

研究成果，依据降水、地形、植被、地面物质组成、管理措施等因子按数学模型进行预测。

②通过对已建、在建项目实地调查或监测，经必要修正后，得出不同预测单元和时段的土壤侵蚀模数。

（六）土壤侵蚀模数的确定

1. 土壤侵蚀模数背景值 土壤侵蚀模数背景值可直接引用项目区"水土流失现状"中所确定的各单元数据。对于无实测资料、无参考资料的项目，可在对比分析基础上，结合《土壤侵蚀分级分类标准》为各地类赋予一定量值，加权平均后作为各单元的土壤侵蚀模数背景值。

2. 扰动后土壤侵蚀模数 扰动后土壤侵蚀模数应根据工程的施工工艺和时序、扰动方式和强度、地面物质组成、汇流状况及相关试验、调查等方法综合确定。主要方法有：

（1）类比法 采用与本工程土壤侵蚀条件和施工工艺等相近的类比工程实测数据分析确定。需要说明类比工程实测的背景条件、监测方法，并明确修正系数。

（2）试验观测法 通过试验、观测等方法进行土壤侵蚀模数测定，取得不同预测单元的土壤流失模数。

（七）水土流失危害分析

针对工程实际，分析对水土资源、项目区及周边生态环境和下游河道淤积及防洪的影响。分析导致土地沙化、退化，以及水资源供需矛盾加剧和地面下陷的可能性，所指危害应切合实际。从对当地水土资源、周边地区生态环境、江河防洪、公共设施安全、地表植被等方面分析可能带来的影响，对工程建设可能引发或加剧的崩塌、滑坡和泥石流进行分析，对超过设计标准而导致的水土流失危害进行分析。

（八）预测结论及综合分析

1. 预测成果 列表给出各单元、各时段土壤流失总量和新增流失量，可按表10-1格式进行计算。

表10-1 水土流失量计算表样式

预测单元	预测时段	土壤侵蚀背景值 [t/(km²·a)]	扰动后侵蚀模数 [t/(km²·a)]	侵蚀面积 (km²)	侵蚀面积 (km²)	背景流失量 (t)	预测流失量 (t)	新增流失量 (t)
	施工准备期							
	施工期							
	自然恢复期							
	小计							
	施工准备期							
	施工期							
	自然恢复期							
	小计							
	合计							

2. 综合分析及指导意见　在预测水土流失总量和强度基础上，明确产生水土流失（量或危害）的重点区域和时段，提出防治措施布设及进度安排的指导性意见，指出重点防治和监测的区段和时段。

八、水土流失防治目标及防治措施布设

（一）水土流失防治目标确定

根据《开发建设项目水土流失防治标准》，确定水土流失防治目标，并应注意：

①对于线型建设项目，应分段确定防治目标，并按扰动地表面积加权计算综合防治目标。

②方案中应确定施工期的拦渣率、土壤流失控制比。

③生产建设类项目除了明确施工期、设计水平年的防治目标外，还应确定运行期的防治目标。

设计水平年水土流失防治目标可根据标准规定、修正因子及系数和采用标准列表计算。

（二）水土流失防治措施布设

水土流失防治措施布设一般应遵循以下原则：

①结合工程实际和项目区水土流失现状，因地制宜、因害设防、防治结合、全面布局、科学配置。

②减少对原地表和植被的破坏，合理布设弃土（石、渣）场、取料场，弃土（石、渣）应分类集中堆放。

③项目建设过程中应注重生态环境保护，设置临时性防护措施，减少施工过程中造成的人为扰动及产生的废弃土（石、渣）。

④注重吸收当地水土保持的成功经验，借鉴国内外先进技术。

⑤树立人与自然和谐相处的理念，尊重自然规律，注重与周边景观相协调。

⑥工程措施、植物措施、临时措施合理配置、统筹兼顾，形成综合防护体系。

⑦工程措施要尽量选用当地材料，做到技术上可行、经济上合理。

⑧植物措施要尽量选用适合当地的品种，并考虑绿化美化效果。

⑨防治措施布设要与主体工程密切配合，相互协调，形成整体。

（三）水土流失防治措施体系

在对主体工程设计的分析评价基础上，提出需要补充、完善和细化的防治措施和内容，结合界定的水土保持工程和总体布局，提出水土流失防治措施体系。

①在分区布设防护措施时，既要注重各自分区的水土流失特点以及相应的防治措施、防治重点和要求，又要注重各防治分区的关联性、系统性和科学性。

②植物措施应在立地条件分析的基础上，经多树种、多草种的优选，提出适宜品种。

③水蚀风蚀复合区的措施应兼顾两种侵蚀类型的防治。

④按一级分区分别绘制水土流失防治措施体系框图，对未界定为水土保持工程的防护措施等不应列入防治措施体系及框图。

(四) 不同类型防治措施的典型设计

水土流失防治措施应根据《水土保持工程设计规范》进行设计，该规范未涉及的措施按《开发建设项目水土流失防治标准》相关规定执行。

1. 拦挡工程典型设计要求
①在地形图上绘制平面布置图；
②初步确定拦渣坝轴线位置，挡土墙走向及轴线位置；
③确定设计标准，初步确定建筑物的形式、主要尺寸和主要建筑材料；
④绘制主要断面图；
⑤列表给出主要技术参数的取值（如内摩擦角、黏滞系数等）；
⑥给出稳定分析的公式、参数、结果和结论；
⑦列表给出主要工程量及单位工程量指标；
⑧明确适用范围。

2. 护坡工程典型设计要求
①初步确定护坡工程的位置；
②初步确定护坡形式并明确主要建筑材料；
③在满足边坡稳定的前提下，初步确定主要尺寸；
④绘制主要横断面图；
⑤列表给出主要工程量及单位工程量指标；
⑥明确适用范围。

3. 土地整治工程典型设计要求
①确定土地整治的位置和面积；
②根据土地适宜性分析，确定整地方法；
③确定主要技术参数（平整度、覆土厚度、防渗排水要求等）；
④绘制必要的设计图；
⑤列出工程量及单位工程量指标；
⑥明确适用范围。

4. 防洪排导工程典型设计要求
①在地形图上绘制平面布置图；
②确定设计标准，进行洪水计算；
③初步确定主要断面尺寸，绘制主要断面图；
④初步确定消能防冲措施，注意与下游沟道连接；
⑤列表给出主要技术参数的取值；
⑥列表给出主要工程量及单位工程量指标；
⑦明确适用范围。

5. 降水蓄渗工程典型设计要求
①初步确定蓄渗工程的位置；
②初步确定蓄渗工程形式并明确主要建筑材料；
③根据地表径流量及实际需要，初步确定工程结构形式，明确主要尺寸；

④绘制主要设计图；
⑤列表给出主要工程量及单位工程量指标；
⑥明确适用范围。

6. 植被建设工程典型设计要求

①对拟采取植物措施的场地进行立地条件分析，结合景观要求，确定适宜的植物种及配置方式；
②确定苗木规格、种植方式、材料用量；
③进行植物措施典型设计，确定工程量，绘制典型设计图；
④明确养护管理配套措施；
⑤对项目建设区需要保护的植被，提出假植和移植方案。

7. 临时防护工程典型设计要求

①明确临时防护措施的种类，初步确定各类措施的位置；
②说明临时拦挡的方式、面积、设计尺寸及工程量并绘制典型设计图；
③说明临时排水、沉沙措施的布设位置、数量，设计尺寸及工程量并绘制必要的图件；
④说明临时覆盖的材料、面积及工程量；
⑤明确表土的剥离厚度、堆放场地及相应的保护措施与利用方向。

（五）工程量计算

①水土保持工程量应根据典型设计的单位工程量推算；
②工程量计算应按工程措施、植物措施和临时措施分区列表汇总；
③工程措施和临时措施的工程量应按措施类型、规模、定额计量项目的工程量分别列出。如浆砌石排水沟，应列出长度，开挖土方量、浆砌石量、碎石垫层量；
④水土保持植物措施的工程量按乔木、灌木株数，草皮、撒播植草的面积、园林绿化的面积统计，并说明防护面积、材料数量、抚育管护工作量等。

（六）水土保持措施进度安排

①根据水土保持"三同时"制度的要求，按照各分区主体工程施工组织设计，合理安排各防治措施的施工进度。
②拦挡措施应符合"先拦后弃"的原则，植物措施应根据季节安排。
③方案实施进度安排应列表说明，并附双线横道图，做到与主体工程进度相匹配。

九、水土保持监测

（一）基本要求

根据《水土保持监测技术规程》的要求，明确监测的项目、内容、方法、时段和频次，初步确定监测点位，估算所需的人工、设施、设备和物耗。

（二）监测范围、时段、内容和频次

①监测范围为水土流失防治责任范围。

②监测时段从施工准备期开始至设计水平年结束。建设生产类项目还应对运行期的监测提出要求。

③监测重点内容包括：水土保持生态环境的状况；水土流失动态变化；水土保持措施防治效果（植物措施的监测重点是成活率和保存率）；施工准备期前应对土壤侵蚀的背景值进行监测；重大水土流失案件。

④监测频次应满足六项防治目标测定的需要；土壤流失量的监测应明确在产生水土流失季节里每月至少一次；应根据项目区造成较强水土流失的具体情况，明确水蚀或风蚀的加测条件；其他季节水土流失量的监测频次可适当减少；除土壤流失量外的监测项目，应根据具体内容和要求确定监测频次。

（三）监测点位的确定

①监测点要有代表性；
②各不同监测项目应尽量结合；
③监测小区应根据需要布设不同坡度和坡长的径流小区进行同步监测；
④对弃土（石、渣）场、取料场及开挖面等宜布设监测控制站（或卡口站）；
⑤项目区内类型复杂、分散的工程宜布设简易观测场；
⑥铁路、公路、输油（气）管道、输水工程等线型建设项目，应在不同水土流失类型区平行布设监测点；
⑦规模大、影响范围广、建设周期长的大型建设生产类项目应布设长期监测点。

（四）监测方法

采取定位监测与实地调查监测相结合的方法，有条件的建设项目也可同时采用遥感监测方法，监测方法应具有较强的可操作性，同时列出监测内容、方法、点位和频次的监测计划表。

（五）监测设施、监测设备及消耗性材料

①根据监测内容合理确定监测设施、设备和耗材；
②说明监测设施的布设情况，明确监测小区、沉沙池的数量；
③列表给出监测设施、设备及耗材表。

（六）监测成果与制度要求

对监测工作提出要求，包括：
①监测成果（包括监测报告、监测数据、相关监测图件及影像资料）；
②定期向建设单位和当地水行政主管部门报告监测成果；
③监测报告中应包括六项防治目标的计算表格。

十、水土保持投资估算及效益分析

（一）编制依据及原则

①概（估）算编制的项目划分、费用构成、编制方法、概（估）算表格等应依据《开发

建设项目水土保持工程概（估）算编制规定》编写。

②水土保持投资概（估）算的编制依据、价格水平年、工程主要材料价格、机械合时费、主要工程单价及单价中的有关费率应与主体工程相一致（计算标准同主体工程），主体工程概（估）算中未明确的，可查当地造价信息确定，或参照相关行业标准。

③采用的主体工程单价，应说明编制的依据和方法，并附单价分析表。

④运行期的水土保持投资另行计列（单独列表），不计入方案中的水土保持总投资。

（二）独立费用

独立费用一般包括建设管理费、质量监督费、方案编制费、科研勘测设计费、水土保持监理费、水土保持监测费、水土保持设施验收技术评估报告编制费、水土保持技术文件技术咨询服务费等。

①水土保持监理费，按《建设工程监理与相关服务收费管理规定》计取，并根据实际需要适当调整。

②水土保持监测费包括监测人工费、土建设施费、监测设备使用费、消耗性材料费，参照《关于开发建设项目水土保持咨询服务费用计列的指导意见》，按实际需要计列。

③方案编制费参照《关于开发建设项目水土保持咨询服务费用计列的指导意见》，按实际合同计列。科研勘测设计费按《工程勘察设计收费管理规定》计列。

（三）水土保持设施补偿费

水土保持设施补偿费应按各省（自治区、直辖市）有关规定计列，并明确计算依据，按县级（大型线型建设项目可按地市级）行政区列表计算。

（四）防治效益分析

根据方案设计的水土保持工程措施、植物措施和临时防护措施的布局与数量，对照方案编制目的和所确定的水土流失防治目标，列表定量计算六项防治目标值；列表说明并定性分析水土保持措施实施后所产生的保水、保土、改善生态环境和保障工程安全运行等方面的作用与效益。

（五）水土保持损益分析

分析项目建成后，在所编制的水土保持方案得到全面实施的情况下，项目区及周边地区的水土资源可持续利用、生态环境状况，水土保持功能，水土流失及危害，环境及耕地的人口容量，水土保持成本等方面的损失和效益情况。

十一、方案实施的保证措施

提出方案实施保障措施，主要从以下几方面编写：

（一）组织领导与管理

强调建设单位应明确水土保持管理机构及其职责，建立健全水土保持管理的规章制度等，建立水土保持工程档案，工程开工时应向水行政主管部门备案。

(二) 后续设计

明确主体工程初步设计中必须有水土保持专章或专篇，项目初步设计审查时应有原方案审批的水行政主管部门参加等。

(三) 水土保持工程招标，投标

强调在招标文件中要明确施工和监理单位的水土保持责任和具体要求等。

(四) 水土保持工程建设监理

明确在水土保持工程施工中必须要有具有相应水土保持监理资质的单位进行监理，应建立施工过程中临时措施影像等档案资料，监理报告作为水土保持设施竣工验收的依据。

(五) 水土保持监测

强调要由相应资质的单位进行水土保持监测，监测报告作为水土保持设施竣工验收的依据。

(六) 检查与验收等

要接受各级水行政主管部的监督和检查，在主体工程竣工验收前要进行水土保持专项验收。

(七) 资金来源及使用管理

说明水土保持资金纳入项目建设资金统一管理，要建立水土保持资金档案，进行专项管理。

十二、方案结论与建议

(一) 总体结论

明确有无限制工程建设的水土保持制约因素，并明确项目的可行性。

(二) 建议

主要是下阶段应重点研究的内容和设计建议，根据项目的特点提出对主体工程施工组织的水土保持要求，对水土保持工程后续设计、施工单位的施工管理、水土保持专项监理监测等方面提出要求，并明确下阶段需进一步深入研究的问题。

十三、附件与附图

(一) 主要附件

①方案编制委托书；
②项目立项的有关申报文件、批文或工程可研审查意见；

③水土保持投资概（估）算附件；
④其他。

（二）附图

水土保持方案报告书应包括以下图件。
①项目地理位置图；
②项目区地形地貌图和水系图；
③项目总平面布置图；
④项目区土壤侵蚀强度分布图、土地利用现状图、水土流失重点防治区规划图；
⑤水土流失防治责任范围图；
⑥水土流失防治分区及水土保持措施总体布局图；
⑦水土保持措施典型设计图；
⑧水土保持监测点位布局图。

第三节 水土保持方案报告书格式要求

随着国家对开发建设项目水土保持工作的重视，各级水行政部门对水土保持方案的管理工作日趋完善，对水土保持方案的编报程序、编写格式和内容均提出了统一要求，这样既方便管理部门对众多水土保持方案进行严格审批，减少方案因在格式内容上的差异而增加审批工作量，同时提高了方案编制人员工作效率，使方案编制工作更具条理性。下面为水利部水土保持司及相关国家规章及技术规范对水土保持方案报告书的格式要求及印制格式。

一、纸张和装订

纸张大小采用 A4 幅面（210mm×297mm），插图表可适当加大。左侧装订，大纲送审稿和报告书送审稿可以采用活页装订。

二、页面格式和内容要求

（一）封面

1. 颜色 大纲（送审稿）为乳白色，大纲（报批稿）为浅草绿色。报告书（送审稿）为墨绿色，报告书（报批稿）为浅湖蓝色。封面的印制应采用彩色波纹纸（含附图册及附件、专题报告等）。

2. 版式
①封面左上角为设计单位的水土保持方案资质证书号和工程设计证书号，用 3 号或 4 号宋体字。
②封面上方为文件标题，第 1 行为工程名称，用 2 号或 3 号宋体字。第 2 行为水土保持方案报告书（大纲），用初号或小初号黑体字。第 3 行为（送审稿）或（报批稿），用 2 号或 3 号宋体字。
③封面下方印制方案编制单位全称，用 2 号或 3 号宋体字，并加盖编制单位公章。

④编制单位名下方印出版日期，用阿拉伯数字，用 2 号或 3 号宋体字。

（二）扉页

①扉页中上部：开发建设项目水土保持方案编制资格证书和工程设计证书彩色复印件，与装订方向垂直，上下排列，大小合适。

②扉页下部：
编制单位地址
编制单位邮编
项目联系人
联系电话
电子信箱
以上应为小 3 号或 4 号字黑体或宋体，版面安排以美观为宜。

（三）责任页

批准：
核定：
审查：
校核：
编写：
参加工作人员：

参加工作人员项应附上岗证书编号，没有取得上岗证的工作人员不能署名。责任页为黑体小 3 号字，名字可为宋体 4 号字（也可为黑体 4 号字），版面安排以美观为宜。

（四）目录

①目录页置于责任页后面，字体用宋体 4 号。
②目录级别不宜过多，以 2 级为宜，最多不超过 3 级。
③目录页码用大写或小写罗马序号，如Ⅰ、Ⅱ、Ⅲ或 i、ii、iii，以与正文区别。

（五）正文

①正文 1 级标题用黑体 3 号，居中。
②正文 2 级标题左对齐，3 号或 4 号宋体加粗，2 级以下标题左对齐，字体与正文相同。
③正文版面安排以美观为宜，文中图表要简明、直观，图表中字体适当，特别是图中文字应清晰可见，整体和谐美观。

三、图件制作

各类图件要求尽量用 CAD 制作，用 CAD 制图难度确实较大的，可手绘制图。不论 CAD 制图还是手绘制图，其制图格式、图签、线条类型及粗细等，均应符合《水利水电工程制图标准　水土保持图》（SL 73.6—2001）及其他有关标准要求。所有图件应标注清晰，尽量不使用晒制蓝图。

四、附件要求

在满足有关技术规范和标准要求的基础上加附有关材料，必须按以下要求加附有关材料，所附材料均应为复印件：

①大纲（送审稿）附任务委托书。

②大纲（报批稿）附大纲（送审稿）专家组评估意见、任务委托书。

③报告书（送审稿）应附计划部门项目建议书批复文件、水土保持司大纲批复文件、大纲评估意见、任务委托书，以及当地水行政主管部门的水土保持方案责任范围的确认函、开发建设项目水土保持方案特性表（表10-2）。

表10-2 生产建设项目水土保持方案特性表

项目名称			流域管理机构		
涉及省（自治区、直辖市）		涉及地市或个数		涉及县或个数	
项目规模		总投资（万元）		土建投资（万元）	
开工时间		完工时间		设计水平年	
项目组成	长度/面积 (m/m²)	挖方量 (万 m³)	填方量 (万 m³)	借方量 (万 m³)	弃方量 (万 m³)
合计					
国家或省级重点防治区名称					
地貌类型			气候类型		
植被类型			现状林草覆盖率（%）		
土壤类型			原地貌土壤侵蚀模数 [t/(km²·a)]		
防治责任范围面积（hm²）			容许土壤流失量 [t/(km²·a)]		
项目建设区（hm²）			扰动地表面积（hm²）		
直接影响区（hm²）			损坏水土保持设施面积（hm²）		
建设期水土流失预测总量（t）			新增水土流失量（t）		
新增水土流失主要区域					
防治目标	扰动土地整治率（%）		水土流失总治理度（%）		
	土壤流失控制比		拦渣率（%）		
	植被恢复系数（%）		林草覆盖率（%）		
防治措施	防治分区	工程措施		植物措施	临时措施
	投资（万元）				

(续)

水土保持总投资（万元）			独立费用（万元）	
水土保持监理费（万元）		监测费（万元）		补偿费（万元）
方案编制单位			建设单位	
法定代表人及电话			法定代表人及电话	
地址			地址	
邮编			邮编	
联系人及电话			联系人及电话	
传真			传真	
电子信箱			电子信箱	

填表说明：①形式时间为施工准备期开始时间；②防治目标应填写设计水平年的综合目标值；③防治措施指建设期各类防治措施的数量，如工程措施中填写浆砌石挡墙长500m；④水土保持投资为建设期投资。

复习思考题

1. 水土保持方案编制前应该做哪些准备工作？
2. 一般水土保持方案应由哪些部分组成，各部分主要内容是什么？
3. 水土流失防治责任范围及防治分区应如何划分？
4. 水土流失监测包括哪些内容？简述各部分的预测方法。
5. 简述各类典型防治措施设计的基本要求。

主要参考文献

中华人民共和国建设部，2008. 开发建设项目水土保持技术规范：GB 50433—2008 [S]. 北京：中国计划出版社.

中华人民共和国建设部，2008. 开发建设项目水土流失防治标准：GB 50434—2008 [S]. 北京：中国计划出版社.

图书在版编目（CIP）数据

水土保持学：南方本/黄炎和主编．—北京：中国农业出版社，2016.8（2024.4重印）
普通高等教育农业部"十二五"规划教材　全国高等农林院校"十二五"规划教材
ISBN 978-7-109-21971-7

Ⅰ.①水…　Ⅱ.①黄…　Ⅲ.①水土保持－高等学校－教材　Ⅳ.①S157

中国版本图书馆 CIP 数据核字（2016）第 183862 号

中国农业出版社出版
（北京市朝阳区麦子店街 18 号楼）
（邮政编码 100125）
责任编辑　胡聪慧　李国忠
文字编辑　王玉水

中农印务有限公司印刷　新华书店北京发行所发行
2016 年 8 月第 1 版　2024 年 4 月北京第 3 次印刷

开本：787mm×1092mm 1/16　印张：15.25
字数：358 千字
定价：38.00 元
（凡本版图书出现印刷、装订错误，请向出版社发行部调换）